"十四五"职业教育国家规划教材

SQL Server 2012 数据库实用教程

◎ 温培利　郑明言　王希怀　主编

電子工業出版社
Publishing House of Electronics Industry
北京·BEIJING

内 容 简 介

本书结构紧密，首次从 SQL Server 2012 的基本概述讲起，然后介绍 SQL Server 2012 的安装和配置，接下来从开发的角度介绍了数据库、数据表、视图、索引、存储过程等的创建与管理，最后介绍了 SQL Server 2012 的程序设计和安全管理与维护。本着“注重实践、理论够用”的原则，本书内容翔实，简洁易懂，实用性强，便于读者理解和学习。

本书适合作为职业院校计算机数据库技术、计算机应用技术等专业课程的教材，也可作为从事计算机系统管理的工程技术人员的参考用书。

图书在版编目（CIP）数据

SQL Server 2012 数据库实用教程 / 温培利，郑明言，王希怀主编. —北京：电子工业出版社，2018.8

ISBN 978-7-121-33219-7

Ⅰ. ①S… Ⅱ. ①温… ②郑… ③王… Ⅲ. ①关系数据库系统—教材 Ⅳ. ①TP311.138

中国版本图书馆 CIP 数据核字（2017）第 304861 号

策划编辑：关雅莉
责任编辑：裴　杰
印　　刷：北京盛通数码印刷有限公司
装　　订：北京盛通数码印刷有限公司
出版发行：电子工业出版社
　　　　　北京市海淀区万寿路 173 信箱　邮编　100036
开　　本：787×1 092　1/16　印张：17　字数：500 千字
版　　次：2018 年 8 月第 1 版
印　　次：2025 年 2 月第 10 次印刷
定　　价：38.00 元

凡所购买电子工业出版社图书有缺损问题，请向购买书店调换。若书店售缺，请与本社发行部联系，联系及邮购电话：（010）88254888，88258888。

质量投诉请发邮件至 zlts@phei.com.cn，盗版侵权举报请发邮件至 dbqq@phei.com.cn。

本书咨询联系方式：（010）88254617，luomn@phei.com.cn。

前　言

随着网络技术的发展，数据库应用系统的开发设计能力已经成为高职院校计算机专业学生的必备技能。微软公司的 SQL Server 2012 数据库管理系统功能强大、应用广泛，在可扩展性、可用性方面较先前版本更强。

本书根据高等职业教育的特点，基于“教、学、做”一体、“项目整合”、“任务驱动”的教学方式编写而成，以“学生信息管理系统”项目为主线安排教学内容，全书共分为 9 个项目，其中，每个项目按照“项目描述”→“项目分析”→“项目讲解”→“实战演练”→“技能实训”五步展开，其中“项目讲解”又由若干个子任务构成。教学内容由易到难、由简单到复杂，层次推进，循序渐进。

本书结构紧密，首先从 SQL Server 2012 的基本概述讲起，然后介绍 SQL Server 2012 的安装和配置，又从开发的角度介绍了数据库、数据表、视图、索引、存储过程等的创建与管理，最后介绍了 SQL Server 2012 的程序设计和安全管理与维护。

本书由长期担任 SQL Server 课程教学、具有丰富教学经验的一线教师编写，潍坊工商职业学院温培利、郑明言、王希怀担任主编，王志山、李艳、仇环、王思艳、付在霞、张玲任副主编，参加编写的还有崔学敏、李金娟、焦峰亮、王东娟、程翠玉，山东省教科院段欣主审了本书，在此对所有相关人员的工作与支持表示衷心的感谢。

由于编者水平有限，书中难免有不足之处，恳请广大读者提出宝贵意见。

编　者

目　录

项目 1

SQL Server 2012 的安装与配置

教学聚集

数据库技术是研究如何科学而高效地获取、组织、存储与处理数据的技术，伴随着云、一体机、移动设备等新兴 IT 技术的迅速发展，在数据呈爆炸性增长的趋势下，数据库技术在各种计算机应用中的地位与作用越来越重要。微软公司发布的 Microsoft SQL Server 2012 是一个典型的关系型数据库管理系统，它功能强大、操作简单、安全性高，已在多个领域被广泛应用。

知识目标

- 掌握数据库系统的基本概念；
- 了解数据库技术发展历程；
- 理解数据库系统开发模型；
- 了解 SQL Server 的发展历程；
- 熟悉 SQL Server 2012 各种版本的特点和 SQL Server 2012 新增功能；
- 熟悉 SQL Server 2012 安装的环境要求和准备工作；
- 掌握 SQL Server 2012 的安装步骤与系统配置方法。

技能目标

- 掌握 SQL Server 2012 的安装步骤；
- 学会 SQL Server 2012 的系统配置方法；
- 能在 SQL Server 2012 的安装过程中灵活处理出现的各种错误；
- 能在 SQL Server 2012 安装后熟练配置服务组件。

课时建议

6 课时。

课前预习

- 数据库系统的基础知识；

- SQL Server 2012 的发展历程、各种版本的特点和新增功能；
- SQL Server 2012 安装的环境要求。

项目描述

IT 体系当前急待解决的一个难题就是在多种重要的 IT 产业要素之间寻求平衡，这些要素包括：不断增大的应用程序；全球化的市场环境；日益强大的商品化的硬件；企业对于获取商业洞察力的需求；云、一体机、移动设备等新兴的 IT 技术产物，并且这一点必须在市场正常运作的情况下按照行业合规的要求来实现。这种融合趋势为 IT 带来了更大的挑战，使其难以达到理想的目标，即跨整个企业在防火墙内部及外部为用户提供安全、即时的数据存取来使用户获得丰富的互动体验。与此同时，在数据呈爆炸性增长的趋势下，IT 还不得不承受节约相关资源及预算的重大压力。

SQL Server 2012 作为云就绪信息平台中的关键组件，可以帮助企业释放突破性的业务洞察力；它对关键业务充满信心，能够快速地构建相应的解决方案来实现本地和公有云之间的数据扩展。

项目分析

此项目中，需要了解数据库技术相关概念、数据库发展历程、数据模型等数据库技术基础知识。在此基础上，要学习微软 SQL Server 2012 相关内容，如 SQL Server 2012 发展历程和不同版本，最后要学会其安装步骤与配置方法。

由此可将该项目分成 4 个任务：了解数据库技术基础知识，了解微软 SQL Server 2012，安装 SQL Server 2012，配置 SQL Server 2012。

任务 1　了解数据库基础知识

随着计算机技术与网络通信技术的发展，数据库技术已成为现代信息科学与技术的重要组成部分。数据库技术是研究如何科学地管理数据从而为人们提供可共享的、安全的、可靠的数据的技术，是计算机数据处理与信息管理系统的核心。数据库技术产生于 20 世纪 60 年代末期，是计算机领域最重要的技术之一。它的产生推动了计算机在各行各业数据处理中的应用。

子任务 1　数据库、数据库管理系统和数据库系统

任务描述

掌握数据库系统中的基本概念，如数据库、数据库管理系统和数据库系统。

任务所用知识点

- 数据库；
- 数据库管理系统；
- 数据库系统。

任务知识点分解

1．数据库

数据库（Database，DB）可以直观地理解为存放数据的仓库，在计算机上需要有存储空间和一

定的存储格式。所以数据库可理解为被长期存放在计算机内的、有组织的、统一管理的相关数据的集合。这种集合具有以下几个特点。

（1）为各种用户共享。

（2）具有较小的数据冗余度。

（3）数据库中的数据按一定的数据模型组织、描述和存储。

（4）有较高的独立性和易扩充性。

2．数据库管理系统

数据库管理系统（Database Management System，DBMS）是用来统一管理与控制数据库的一套系统软件，是数据库系统的核心。它为用户或应用程序提供了访问数据库的方法，包括数据库的建立、查询、更新及各种数据控制方法。

数据库管理系统具有以下功能。

（1）数据定义功能。DBMS 提供相应数据语言来定义（DDL）数据库结构，它们用于刻画数据库框架，并被保存在数据字典中。

（2）数据存取功能。DBMS 提供数据操纵语言（DML），实现对数据库数据的基本存取操作，包括检索、插入、修改和删除。

（3）数据库运行管理功能。DBMS 提供数据控制功能，即用数据的安全性、完整性和并发控制等对数据库运行进行有效的控制和管理，以确保数据正确有效。

（4）数据库的建立和维护功能，包括数据库初始数据的装入，数据库的存储、恢复、重组织，系统性能监视、分析等功能。

（5）数据库的传输。DBMS 提供处理数据的传输功能，实现用户程序与 DBMS 之间的通信，通常与操作系统协调完成。

3．数据库系统

数据库系统（Database System，DBS）是指以数据库为核心的计算机系统，一般由计算机软硬件系统、数据库、数据库管理系统、应用系统、数据库管理员（Database Administrator，DBA）和用户等要素构成，如图 1-1 所示。数据库系统中，数据库和 DBMS 处于核心地位。

这里用户的划分没有严格的界限。应用程序员、最终用户、数据库管理员都可以利用 DBMS 产品提供的客户端工具（应用程序）访问数据库。

4．数据库应用系统

数据库应用系统（Database Application System，DBAS）是指建立在数据库系统基础之上的一个应用系统，该系统一般由数据库系统、应用开发工具及软件、应用界面三者构成。

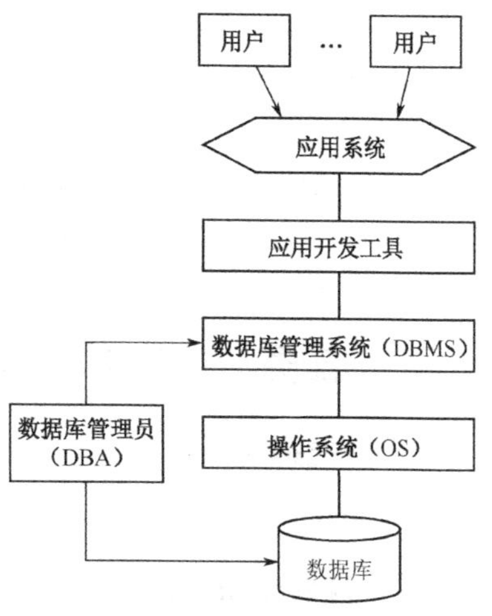

图 1-1　数据库系统组成图

子任务 2　数据库技术的发展阶段

任务描述

了解数据库技术的发展历程。

任务所用知识点

- 数据库技术的发展历程；
- 数据库技术发展历程中各个阶段的特点。

任务知识点分解

数据库的核心任务是数据管理，内容包括对数据的分类、组织、编码、存储、检索和维护。随着计算机硬件和软件的发展，数据库技术也不断发展。从数据管理的角度看，数据库技术到目前共经历了人工管理阶段、文件系统阶段和数据库系统阶段。

1．人工管理阶段

人工管理阶段是指 20 世纪 50 年代中期以前的阶段。当时的计算机主要用于科学计算，只有磁带、卡片和纸带等，还没有磁盘等直接存取存储设备。软件只有汇编语言，尚无数据管理方面的软件。数据处理方式基本上是批处理。这个阶段有以下几个特点。

（1）计算机系统不提供对用户数据的管理功能。

（2）程序和数据是一个不可分割的整体。

（3）数据不能共享。

（4）数据不具有独立性。

2．文件系统阶段

文件系统阶段是指 20 世纪 50 年代后期至 60 年代中期这一阶段。计算机不仅用于科学计算，还用于信息管理。随着数据量的增加，数据的存储、检索和维护问题变得更加紧迫，从而使数据结构和数据管理技术迅速发展起来。此时，外部存储器已有磁盘、磁鼓等直接存取的存储设备。软件领域出现了操作系统和高级软件。操作系统中的文件系统是专门管理外部存储器的数据管理软件，文件是操作系统管理的重要资源之一。数据处理方式有批处理，也有联机实时处理。这个阶段有以下几个特点。

（1）数据以“文件”形式可长期保存在外部存储器的磁盘上。

（2）操作系统的文件管理提供了对数据的输入、输出管理。

（3）数据可以共享，一个数据文件可以被多个应用程序使用。

（4）数据文件之间彼此孤立，不能反映数据之间的联系，数据大量冗余。

3．数据库管理系统阶段

数据库管理系统阶段是从 20 世纪 60 年代后期开始的。数据库管理系统克服了文件系统的缺陷，提供了对数据更高级、更有效的管理。这个阶段的程序和数据的联系通过数据库管理系统来实现。概括起来，数据库管理系统阶段的数据管理具有以下几个特点。

（1）数据结构化。

（2）数据的共享性高，冗余度低，易扩充。

（3）有较高的数据独立性。

（4）数据由数据库管理系统统一管理和控制。

子任务 3　数据模型

任务描述

认识数据库系统模型，重点理解数据模型的三个层次和三种逻辑模型。

任务所用知识点

- 数据模型的三个层次；
- 数据模型的三种逻辑模型。

任务知识点分解

开发一个数据库系统，首先要将现实世界用数据进行描述，这种描述规定数据结构如何组织以及允许用户进行什么样的操作，是一组向用户提供的规则，是对现实世界数据特征的模拟与抽象，这就是数据模型（Data Model）。所有的数据库系统都是基于某种数据模型的，数据模型的好坏，直接影响数据库系统的性能。

1. 数据模型的三个层次

数据模型按不同的应用层次分为概念数据模型、逻辑数据模型和物理数据模型。

1）概念数据模型

概念数据模型（Conceptual Data Model）也称概念模型或信息模型，指按用户的观点对数据和信息建模，侧重于现实世界复杂事件的结构描述及其内在联系的刻画。概念模型一般采用 E-R 模型、面向对象模型及谓词模型等手段描述数据与信息。

2）逻辑数据模型

逻辑数据模型（Logic Data Model）也称逻辑模型，是一种面向数据库系统的模型，是客观世界到计算机世界的中间模型。概念模型只有转换为逻辑模型，才能最终在数据库中得到表达。

3）物理数据模型

物理数据模型（Physical Data Model）也称物理模型，是面向计算机物理表示的模型，给出数据模型在计算机上的物理结构。

2. 三种逻辑模型

在逻辑数据模型中最常用的是层次模型、网状模型和关系模型。

1）层次模型

层次模型（Hierarchical Model）亦称树形，该模型将数据层次关系组织起来，以反映数据间的隶属关系。层次模型反映了客观事物间一对多（$1:n$）的联系，如一个学校的院系设置就属于层次数据模型，如图 1-2 所示。

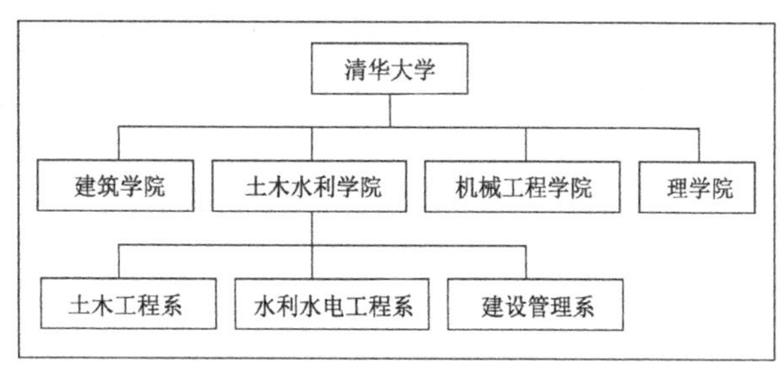

图 1-2　层次数据模型

最典型的层次数据库系统是 IBM 公司 1968 年推出的大型商用数据库系统 IMS（Information Management System）。

2）网状模型

网状模型（Network Model）反映了现实世界中更为复杂的多对多（m:n）的联系，是一种比层次模型更具普遍性的结构；该结构中，节点代表数据记录，节点间的弧描述数据间的联系。网状模型允许任一节点与其他多个节点发生关联，节点数据之间没有明显的从属关系。例如，兴趣小组和学生的联系就是一种网状模型：一个兴趣小组可以有多个学生参加，一名学生可参加多个兴趣小组，如图 1-3 所示。

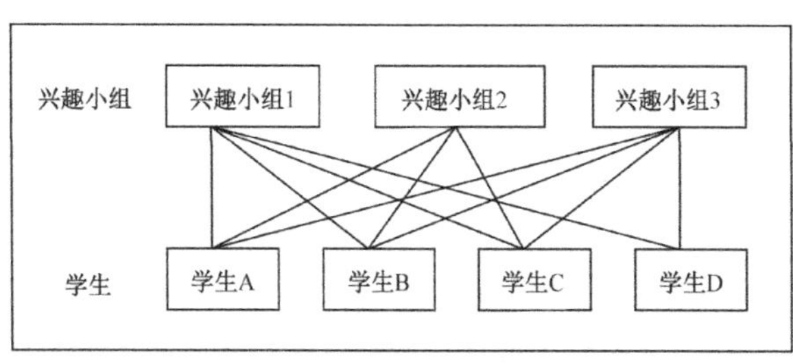

图 1-3　网状数据模型

最典型的网络数据库系统是 DBTG（亦

称为 CODASYL）系统，该系统由数据系统语言研究会（Conference on Data System Language，CODASYL）所管辖的数据库任务研究小组（Database Task Group，DBTG）在 20 世纪 70 年代研制而成。

3）关系模型

关系模型（Relational Model）将事物间的联系及事物内部的联系都用一张二维表来表示，这种二维表简称为表（Table）。表以行和列的形式存储数据，是同类实体的各种属性的集合，其对应的数学概念被称为关系（Relation）。关系模型作为一种非格式化模型，完全不同于层次模型与网状模型这两种格式化模型。关系模型中对关系的描述一般表示为

```
<关系名>( <属性 1>,<属性 2>,…,<属性 n> )
```

下面给出一个关系模型的例子，见表 1-1。

表 1-1　关系模型示例

学　号	姓　名	年　龄	系　号
201306050201	张晓	19	02
201306050302	李飞飞	18	03
201306050203	王辉	19	02

关系模型要求关系必须是规范化的。这些规范化条件中，最基本的一条就是关系的每一个分量必须是一个不可分的数据项，即不允许表中包含表。

关系（二维表）必须满足以下特性。

（1）关系中各个元组（行）定义实体集的一个实体，而每一列定义实体的一个属性。

（2）每一列表示一个属性（字段），而且列名不能重复。

（3）关系必须有一个主键（关键字），用来唯一标识一个元组（行）。

（4）列的各个值必须与对应属性的类型相同。

（5）列是不可分割的最小数据项。

（6）行与列顺序无关紧要。

一组内容相关联的表组成了一个数据库。

子任务 4　关系型数据库系统

任务描述

掌握关系型数据库系统的特点。

任务所用知识点

- 关系型数据库系统的发展；
- 关系型数据库系统的优点。

任务知识点分解

1970 年 6 月，图灵奖得主、IBM 公司的研究员 E. F. Codd 博士在他的论文“大型共享数据仓库的关系模型”中，最早提出了关系模型的理论，奠定了关系模型的理论基础。自此以后，关系模型成为一种最重要的数据模型。20 世纪 80 年代后，关系数据库系统成为最重要、最流行、应用最广泛的数据库系统。

关系型数据库系统具有以下优点。

（1）关系模型具有严格的数学基础，具有一定的演绎功能，因而发展很快。目前，关系型数据库系统的理论与技术已经发展得非常成熟。

（2）关系模型概念单一，数据结构简单清晰，用户易懂易用；数据描述具有较强的一致性，各种实体及实体间的联系都可用关系来表达，对数据的检索结果也是关系。

（3）命令具有过程化性质。关系模型的存取路径对用户透明，简化了程序员的工作和数据库开发人员的工作。

（4）具有更高的数据独立性、更好的安全保密性。

（5）支持数据的重构。

自关系模型理论提出后，关系型数据库系统的研究取得了明显的成果。目前较为成功的有 SQL Server、Oracle、Sybase 等。本书围绕着应用广泛的关系型数据库系统 SQL Server 2012 展开讲述。

任务 2　SQL Server 2012 简介

微软公司发布的 SQL Server 2012 作为一个典型的关系型数据库管理系统，以其强大的功能、简易的操作、友好的界面和可靠的安全性等，得到很多用户的认可，目前已被广泛应用在银行、电信、铁路、财税和制造等众多行业和领域。

子任务 1　SQL Server 的发展历史

任务描述

了解 SQL Server 的发展历程。

任务所用知识点

- SQL Server 的发展历程；
- SQL Server 不同版本演进。

任务知识点分解

SQL Server 是世界上影响最大的三大数据库管理系统之一，也是微软公司在数据库市场的主打产品。但该系统一开始并不是微软的产品，它起源于 1989 年由 Sybase 公司和 Ashton-Tate 公司合作开发的 SQL Server 1.0 数据库产品。为了与 Oracle 公司及 IBM 公司在关系数据库市场上相抗衡，微软公司在 1992 年与 Sybase 公司开始了为期 5 年的数据库产品研发合作，并最终推出了应用于 Windows NT 3.1 平台的 Microsoft SQL Server 4.21，这标志着 SQL Server 的正式诞生。后来微软又自主开发出 SQL Server 6.0，从此，SQL Server 成为微软的重要产品。

SQL Server 早期的版本适用于中小企业的数据库管理。后来随着版本的升级，系统性能不断提高，可靠性与安全性也不断增强，应用范围也扩展到大型企业及跨国公司的数据管理领域。目前的 SQL Server 已成为了集“数据管理和分析”于一体的企业级数据平台。SQL Server 2012 作为云就绪信息平台中的关键组件，可以帮助企业释放突破性的业务洞察力；它对关键业务充满信心，能够快速地构建相应的解决方案来实现本地和公有云之间的数据扩展，表 1-2 反映了 SQL Server 的版本演进和代号变迁。

表 1-2　SQL Server 版本演进与代号变迁

年代/年	版　　本	开 发 代 号
1989	SQL Server 1.0	无
1993	SQL Server for Windows NT 4.21	无
1994	SQL Server for Windows NT 4.21a	无
1995	SQL Server 6.0	SQL 95
1996	SQL Server 6.5	Hydra
1998	SQL Server 7.0	Sphinx
2000	SQL Server 2000	Shiloh
2003	SQL Server 2000 Enterprise 64 位	Liberty
2005	SQL Server 2005	Yukon
2012	SQL Server 2012	Katmai
2012	SQL Server 2012	Denali
2014	SQL Server 2014	Hekaton
2016	SQL Server 2016	无
2017	SQL Server 2017	Helsinki
2019	SQL Server 2019	无

子任务 2　SQL Server 2012 的版本类型

任务描述

熟悉 SQL Server 2012 的版本类型和各种版本的特点。

任务所用知识点

- SQL Server 2012 的版本类型；
- 熟悉 SQL Server 2012 的各种版本的特点。

任务知识点分解

不同版本的 SQL Server 能够满足企业和个人独特的性能、运行效率等需求。根据数据库应用环境的不同，SQL Server 2012 包括三个主要版本、一个专业化版本和两个扩展版本。其中，三个主要版本为企业版、标准版和新增的商业智能版；一个专业化版本为 Web 版；而两个扩展版本为开发者版本及精简版。下面对 SQL Server 2012 的各个版本的特性进行简单介绍。

1．企业版

企业版作为高级版本，提供了全面的高端数据中心功能，性能极为快捷、虚拟化不受限制，还具有端到端的商业智能，可为关键任务工作负荷提供较高服务级别，支持最终用户访问深层数据。它是最全面的 SQL Server 2012 版本，是超大型企业的理想选择，能够满足最复杂的需求。

2．标准版

标准版提供了基本的数据库、报表及分析功能，让部门和小型组织能够顺利运行其应用程序并支持将常用开发工具用于内部部署和云部署，标准版有助于以最少的 IT 资源获得高效的数据库管理。

3．商业智能版

商业智能版提供了综合性平台，可支持组织构建和部署安全、可扩展且易于管理的 BI 解决方案。商业智能版提供了基于浏览器的数据浏览与可见性等卓越功能、强大的数据集成功能，以及增强的集成管理功能。

商业智能版可用于高级的自服务与企业级商业智能场景，提供企业级的可扩展的报表与分析服务、数据质量服务与主数据服务，此版本包括标准版的所有功能。

4. Web 版

Web 版主要应用于那些运行在 Windows 服务器之上并要求高可用、面向 Internet Web 环境的场合。它为实现低成本、大规模、高可用性的 Web 应用或客户托管解决方案提供了必要的支持工具。

5. 开发版

开发版支持开发人员基于 SQL Server 构建任意类型的应用程序。它包括企业版的所有功能，但有许可限制，只能用于开发和测试系统，而不能用于生产服务器。开发版可以作为构建和测试应用程序的人员的理想之选。

6. 精简版

精简版是入门级的免费数据库，是学习和构建桌面及小型服务器数据驱动应用程序的理想选择。它是独立软件供应商、开发人员和热衷于构建客户端应用程序人员的最佳选择。如果用户需要使用更高级的数据库功能，则可以将精简版无缝升级到其他高端的 SQL Server 版本。

子任务 3　SQL Server 2012 的主要新增功能

任务描述

了解 SQL Server 2012 的新增功能。

任务所用知识点

SQL Server 2012 的新增功能。

任务知识点分解

SQL Server 2012 提供的更加出色的在线时间，超快的性能及更加高级的安全特性可满足不同规模用户对关键业务应用的需要；可管理的自服务数据分析与令人惊叹的交互式数据可视化能力满足不同用户的各种突破性洞察数据的需要；Cloud On Your Own Terms 将解决方案从现有的环境扩展到私有云乃至公有云，可以按照用户的需求构建应用云平台的需要。

SQL Server 2012 的主要新功能如下。

1. AlwaysOn

这个功能将数据库的镜像提到了一个新的高度。用户可以针对一组数据库而不是一个单独的数据库做灾难恢复。

2. Windows Server Core 支持

在 Windows Server 产品中用户可以向 Ubuntu Server 一样只安装核心（意味着用户的系统不具备 GUI）。这样做所带来的优势是减少硬件的性能开销（至少 50%的内存和硬盘使用率）。同时，安全性也得到提升（比安装图形版有更少的漏洞）。从 SQL Server 2012 开始将对只安装核心的 Windows Server 系统提供支持。

3. Columnstore 索引

这是 SQL Server 独有的功能。特殊类型的只读索引专为数据仓库查询设计。数据进行分组并存储在平面的压缩的列索引。在大规模的查询情况下可极大地减少 I/O 和内存利用率。

4．自定义服务器权限

DBA 可以创建数据库的权限，但不能创建服务器的权限。例如，DBA 想要一个开发组拥有某台服务器上所有数据库的读写权限，则必须手动地完成这个操作。但是 SQL Server 2012 支持针对服务器的权限设置。

5．增强的审计功能

现在所有的 SQL Server 版本都支持审计。用户可以自定义审计规则，记录一些自定义的时间和日志。

6．BI 语义模型

这个功能是用来替代“Analysis Services Unified Dimentional Model”的。这是一种支持 SQL Server 所有 B 体验的混合数据模型。

7．Sequence Objects

使用 Oracle 的用户一直想要这个功能。序列仅仅是计数器的对象，一个好的方案是基于触发器表使用增量值。SQL 一直具有类似功能，但现在显然与以往不同。

8．增强的 PowerShell 支持

Microsoft 为了推动其服务器产品上 PowerShell 的发展做出了很大的努力。在 SQL Server 2012 中增加了更多的 cmdlet。

9．PowerView

这是一个强大的自主 BI 工具，可以让用户创建 BI 报告。

10．分布式回放

这个功能类似 Oracle 的 Real Application Testing 功能。不同之处在于 SQL Server 企业版自带了这个功能，而使用 Oracle 要额外购买这个功能。这个功能可以让用户记录当前所在生产环境的工作状况，然后在另一个环境中重现这些工作状况。

11．SQL Azure 增强

微软对 SQL Azure 做了关键改进，如 ReportPrint Service，备份到 Windows Azure。Azure 数据库的上限提高到了 150GB。

12．大数据支持

微软宣布了与 Hadoop 的提供商合作，提供 Linux 版本的 SQL Server ODBC 驱动。Microsoft 也在构建 Hadoop 连接器，随着新连接工具的出现，客户将能够在 Hadoop、SQL Server 和并行数据库环境下相互交换数据。

任务 3　安装 SQL Server 2012

扫一扫，学一学

SQL Server 2012 的安装过程一般很简单，且只需要很少用户参与即可完成。在安装前进行规划是成功部署的关键。成功的 SQL Server 2012 安装开始于良好的规划和对需求的准确定义。这些需求应该定义了硬件和软件需求、内存与处理器需求和操作系统需求等。

子任务 1　安装 SQL Server 2012 的环境要求

任务描述

熟悉 SQL Server 2012 安装的环境要求，如硬件与软件要求、内存与处理器要求和操作系统要求。

任务所用知识点

- SQL Server 2012 安装的硬件与软件要求；
- SQL Server 2012 安装的内存与处理器要求；
- SQL Server 2012 安装的操作系统要求。

任务知识点分解

Microsoft SQL Server 2012 系统的不同版本对硬件、软件环境和操作系统的要求也不尽相同。本节将介绍各种版本的硬件与软件要求、内存与处理器要求，以及操作系统要求。需要注意的是，Microsoft SQL Server 2012 系统对 32 位平台和 64 位平台的要求也不同。

1．对硬件和软件的要求

表 1-3 中所列的要求适用于所有的 SQL Server 2012 安装。

表 1-3　SQL Server 2012 安装的硬件和软件要求

组　件	要　求
.NET Framework	在选择数据库引擎、Reporting Services、Master Data Services、Data Quality Services、复制或 SQL Server Management Studio 时，.NET 3.5 SP1 是 SQL Server 2012 所必需的，但不再由 SQL Server 安装程序安装。 如果.NET 3.5 SP1 尚未安装，而且没有 Internet 访问，则在运行安装程序之前下载并安装 .NET Framework 3.5 SP1。 .NET 4.0 是 SQL Server 2012 所必需的。SQL Server 在功能安装步骤中安装 .NET 4.0。 如果要安装 SQL Server Express 版本，请确保 Internet 连接在计算机上可用。SQL Server 安装程序将下载并安装 .NET Framework 4，因为 SQL Server Express 介质不包含该软件。 SQL Server Express 在 Windows Server 2012 R2 SP1 或 Windows Server 2012 的 Server Core 模式上不安装 .NET 4.0。用户必须首先安装 .NET 4.0，才能在 Windows Server 2012 R2 SP1 或 Windows Server 2012 的 Server Core 中安装 SQL Server Express
Windows PowerShell	SQL Server 2012 不安装或不启用 Windows PowerShell 2.0；但对于数据库引擎组件和 SQL Server Management Studio 而言，Windows PowerShell 2.0 为一个安装必备组件
网络软件	SQL Server 2012 支持的操作系统具有内置网络软件。独立安装的命名实例和默认实例支持以下网络协议：共享内存、命名管道、TCP/IP 和 VIA。 注意： ① 故障转移群集不支持共享内存和 VIA。 ② 不推荐使用 VIA 协议。后续版本的 Microsoft SQL Server 将删除该功能。请避免在新的开发工作中使用该功能，并着手修改当前还在使用该功能的应用程序
虚拟化	在以下版本中以 Hyper-V 角色运行的虚拟机环境支持 SQL Server 2012： （1）Windows Server 2012 SP2 Standard、Enterprise 和 Datacenter 版本。 （2）Windows Server 2012 R2 SP1 Standard、Enterprise 和 Datacenter 版本。 （3）Windows Server 2012 Datacenter 和 Standard 版本。 除了父分区所需的资源以外，还必须为每个虚拟机（子分区）的 SQL Server 2012 实例提供足够的处理器资源、内存和磁盘资源。具体要求在本主题的稍后部分会列出。 在 Windows Server 2012 SP2 或 Windows Server 2012 R2 SP1 的 Hyper-V 角色中最多可以为运行 Windows Server 2012 SP2 32 位/64 位或 Windows Server 2012 R2 SP1 64 位或 Windows Server 2012 64 位版本的虚拟机分配 4 个虚拟处理器。 在 Windows Server 2012 的 Hyper-V 角色内： （1）最多可以为运行 Windows Server 2012 SP2 32 位/64 位的虚拟计算机分配 8 个虚拟处理器。 （2）最多可以为运行 Windows Server 2012 R2 SP1 64 位或 Windows Server 2012 64 位版本的虚拟机分配 64 个虚拟处理器

续表

组　件	要　求
Internet 软件	Microsoft 管理控制台（MMC）、SQL Server Data Tools（SSDT）、Reporting Services 的报表设计器组件和 HTML 帮助都需要 Internet Explorer 7 或更高版本
硬盘	SQL Server 2012 要求最少 6 GB 的可用硬盘空间。磁盘空间要求将随安装的 SQL Server 2012 组件不同而不同
驱动器	从磁盘进行安装时需要相应的 DVD 驱动器
显示器	SQL Server 2012 要求有 Super-VGA（800×600）或更高分辨率的显示器
Internet	用 Internet 功能需要连接 Internet（可能需要付费）

2. 内存和处理器要求

表 1-4 内存和处理器要求适用于所有版本的 SQL Server 2012。

表 1-4　SQL Server 2012 安装的内存和处理器要求

组　件	要　求
内存	最小值：Express 版本——512 MB，所有其他版本——1 GB。 建议：Express 版本——1 GB，所有其他版本——至少 4 GB，并且应该随着数据库大小的增加而增加，以确保最佳的性能。 注意： 在 Data Quality Services（DQS）中安装数据质量服务器组件所需的最小内存是 2 GB 的 RAM，此要求有别于 SQL Server 2012 的最低内存要求。
处理器速度	最小值：x86 处理器——1.0 GHz，x64 处理器——1.4 GHz 建议：2.0 GHz 或更快
处理器类型	x64 处理器：AMD Opteron、AMD Athlon 64、支持 Intel EM64T 的 Intel Xeon、支持 EM64T 的 Intel Pentium IV。 x86 处理器：Pentium III 兼容处理器或更高性能的处理器

3. 操作系统要求

SQL Server 2012 的不同版本对 Windows 系统版本的要求也会有所不同。由于篇幅有限，下面仅以列表的形式（表 1-5）给出安装与运行 SQL Server 2012 企业版的系统平台要求。

表 1-5　安装与运行 SQL Server 2012 企业版的操作系统要求

版本类型	操作系统平台名称	平台版本
企业版（32 位）	Windows Server 2012 64 位	Datacenter
		Standard
		Essentials
		Foundation
	Windows Server 2012 R2 SP1 64 位	Datacenter
		Enterprise
		Standard
		Web
	Windows Server 2012 SP2 64 位	Datacenter
		Enterprise
		Standard
		Web
	Windows Server 2012 SP2 32 位	Datacenter
		Enterprise
		Standard
		Web

续表

版本类型	操作系统平台名称	平台版本
企业版（64 位）	Windows Server 2012 64 位	Datacenter
		Standard
		Essentials
		Foundation
	Windows Server 2012 R2 SP1 64 位	Datacenter
		Enterprise
		Standard
		Web
	Windows Server 2012 SP2 64 位	Datacenter
		Enterprise
		Standard
		Web

子任务 2　安装 SQL Server 2012 前的准备工作

任务描述

熟悉 SQL Server 2012 安装前的准备工作，为正式进行安装扫除障碍。

任务所用知识点

SQL Server 2012 安装前的准备工作。

任务知识点分解

安装 SQL Server 2012 企业版应做好如下准备工作。

1．增强物理安全性

物理和逻辑隔离是构成 SQL Server 安全的基础。若要增强 SQL Server 安装的物理安全性，请执行以下任务。

（1）将服务器置于专门的房间，未经授权的人员不得入内。

（2）将数据库的宿主计算机置于受物理保护的场所，最好是上锁的机房，房中配备水灾检测和火灾检测监视系统或灭火系统。

（3）将数据库安装在公司 Intranet 的安全区域中，并且不得将 SQL Server 直接连接到 Internet。

（4）定期备份所有数据，并将备份存储在远离工作现场的安全位置。

2．使用防火墙

防火墙对于协助确保 SQL Server 安装的安全十分重要。若要使防火墙发挥最佳效用，请遵循以下指南。

（1）在服务器和 Internet 之间放置防火墙，启用防火墙。如果防火墙处于关闭状态，请将其开启。如果防火墙处于开启状态，请不要将其关闭。

（2）将网络分成多个安全区域，区域之间用防火墙分隔。先阻塞所有通信流量，然后有选择地只接收所需的通信。

（3）在多层环境中，使用多个防火墙创建屏蔽子网。

（4）如果在 Windows 域内部安装服务器，请将内部防火墙配置为允许使用 Windows 身份验证。

（5）如果应用程序使用分布式事务处理，可能必须将防火墙配置为允许 Microsoft 分布式事务处理协调器（MS DTC）在不同的 MS DTC 实例之间进行通信，还需要将防火墙配置为允许在 MS DTC 和资源管理器（如 SQL Server）之间进行通信。

3．隔离服务

隔离服务可以降低风险，防止已受到危害的服务被用于危及其他服务。若要隔离服务，需要考虑如下原则：在不同的 Windows 账户下运行各自的 SQL Server 服务；对每个 SQL Server 服务，尽可能使用不同的低权限 Windows 或本地用户账户。

4．配置安全的文件系统

使用正确的文件系统可提高安全性。对于 SQL Server 的安装，应执行以下几项任务。

（1）使用 NTFS 文件系统。NTFS 是安装 SQL Server 的首选文件系统，因为它比 FAT 文件系统更加稳定且更容易恢复。NTFS 还可以使用安全选项，例如，文件和目录访问控制列表（ACL）和加密文件系统（EFS）文件加密。在安装期间，如果检测到 NTFS，SQL Server 将对注册表项和文件设置相应的 ACL。请不要对这些权限做任何更改。SQL Server 的未来版本可能不支持在具有 FAT 文件系统的计算机上进行安装。

（2）对关键数据文件使用独立磁盘冗余阵列（RAID）。

5．禁用 NetBIOS 和服务器消息块

外围网络中的服务器应禁用所有不必要的协议，包括 NetBIOS 和服务器消息块（SMB）。

NetBIOS 使用以下端口。

（1）UDP/137（NetBIOS 名称服务）。

（2）UDP/138（NetBIOS 数据报服务）。

（3）TCP/139（NetBIOS 会话服务）。

SMB 使用以下端口。

（1）TCP/139。

（2）TCP/445。

Web 服务器和域名系统（DNS）服务器不需要 NetBIOS 和 SMB。在这些服务器上，禁用这两个协议可以减轻由用户枚举带来的威胁。

子任务 3　SQL Server 2012 的安装组件与选择

任务描述

了解 SQL Server 2012 的安装组件及其功能，能依照需求选用满足需要的功能集合。

任务所用知识点

- SQL Server 2012 的安装组件及其功能；
- 会选用满足需要的功能集合。

任务知识点分解

根据应用程序的需要，安装要求会有所不同。安装哪些 SQL Server 组件还取决于用户的具体需要。可根据表 1-6～表 1-9 中给出的信息确定最能满足需要的功能集合。

表 1-6　服务器组件

服务器组件	说　明
SQL Server 数据库引擎	SQL Server 数据库引擎包括数据库引擎（用于存储、处理和保护数据的核心服务）、复制、全文搜索、用于管理关系数据和 XML 数据的工具及 Data Quality Services 服务器
Analysis Services	Analysis Services 包括用于创建和管理联机分析处理（OLAP）以及数据挖掘应用程序的工具
Reporting Services	Reporting Services 包括用于创建、管理和部署表格报表、矩阵报表、图形报表及自由格式报表的服务器和客户端组件。Reporting Services 还是一个可用于开发报表应用程序的可扩展平台
Integration Services	Integration Services 是一组图形化工具和可编程对象，用于移动、复制和转换数据。它还包括 Integration Services 的 Data Quality Services 组件
Master Data Services	Master Data Services 是针对主数据管理的 SQL Server 解决方案，可以配置 MDS 来管理任何领域（产品、客户、账户）；MDS 中可包括层次结构、各种级别的安全性、事务、数据版本控制和业务规则，以及可用于管理数据的 Excel 的外接程序

表 1-7　客户端组件

客户端组件	说　明
连接组件	安装用于客户端和服务器之间通信的组件，以及用于 DB-Library、ODBC 和 OLE DB 的网络库

表 1-8　管理工具

管 理 工 具	说　明
SQL Server Management Studio	SQL Server Management Studio 是用于访问、配置、管理和开发 SQL Server 组件的集成环境。Management Studio 使各种技术水平的开发人员和管理员都能使用 SQL Server。Management Studio 的安装需要 Internet Explorer 6 SP1 或更高版本
SQL Server 配置管理器	SQL Server 配置管理器为 SQL Server 服务、服务器协议、客户端协议和客户端别名提供基本配置管理
SQL Server Profiler	SQL Server Profiler 提供了一个图形用户界面，用于监视数据库引擎实例或 Analysis Services 实例
数据库引擎优化顾问	数据库引擎优化顾问可以协助创建索引、索引视图和分区的最佳组合
数据质量客户端	提供了一个非常简单和直观的图形用户界面，用于连接到 DQS 数据库并执行数据清理操作。它还允许集中监视在数据清理操作过程中执行的各项活动。数据质量客户端的安装需要 Internet Explorer 6 SP1 或更高版本
SQL Server 数据工具	SQL Server 数据工具(SSDT)提供 IDE 可以为以下商业智能组件生成解决方案：Analysis Services、Reporting Services 和 Integration Services。 SSDT 还包含“数据库项目”，为数据库开发人员提供集成环境，以在 Visual Studio 内为任何 SQL Server 平台（无论内或外部）执行其所有数据库设计工作。数据库开发人员可以使用 Visual Studio 中功能增强的服务器资源管理器，轻松创建或编辑数据库对象和数据或执行查询。 SQL Server 数据工具安装需要 Internet Explorer 6 SP1 或者更高版本

表 1-9　文档

文　档	说　明
SQL Server 联机丛书	SQL Server 的核心文档

子任务 4　SQL Server 2012 的安装步骤

任务描述

掌握 SQL Server 2012 的安装步骤，增强安装过程中处理各种错误的能力。

任务所用知识点

SQL Server 2012 的安装步骤。

在获得 SQL Server 2012 安装光盘或安装文件，并确认计算机的软、硬件配置能够满足安装要求后，就可以开始安装 SQL Server 2012 了。

【案例 1.1】 安装 SQL Server 2012 企业版。

【操作步骤】

（1）将 SQL Server 2012 的安装光盘放入光驱。若使用镜像文件安装，则使用虚拟光驱工具将镜像文件载入虚拟光驱。

（2）双击安装光盘图标，或者执行安装程序所在的目录下的 Setup.exe 程序，启动 SQL Server 2012 企业版安装进程。

（3）安装程序将首先检测当前的系统环境是否满足安装的要求：如果没有安装.NET Framework 3.5 SP1，则先安装该软件；如果检测到必需的系统补丁并未安装，则会安装系统补丁，以上软件或补丁安装完毕后，必须重启系统。

（4）系统重启后，再次双击安装光盘图标或执行 Setup.exe 安装程序，启动【SQL Server 2012 安装中心】，如图 1-4 所示；选择左侧的【安装】选项卡，在右侧选择【全新 SQL Server 独立安装或向现有安装添加功能】选项。

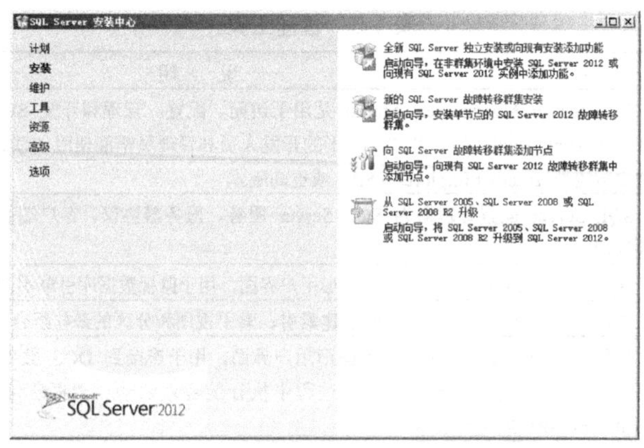

图 1-4 【SQL Server 2012 安装中心】界面

（5）单击【确定】按钮，进入【产品密钥】界面，如图 1-5 所示；从中选择所要安装的系统版本，这里可以选择免费版，如果用户购买了正式版，则在第 2 个输入框中输入产品序列号，安装程序根据序列号判断用户可安装的版本。

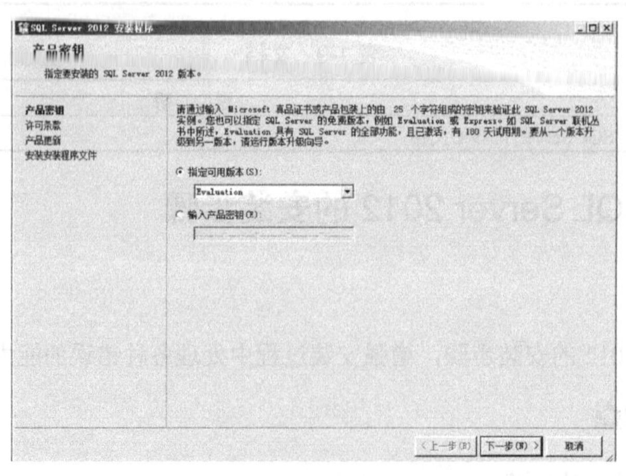

图 1-5 【产品密钥】界面

（6）单击【下一步】按钮，进入【许可条款】界面，如图 1-6 所示；选中【我接受许可条款】复选框，单击【下一步】按钮，进入【产品更新】界面。

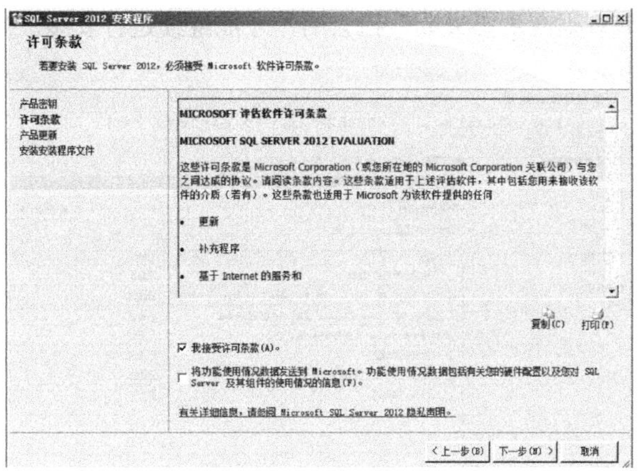

图 1-6　【许可条款】界面

（7）在【产品更新】界面中将会安装最新的更新以增强 SQL Server 安全性和性能，如图 1-7 所示。

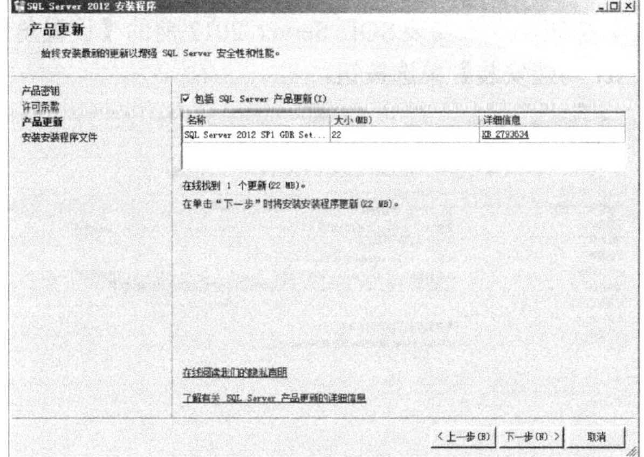

图 1-7　【产品更新】界面

（8）单击【下一步】按钮，进入【安装安装程序文件】界面，安装 SQL Server 安装程序，如图 1-8 所示。

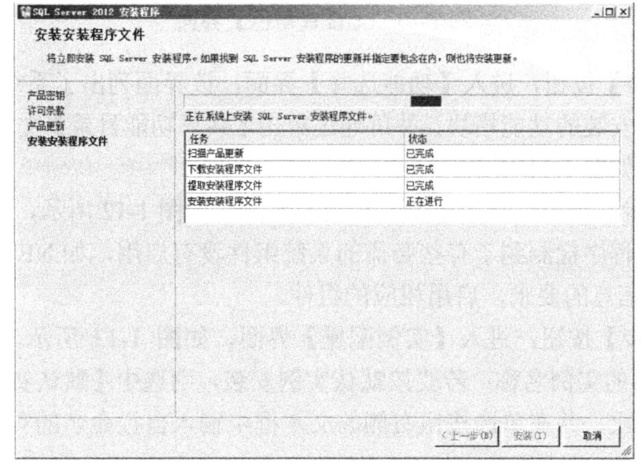

图 1-8　【安装安装程序文件】界面

（9）单击【安装】按钮，进入【安装程序支持规则】界面，如图 1-9 所示，系统将对当前安装环境进行支持规则检测，判断当前机器环境是否符合 SQL Server 2012 的安装条件；只有在各规则全部通过检查并没有任何规则产生“失败”错误后，才能继续进行安装。

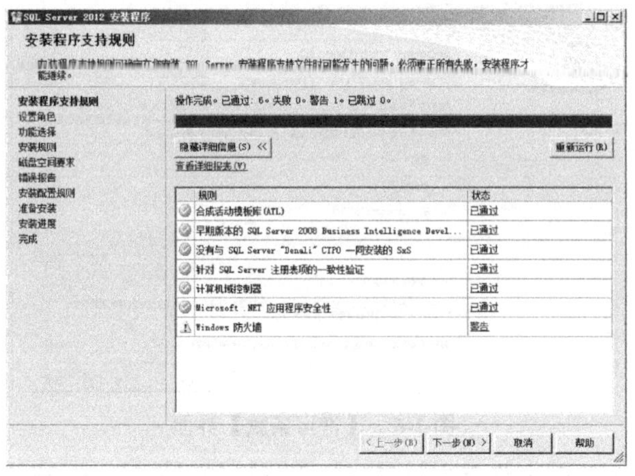

图 1-9　【安装程序支持规则】界面

（10）单击【下一步】按钮，进入安装 SQL Server 2012 前的【设置角色】阶段，如图 1-10 所示，这里选中【SQL Server 功能安装】单选按钮。

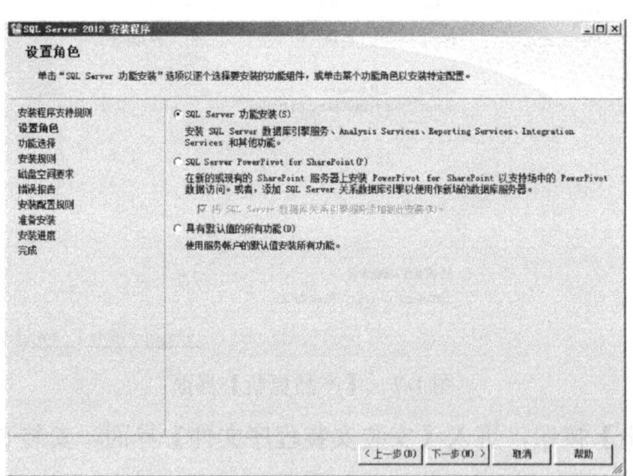

图 1-10　【设置角色】界面

（11）单击【下一步】按钮，进入【功能选择】界面，该界面列出了系统包含的各个功能组件，可以根据实际需要选择安装的功能模块，并可通过单击【共享功能目录】文本框右侧的 ... 按钮改变组件的默认安装目录，如图 1-11 所示。

（12）单击【下一步】按钮，进入【安装规则】界面，如图 1-12 所示，再次检查系统是否符合“安装规则”。如果安装程序检测到了有些必需的系统组件没有启用，如.NET Framework 3.5 Service Pack 1，则需按照提示信息的要求，启用相应的组件。

（13）单击【下一步】按钮，进入【实例配置】界面，如图 1-13 所示。【实例配置】界面用来设置 SQL Server 服务器的实例名称：若要按默认实例安装，则选中【默认实例】单选按钮；否则选中【命名实例】单选按钮，并在单选按钮右侧的文本框中输入自行命名的实例名称。

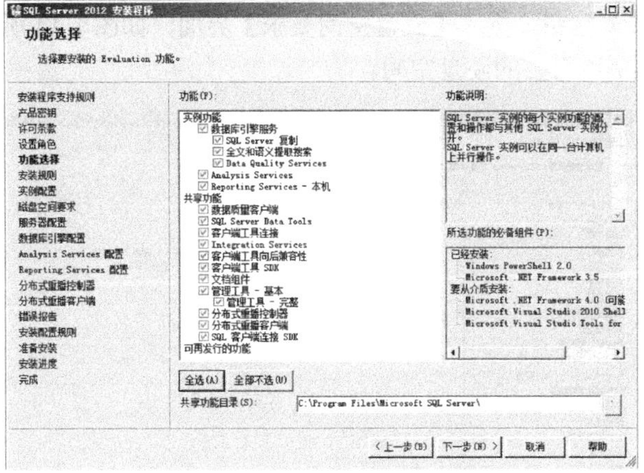

图 1-11　【功能选择】界面

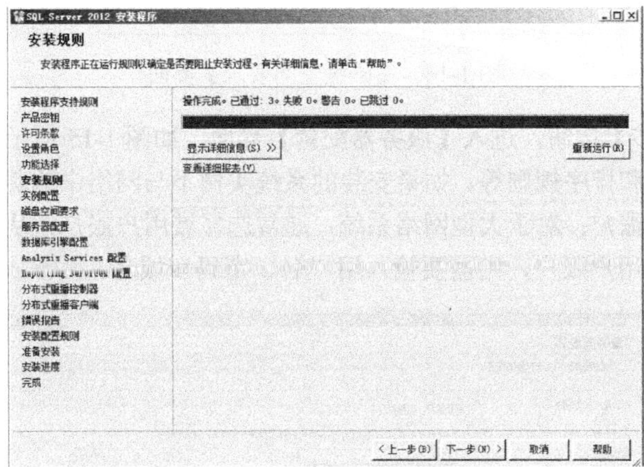

图 1-12　【安装规则】界面

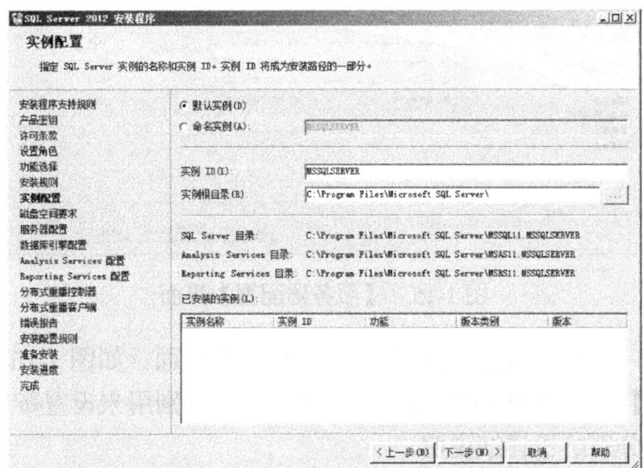

图 1-13　【实例配置】界面

提示：

Microsoft SQL Server 2012 的每次成功安装都将产生一个 SQL Server 实例。在同一台计算机上允许安装多个 SQL Server 实例。

（14）单击【下一步】按钮，进入【磁盘空间要求】界面，如图 1-14 所示，该界面列出了当前 SQL Server 2012 安装实例所需要的硬盘空间。

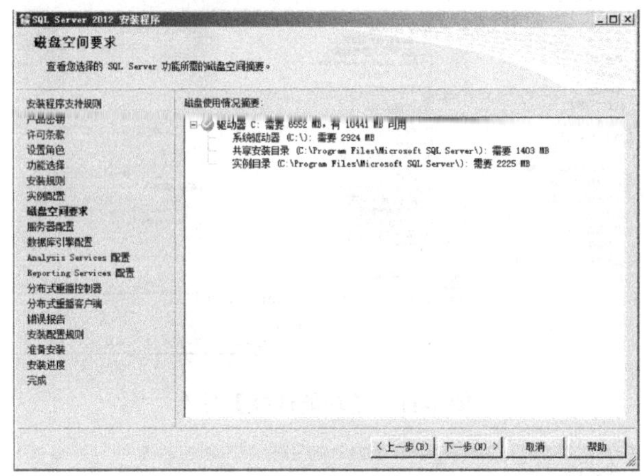

图 1-14 【磁盘空间要求】界面

（15）单击【下一步】按钮，进入【服务器配置】界面，如图 1-15 所示，该界面主要用来配置服务的账户、启动类型和排序规则等。如果安装的系统实例不与网络中的其他服务器进行交互，则通常选择使用内置系统账户；对于大型网络系统，通常选择域用户账户，从而能够执行服务器之间的交互；如果选择用域用户账户，则需要输入用户名、密码和域名。

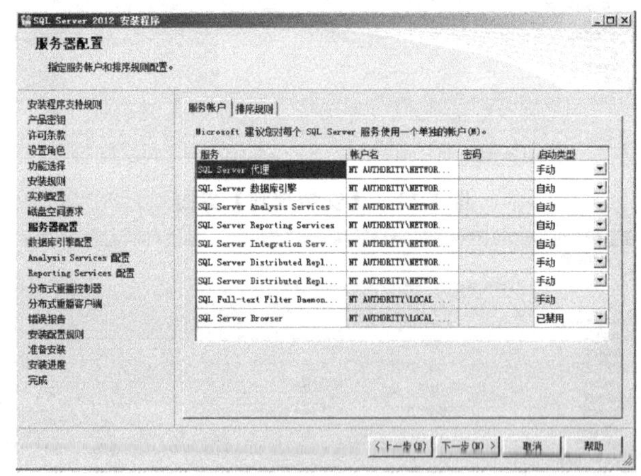

图 1-15 【服务器配置】界面

（16）单击【下一步】按钮，进入【数据库引擎配置】界面，如图 1-16 所示，该界面包含【服务器配置】、【数据目录】和【FILESTREAM】三个选项卡，分别用来设置账户、数据目录及文件流。下面对各选项卡的用法分别给予详细说明。

【服务器配置】选项卡用来选择身份验证模式。在 SQL Server 2012 中有两种身份验证模式：Windows 身份验证模式和混合模式。Windows 身份验证模式只允许 Windows 中的账户和域账户访问数据库；混合模式除了允许 Windows 账户和域账户访问数据库之外，还可以通过使用在 SQL Server 中配置的用户名与密码来访问数据库。如果选择混合模式，则通常使用系统账户 sa，并为其设置密码，从而通过 sa 账户登录数据库系统。

【数据目录】选项卡用来设置数据库文件保存的默认目录。

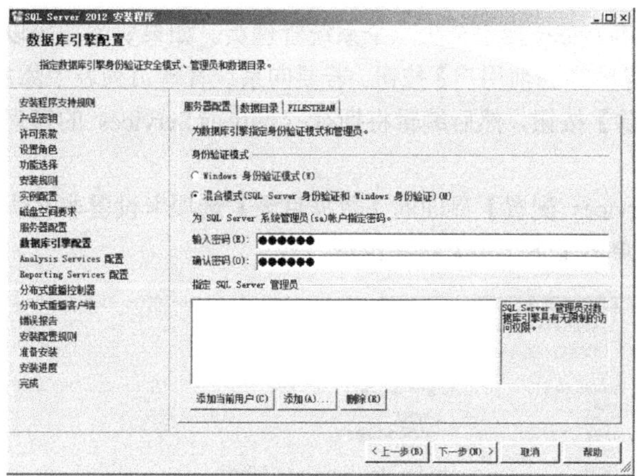

图 1-16　【数据库引擎配置】界面

【FILESTREAM】选项卡用于在 SQL Server 2012 安装过程中配置和激活文件流。FILESTREAM 特性，使得基于 SQL Server 的应用程序可以在文件系统中存储非结构化的数据（如文档、图片、音频、视频等数据）。非结构化的数据存储在 NTFS 文件系统中，通常用 varbinary（max）数据类型存储。SQL Server 数据库引擎负责管理文件流字段和存储在 NTFS 中的数据文件，用户可以使用 T-SQL 语句，对存储在可用文件流数据表中的数据进行插入、更新、删除和选择等操作。

（17）在当前的安装实例中，选择以 Windows 身份验证模式使用数据库，操作步骤如下：选择【服务器配置】选项卡，选中【Windows 身份验证模式】单选按钮；单击【添加当前用户】按钮，将当前 Windows 用户添加为 SQL Server 引擎的账户，如图 1-17 所示。

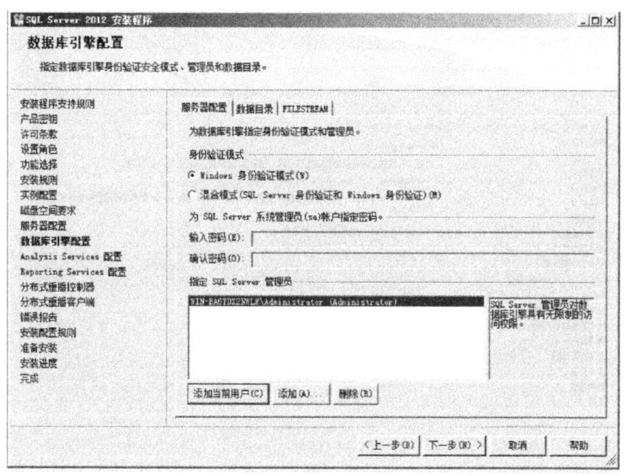

图 1-17　添加当前 Windows 用户

（18）如果要添加其他用户，则单击【添加】按钮，打开【选择用户或组】对话框，从用户列表中选择要添加的账户，如图 1-18 所示。

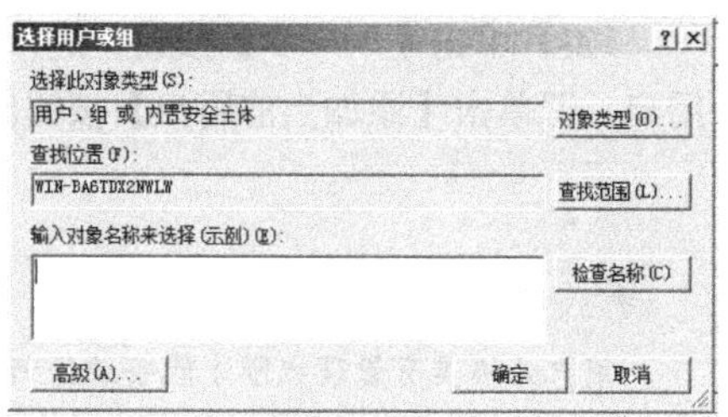

图 1-18　【选择用户或组】对话框

（19）单击【下一步】按钮，进入【Analysis Services 配置】界面，如图 1-19 所示，使用与数据库引擎配置同样的方法为该服务配置用户和数据目录。

使用【Analysis Services 配置】界面的【服务器配置】选项卡设置拥有 Analysis Services 的管理员权限的用户或

账户。必须为 Analysis Services 指定至少一个系统管理员。如果要添加用以运行 SQL Server 安装程序的账户，可以单击【添加当前用户】按钮。若要向系统管理员列表中添加账户或从中删除账户，可单击【添加】或【删除】按钮，然后编辑将拥有 Analysis Services 的管理员特权的用户、组或计算机的列表。

使用【Analysis Services 配置】界面的【数据目录】选项卡设置非默认的安装目录，如果要安装到默认目录，可直接单击【下一步】按钮继续。

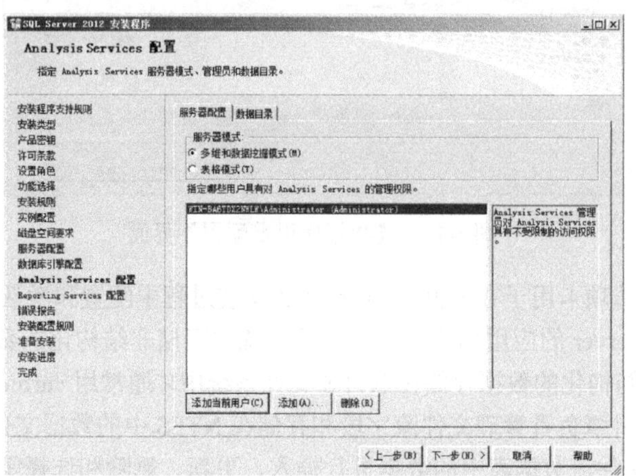

图 1-19 【Analysis Services 配置】界面

（20）单击【下一步】按钮，进入【Reporting Services 配置】界面，配置报表服务，如图 1-20 所示，这里选中第一个单选按钮即可。

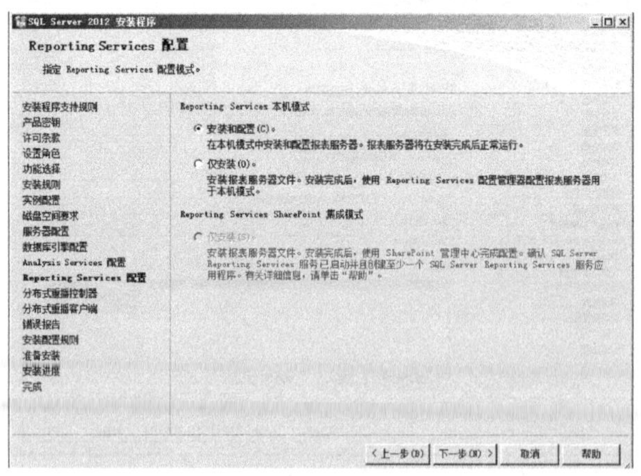

图 1-20 【Reporting Services 配置】界面

（21）单击【下一步】按钮，进入【分布式重播控制器】界面，如图 1-21 所示，这里同样添加用户，即单击【添加当前用户】按钮。

提示：

用户必须具有管理权限才能安装任何分布式重播功能。只有拥有 sysadmin 权限的登录名才可将客户端服务账户添加到测试服务器的 sysadmin 服务器角色中。

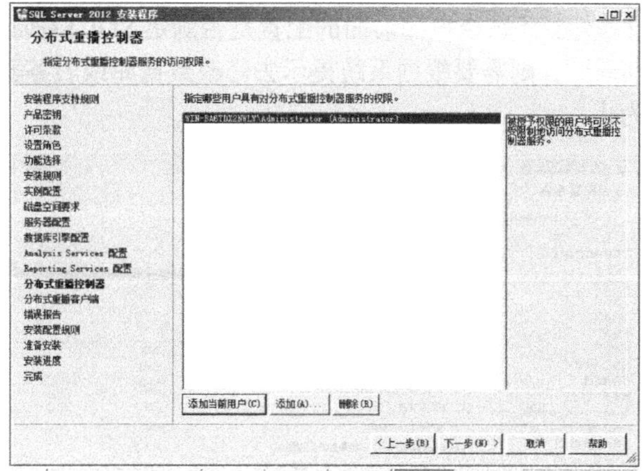

图 1-21　【分布式重播控制器】界面

（22）单击【下一步】按钮，进入【分布式重播客户端】界面，这里使用默认设置进行安装即可，如图 1-22 所示。

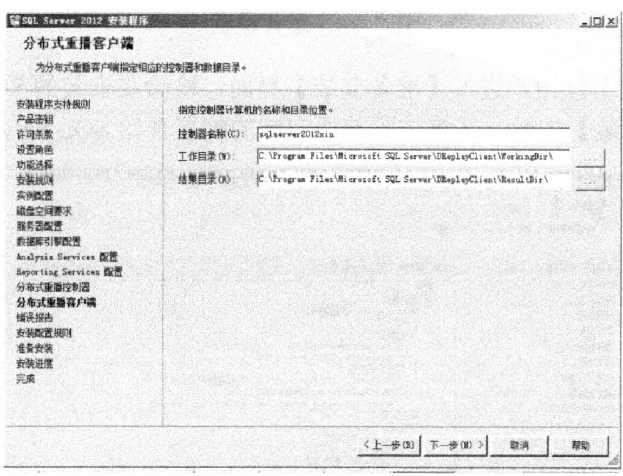

图 1-22　【分布式重播客户端】界面

（23）单击【下一步】按钮，进入【错误报告】界面，如图 1-23 所示，该界面用来设置发送错误信息和使用情况报告的方式，通常不用选择。

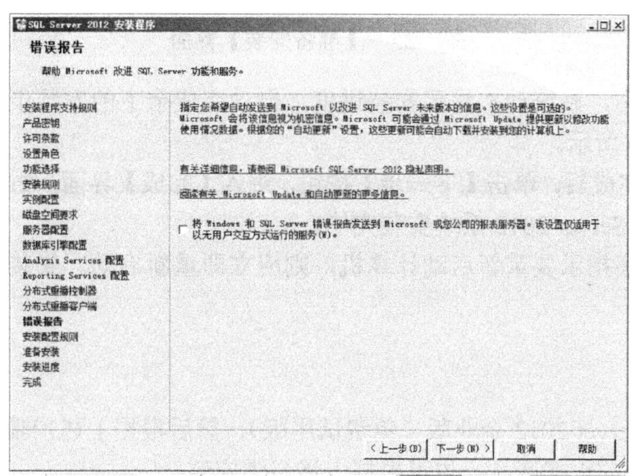

图 1-23　【错误报告】界面

（24）单击【下一步】按钮，让系统检测前面的配置是否满足 SQL Server 的安装规则，如图 1-24 所示；如果规则没有全部通过，则需要根据系统提示去修改数据库或服务器中的不当配置，直到全部规则都通过系统检测为止。

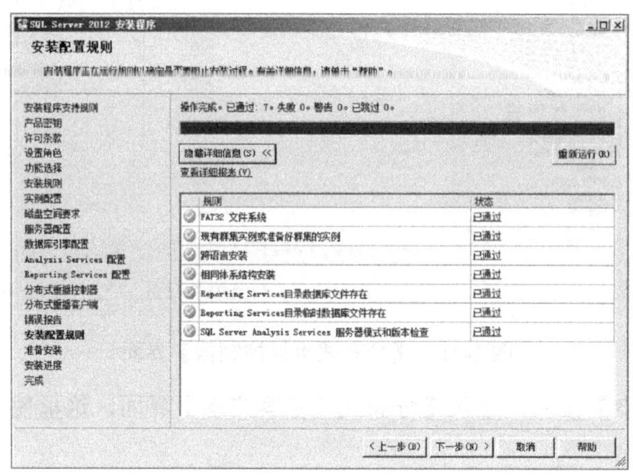

图 1-24 运行检查

（25）单击【下一步】按钮，进入【准备安装】界面，检验要安装的 SQL Server 2012 功能，如图 1-25 所示；单击【安装】按钮，系统按照前面定制的配置开始 SQL Server 2012 的安装。

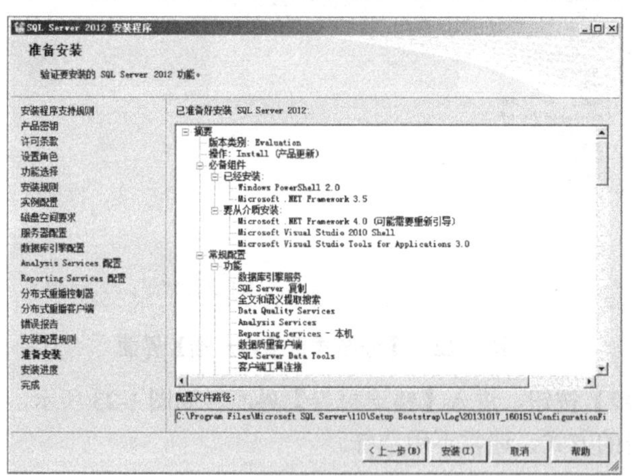

图 1-25 【准备安装】界面

（26）在安装过程中，系统动态显示安装进度，自动完成余下的安装步骤，请等待安装程序提示安装成功，如图 1-26 所示。

（27）当安装全部完成后，单击【下一步】按钮，进入【完成】界面，如图 1-27 所示；单击【关闭】按钮。至此，SQL Server 2012 系统安装完毕。

（28）如果安装程序指示要重新启动计算机，则应立即重新启动。安装完成后，请务必阅读来自安装向导的消息。

实战演练

请自行下载 SQL Server 2012 企业版（免费试用版），然后根据上述步骤安装程序。如果已购买 SQL Server 2012 企业版的正式产品，也可根据上述步骤安装。

SQL Server 2012 企业版（免费试用版）下载地址为 http://www.microsoft.com/zh-CN/

download/details.aspx?id=35575。

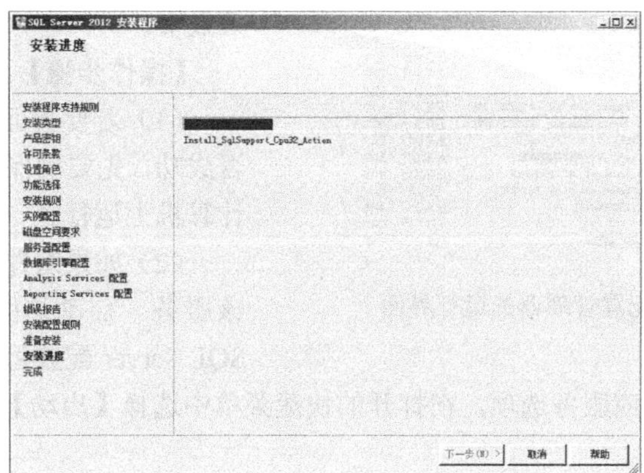

图 1-26　【安装进度】页面

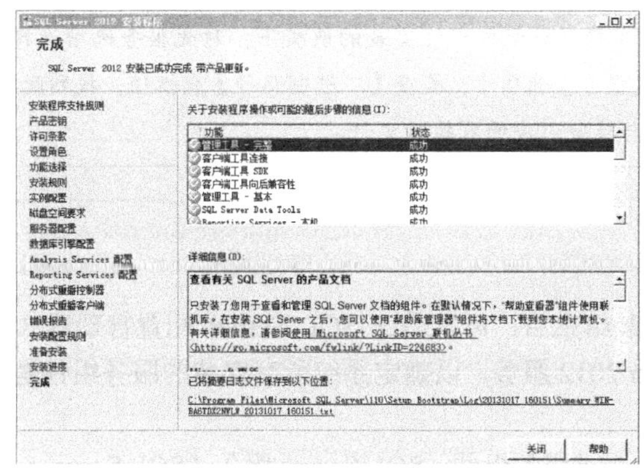

图 1-27　安装全部完成

任务 4　配置 SQL Server 2012

安装 SQL Server 2012 后，还需要对数据库服务器进行正确的配置，才能更有效地利用 SQL Server 2012 实现数据管理操作，SQL Server 2012 服务器的配置主要包括以下 3 个方面。

（1）验证 SQL Server 2012 的安装。

（2）配置 Reporting Services。

（3）配置 Windows 防火墙。

子任务 1　验证 SQL Server 2012 安装

任务描述

掌握如何验证 SQL Server 2012 已安装成功。

任务所用知识点

- 验证 SQL Server 2012 已安装成功的方法；
- 启动相应组件服务的方法。

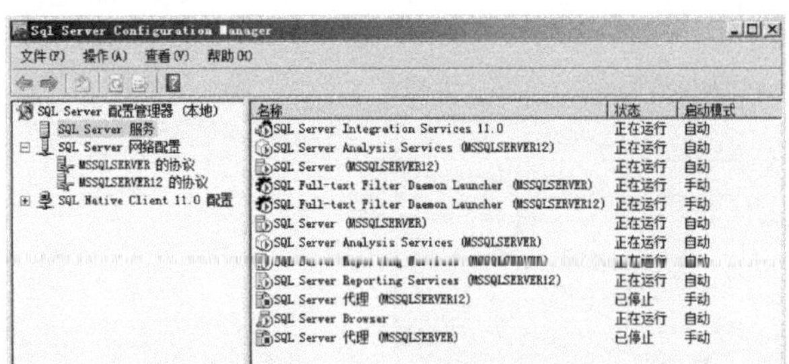

图 1-28　SQL Server 配置管理器的运行界面

【案例 1.2】验证 SQL Server 2012 已安装成功。

【操作步骤】

（1）若要验证 SQL Server 2012 安装是否成功，先要确保已安装组件的服务都能在计算机上运行。

（2）如果组件的服务没有运行，则启动该服务。启动这些服务的方法如下：打开 SQL Server 配置管理器，如图 1-28 所示，右击【名称】列表框中的相应服务选项，在打开的快捷菜单中选择【启动】命令即可。

提示：

如果有服务无法启动，在确保该组件已经安装的前提下，对此服务选项选择【操作】|【属性】命令，打开【属性】对话框；选择【服务】选项卡，检查【二进制路径】属性值，找到此服务可执行文件所在的路径，检查并确保在该路径中存在与服务对应的可执行文件。

任务知识点分解

SQL Server 2012 安装结束后，可以通过 SQL Server 配置管理器（SQL Server Configuration Manager）启动 SQL Server 2012 服务，以确定系统所有安装的服务组件是否都可用，从而验证安装是否成功。

SQL Server 2012 包含 7 类服务组件：SQL Server 服务（SQL Server Services）、SQL Server 集成服务（Integration Services）、SQL Server 全文搜索服务（Full Text Search Services）、SQL Server 分析服务（Analysis Services）、SQL Server 报表服务（Reporting Services）、SQL Server 浏览服务（Browser Services）与 SQL Server 代理服务（Agent Services）。

子任务 2　配置报表服务

任务描述

掌握 SQL Server 2012 中配置报表服务的方法。

任务所用知识点

SQL Server 2012 中配置报表服务的方法。

【案例 1.3】配置报表服务。

【操作步骤】

（1）在 Windows 桌面上选择【开始】|【所有程序】|SQL Server 2012|【配置工具】|【Reporting Services 配置管理器】命令，打开如图 1-29 所示的【Reporting Services 配置连接】对话框。

图 1-29　【Reporting Services 配置连接】对话框

（2）在对话框中，根据需要选择服务器的名称，

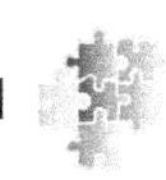

并指定要配置的报表服务器实例对象；单击【连接】按钮，进入如图 1-30 所示的【Reporting Services 配置管理器】界面。

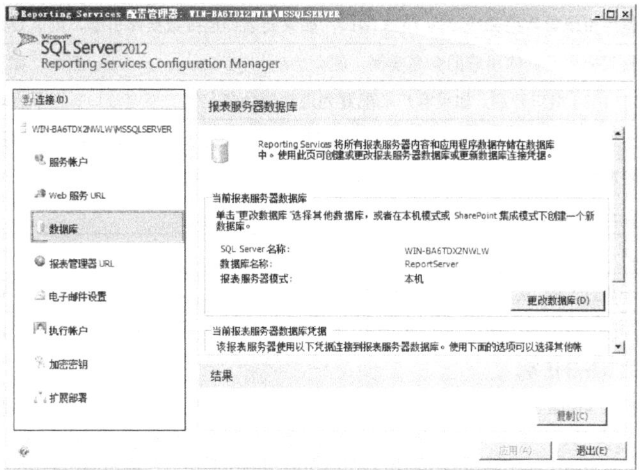

图 1-30　【Reporting Services 配置管理器】界面

（3）在报表服务配置管理器中，可根据需要进行相应对象的配置。

任务知识点分解

Reporting Services 配置工具可用于配置和管理 SQL Server 的报表服务器。如果在安装报表服务器时使用了【仅安装】选项，则安装后必须用此工具来配置报表服务器，否则服务器将不可用。如果在安装报表服务器时使用的是【安装与配置】选项，则可以用此工具来验证或修改在安装过程中指定的设置。

如果用户对要配置报表服务器的计算机拥有本地系统管理员权限，则还可以用 Reporting Services 配置工具来配置本地或远程报表服务器实例。

子任务 3　配置 Windows 防火墙

任务描述

掌握 SQL Server 2012 中配置 Windows 防火墙的方法。

任务所用知识点

- SQL Server 2012 中常用的端口；
- SQL Server 2012 中配置 Windows 防火墙的方法。

任务知识点分解

Windows 防火墙有助于阻止对计算机资源进行未经授权的访问。如果防火墙已被打开，但没有进行正确的配置，则可能会阻止对 SQL Server 服务器的连接。若要通过防火墙访问 SQL Server 实例，则必须在运行 SQL Server 的计算机上配置防火墙以允许访问。

协议和端口对建立防火墙规则是至关重要的两个环节。下面对 SQL Server 常用的端口进行介绍，见表 1-10。

表 1-10 SQL Server 常用的端口

端 口	说 明
TCP 端口 1433	数据库引擎最常用的端口为 1433 端口，如果要远程连接数据库引擎，则需要开放该端口
UDP 端口 1434	通常只要用数据库引擎的命名实例，就会启动 SQL Server Browser 服务。如果要启用该项服务，则必须将 UDP 1434 端口开启。如果客户端配置为连接到命名实例的特定端口，则不启动 SQL Server Browser 服务
TCP 端口 80	用于通过 URL 实现的 HTTP 连接，如数据库引擎或报表服务和分析服务等都会用到
TCP 端口 2382	如果客户端向 Analysis Services 命名实例发出不指定端口号的连接请求，则该请求被转到 2382 端口，即 SQL Server Browser 所侦听的端口
TCP 端口 2383	默认 Analysis Services 实例标准端口
TCP 端口 443	用于通过 URL 实现的 HTTPS 连接，如数据库引擎或报表服务和分析服务等都会用到
TCP 端口 135	服务控制管理器用端口 135 执行诸如启动和停止 Integration Services 服务，以及将控制请求传送到正在运行的服务等任务。 如果用 Visual Studio，则在 Visual Studio 主机计算机上必须将 Devenv.exe 添加到“例外”列表中并打开 TCP 端口 135。 如果用 Management Studio，则在 Management Studio 主机计算机上必须将 ssms.exe 添加到“例外”列表中并打开 TCP 端口 135

修改 TCP 端口的方法如下：启动 SQL Server 配置管理器，打开相应的协议选项，通常使用快捷菜单中的【属性】命令来设置 TCP 端口。

应该根据实际需要来为 SQL Server 不同的服务设置端口。出于安全考虑，建议将系统默认的端口修改为服务专用的端口。

实战演练

安装 SQL Server 2012 企业版后，请在计算机上做如下工作。

（1）验证 SQL Server 2012 企业版的安装，检测相关服务组件有没有成功安装。

（2）配置 Reporting Services。

（3）根据需要，配置 Windows 防火墙，建立相应的防火墙规则。

知识串联

1．数据库基础

（1）基本概念有数据库、数据库管理系统和数据库系统。在数据库系统中，数据库和 DBMS 处于核心地位。

（2）数据库技术的发展历程：人工管理阶段、文件系统阶段和数据库系统阶段。

（3）数据模型：三个层次（概念数据模型、逻辑数据模型和物理数据模型），三种逻辑模型（层次模型、网状模型和关系模型）。

（4）关系型数据库系统。

2．SQL Server 2012 简介

（1）SQL Server 的发展。

（2）SQL Server 2012 的版本类型：企业版、标准版、商业智能版、Web 版、开发者版本，以及精简版。

（3）SQL Server 2012 的主要新增功能。

3．安装 SQL Server 2012

（1）安装 SQL Server 2012 的环境要求：硬件与软件要求、内存与处理器要求和操作系统要求。

（2）安装 SQL Server 2012 前的准备工作：物理安全性，隔离服务，配置安全的文件系统，禁用 NetBIOS 和服务器消息块。

（3）SQL Server 2012 的安装组件：服务器组件，客户端组件，管理工具，文档。

（4）SQL Server 2012 企业版的安装步骤。

4．配置 SQL Server 2012

（1）SQL Server 2012 系统的配置：验证安装。

（2）SQL Server 2012 系统的配置：配置报表服务。

（3）SQL Server 2012 系统的配置：配置防火墙。

基础练习

一、选择题

1．（　　）是长期存储在计算机内有结构的大量的共享数据集合。

A．数据库　　B．数据　　C．数据库系统　　D．数据库管理系统

2．信息的数据表示形式（　　）。

A．只能是文字　　B．只能是声音　　C．只能是图形　　D．上述都可以

3．以下的英文缩写中表示数据库管理系统的是（　　）。

A．DBS　　B．DB　　C．DBAS　　D．DBMS

4．以下不属于数据模型的是（　　）。

A．层次模型　　B．网状模型　　C．关系模型　　D．概念模型

5．（　　）为位于用户与操作系统之间的一层数据管理软件，为用户或应用程序提供访问数据库的方法，属于系统软件。数据库在建立、应用和维护中由其统一管理。

A．DBS　　B．DB　　C．DBMS　　D．DBA

6．数据库、数据库系统及数据库管理系统三者之间的关系为（　　）。

A．数据库系统包括数据库和数据库管理系统

B．数据库管理系统包括数据库和数据库系统

C．数据库包括数据库系统和数据库管理系统

D．数据库系统就是数据库，也就是数据库管理系统

二、填空题

1．________是用来统一管理与控制数据库的一套系统软件，它是数据库系统的核心。

2．从数据管理角度而言，计算机数据管理技术经历了________、________和________3 个发展阶段。

3．数据模型按不同的应用层次分为________、________和________。

4．3 种最常用的逻辑数据模型有________、________和________。

5．在关系模型中，记录集合定义为一张二维表，即________。

6．SQL Server 2012 的版本类型有________、________、________、________、________、________。

三、简答题

1．与人工管理和文件系统相比，数据库系统的特点主要是什么？
2．安装 SQL Server 2012 企业版对计算机的软硬件、内存和处理器及操作系统有何要求？
3．在安装过程中可为数据库引擎选择的身份验证模式有哪两种？
4．SQL Server 2012 包含哪些版本？各有什么特点？
5．SQL Server 2012 包含几个服务组件？简要说明各组件的功能。
6．SQL Server 2012 系统的核心服务是什么？该服务有何特点？
7．SQL Server 2012 怎样配置？

技 能 实 训

第一部分　上机任务

本实训主要练习：
（1）安装 SQL Server 2012。
（2）配置 SQL Server 2012。
训练技能点：
（1）SQL Server 2012 的安装步骤。
（2）SQL Server 2012 的配置方法。

第二部分　任务实现

任务　SQL Server 2012 的安装与配置

掌握要点：
（1）掌握 SQL Server 2012 的安装步骤。
（2）掌握 SQL Server 2012 的配置方法。
任务说明：
（1）根据自己的 Windows 操作系统完成相应 SQL Server 2012 版本服务器的安装。
（2）验证 SQL Server 2012 的安装。
（3）配置 Reporting Services。
（4）配置 Windows 防火墙。
实现思路：
具体步骤略，请参考相应案例。

项目 2

SQL Server 2012 的常用实用工具

教学聚集

SQL Server 2012 提供了大量的实用工具，利用这些工具用户能够快速、高效地对系统进行各种配置与管理。实用工具包括 SQL Server Management Studio、SQL Server 配置管理器、SQL Server Profiler、数据库引擎优化顾问，以及大量的命令行实用工具等。

知识目标

- 掌握 SQL Server 2012 常用实用工具名称；
- 掌握 SQL Server 2012 常用实用工具功能。

技能目标

- 掌握 SQL Server Management Studio（SSMS）的用法；
- 掌握 SQL Server Configuration Manager（SSCM）的用法；
- 掌握 SQL Server Profiler 的用法；
- 掌握数据库引擎优化顾问工具（DETA）的启动方法；
- 掌握 SQL Server 数据工具（SSDT）的启动方法；
- 掌握 SQL Server 错误和使用情况报告工具的启动方法；
- 能用 SQL Server 2012 常用实用工具处理实际问题。

课时建议

4 课时。

课前预习

- SQL Server 2012 常用实用工具名称；
- SQL Server 2012 常用实用工具功能。

SQL Server 2012 安装与配置好后，还需要了解一些 SQL Server 2012 常用实用工具的相关内容，这样才能利用这些常用工具对系统进行各种管理，从而简化企业数据库的创建、部署和管理工作。

在此项目中，需要初步掌握 SQL Server 2012 常用的工具，能够简单使用这些工具。其中要重点学习 SSMS 工具的用法，能够应用对象资源管理器、查询编辑器及 SQL Server 配置管理器来解决一些实际的问题。

由此可将项目分成 2 个任务：SQL Server 2012 常用实用工具概述，SQL Server 2012 常用实用工具的用法。

任务 1　SQL Server2012 常用实用工具概述

在利用 SQL Server 2012 常用工具对系统进行管理前，需要先了解各种常用工具的功能。

 **任务描述**

掌握 SQL Server 2012 常用实用工具及其功能。

 **任务所用知识点**

- SQL Server 2012 常用的实用工具名称；
- SQL Server 2012 常用的实用工具功能。

 **任务知识点分解**

下面对 SQL Server 2012 常用实用工具特点和作用进行详细说明。

（1）SQL Server Management Studio（SSMS）是 SQL Server 2012 最重要的管理工具。它提供了图形界面，用于配置、监视和管理 SQL Server 的实例，除此，它还允许用户部署、监视和升级应用程序使用的数据层组件，如数据库和数据仓库。SQL Server Management Studio 还提供了 T-SQL、MDX、DMX 和 XML 语言编辑器，主要用于编辑或调试脚本。

（2）SQL Server Configuration Manager（SQL Server 配置管理器）用于管理与 SQL Server 相关联的服务、配置 SQL Server 所用的网络协议及从 SQL Server 客户端计算机管理网络连接配置。通过 SQL Server 配置管理器，能够启动、停止、暂停、恢复和重新启动各类服务，也可以更改服务使用的账户，以及查看或更改服务器属性。

（3）SQL Server Profiler（事件探查器）是一个功能丰富的界面，用于创建和管理跟踪并分析和重播跟踪结果。事件保存在一个跟踪文件中，稍后试图诊断问题时可对该文件进行分析或用它来重播特定的一系列步骤。

（4）Database Engine Tuning Advisor（数据库引擎优化顾问）分析数据库并对优化查询性能提出建议。有了数据库引擎优化顾问，用户不必精通数据库结构或深谙 SQL Server 就可选择和创建索引、索引视图和分区的最佳集合。

（5）SQL Server Data Tools（SQL Server 数据工具）通过引入跨所有数据库开发阶段及 Visual Studio 内的维护/更新的无所不在的声明性模型，为数据库开发带来革命性的发展。可以利用 SSDT

T-SQL 设计功能来生成、调试、维护和重构数据库，还可利用 SQL Server 对象资源管理器轻松地创建、编辑、重命名和删除表、存储过程、类型和函数。开发人员可以用熟悉的 Visual Studio 工具进行数据库开发。SSDT 还包含用于开发 SQL Server 2012 Analysis Services、Reporting Services 和 Integration Services Business Intelligence（BI）解决方案的特殊项目类型和工具。

任务 2　SQL Server 2012 常用实用工具的用法

要想利用 SQL Server 2012 简化企业数据库的创建、部署和管理工作，需要熟悉各种实用工具的用法。

子任务 1　SQL Server Management Studio

任务描述

掌握 SSMS 工具的用法，能够用对象资源管理器、查询编辑器来解决一些实际的问题。

要求：启动 SSMS，利用已注册的服务器注册一个新的服务器对象，用对象资源管理器查看各个资源对象节点的详细信息，会启动查询编辑器，熟悉其界面。

任务所用知识点

- 启动 SSMS；
- 应用已注册的服务器；
- 应用对象资源管理器；
- 应用文档窗口；
- 应用查询编辑器。

【案例 2.1】 *启动* SSMS。

【操作步骤】

（1）在 Windows 桌面上选择【开始】|【所有程序】| Microsoft SQL Server 2012 |【SQL Server Management Studio】命令，打开如图 2-1 所示的【连接到服务器】对话框。

（2）在【身份验证】下拉列表中选择身份验证模式，在【服务器名称】组合框中输入或选择服务器用户名称。

服务器用户与选择的身份验证模式有关：如果选择的是【Windows 身份验证】模式，则服务器用户只能为本地用户或合法的域用户；如果选择的是【SQL Server 身份验证】模式，则需为服务器用户输入登录名与密码。

（3）本案例中选择【Windows 身份验证】模式，在【服务器名称】文本框中输入或选择一个服务器名称，如图 2-1 所示。

图 2-1　【连接到服务器】对话框

（4）单击【连接】按钮，进入 SSMS 的主界面。

SSMS 界面中包含已注册的服务器、对象资源管理器、查询编辑器、属性等多个窗口对象，如图 2-2 所示。

图 2-2　包含多个窗口对象的 SSMS 主界面

这些窗口对象都是具有一定的管理与开发功能的工具。例如，已注册的服务器、对象资源管理器及文档窗口等对象。如果某些窗口被关闭了，可以通过选择【视图】菜单中的相应命令来打开对应的窗口。

【案例 2.2】 注册新的服务器对象。

本案例用已注册的服务器注册一个新的服务器对象。

【操作步骤】

（1）在 SSMS 界面中选择【视图】|【已注册的服务器】命令，或者使用组合键 Ctrl+Alt+G，都可以打开【已注册的服务器】窗口，如图 2-3 所示。

【已注册的服务器】窗口显示了所有已注册到当前 SSMS 的 SQL Server 服务器。工具栏中提供了 4 个切换按钮，分别对应于数据库引擎、Analysis Services、Reporting Services 和 Integration Services，可以通过这些按钮注册不同类型的服务。

（2）右击数据库引擎下的【本地服务器组】节点，打开如图 2-4 所示的快捷菜单；选择【新建服务器注册】命令，打开【新建服务器注册】对话框。

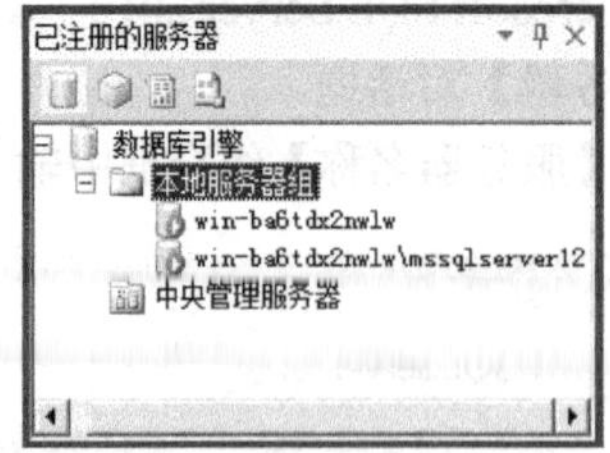

图 2-3　【已注册的服务器】窗口

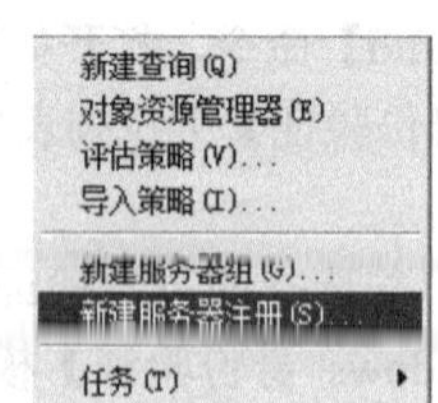

图 2-4　选择【新建服务器注册】命令

（3）选择【常规】选项卡，如图 2-5 所示；从中输入或选择要注册的服务器名称，并为其选择一种身份验证方式。可以用一个用户容易理解的新名称来替换注册服务器原有的名称，并可为已有的注册服务器添加描述信息。

（4）选择【连接属性】选项卡，如图 2-6 所示；从中能够对网络连接的各种属性进行相应的设置。

（5）对服务器注册对象设置完毕后，单击【测试】按钮进行合法性验证测试；测试通过后，可单击【保存】按钮将服务器注册对象保存起来。

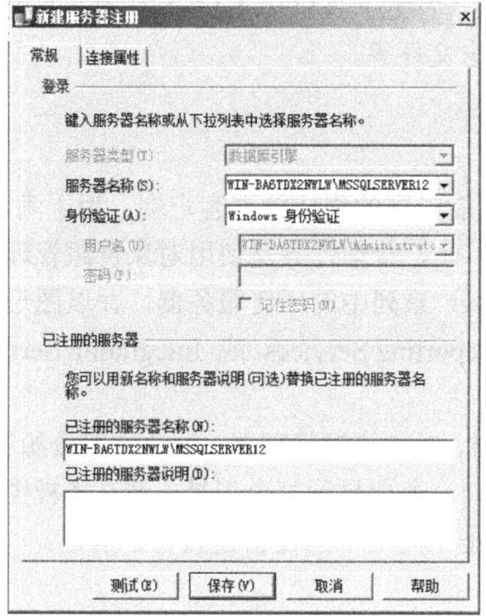

图 2-5　【常规】选项卡

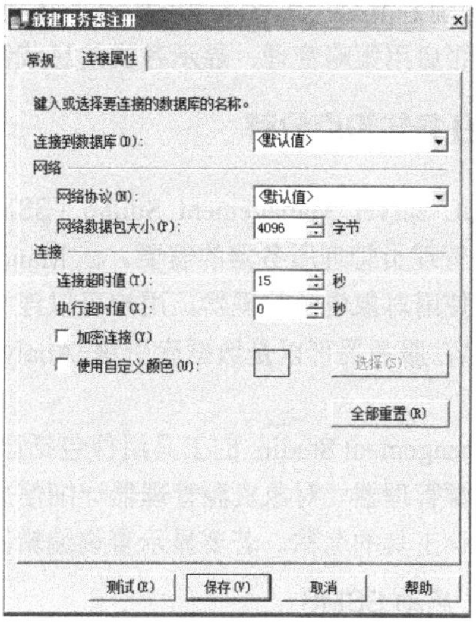

图 2-6　【连接属性】选项卡

【案例 2.3】用对象资源管理器查看各个资源对象节点的详细信息。

【操作步骤】

（1）单击【对象资源管理器】工具栏中的【连接】按钮，通过【对象资源管理器】窗口可连接如图 2-7 所示的 5 种类型的服务器，并以树形结构显示和管理服务器中的所有对象节点。这里可从打开的列表中选择连接的服务器类型。

（2）在打开的如图 2-1 所示的【连接到服务器】对话框中选择身份验证模式，输入或选择服务器名称；单击【连接】按钮，即可连接到指定的服务器。

（3）在【对象资源管理器】窗口中，通过单击某资源对象节点前的加号或减号，可以展开或折叠该资源的下级节点列表，层次化管理资源对象。

（4）【对象资源管理器】窗口所显示的一级资源节点是已连接的服务器名称，展开服务器节点，可以看到其以下的所有二级资源节点，如图 2-8 所示。

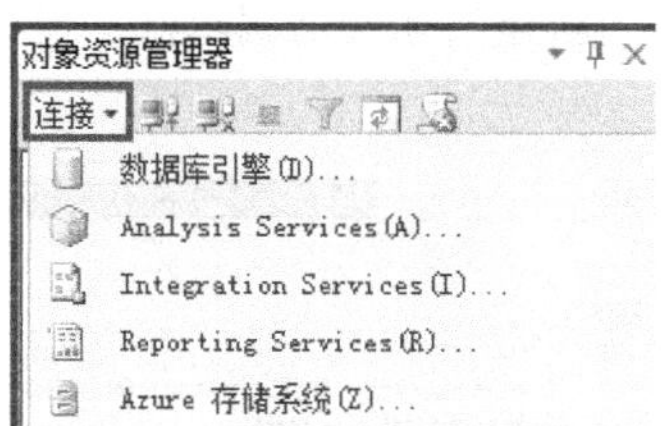

图 2-7　选择连接服务器类型

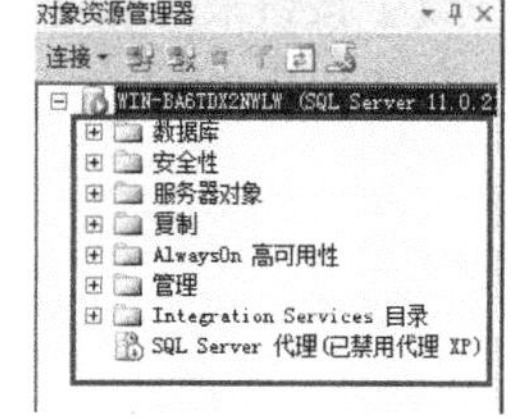

图 2-8　服务器的二级资源节点

这些二级资源节点所代表的对象及其意义说明如下。

【数据库】节点：包含连接到的 SQL Server 服务器的系统数据库和用户数据库。

【安全性】节点：显示能连接到 SQL Server 服务器的 SQL Server 登录名列表。

【服务器对象】节点：包含【备份设备】、【端点】、【连接服务器】及【触发器】子节点，提供连接服务器列表；通过连接服务器把服务器与另一个远程服务器相连。

【复制】节点：显示有关数据复制的细节。数据可从当前服务器的数据库复制到另一个数据库或另一台服务器的数据库中，也可按相反次序复制。

【管理】节点：包含【策略管理】、【数据收集】、【维护计划】、【SQL Server 日志】等子节点，设置是否启用策略管理，显示各类信息或错误、维护日志文件等。

 任务知识点分解

SQL Server Management Studio（SSMS）是一种功能丰富的集成管理客户端，用于满足 SQL Server 管理员管理服务器的需要。在 Management Studio 中，管理任务是使用对象资源管理器来完成的，使用对象资源管理器，用户可以连接到 SQL Server 系列中的任何服务器，并以图形方式浏览其内容。服务器可以是数据库引擎、Analysis Services、Reporting Services 或 Integration Services 的实例。

Management Studio 的工具组件包括已注册的服务器、对象资源管理器、解决方案资源管理器、模板资源管理器、对象资源管理器详细信息页和文档窗口。若要显示某个工具，请在【视图】菜单中单击该工具的名称。若要显示查询编辑器工具，请单击工具栏中的【新建查询】按钮。

1. 启动 SSMS

启动 SSMS 要注意：服务器用户与选择的身份验证模式有关，如果选择的是【Windows 身份验证】模式，则服务器用户只能为本地用户或合法的域用户；如果选择的是【SQL Server 身份验证】模式，则需为服务器用户输入登录名与密码。

2. 文档窗口

根据服务器上资源对象操作的不同，【文档】窗口将相应地显示查询脚本代码、表设计器、视图设计器、摘要等页面信息。可以将【文档】窗口设置为选项卡式窗口，如图 2-9 所示；通过单击页标题进行文档的切换，也可以右击页标题，在打开的快捷菜单中选择【关闭】、【保存】、【新建水平选项卡组】、【新建垂直选项卡组】等命令，对指定文档进行相应的操作。

3. 查询编辑器

SSMS 提供了一个选项卡式的查询编辑器，能够在一个文档窗口中同时打开多个查询编辑器的视图。查询编辑器是一个自由格式的文本编辑器，主要用来编辑、调试与运行 T-SQL 命令。

可以通过选择 SSMS 的【文件】|【新建】|【数据库引擎查询】命令，或者单击 SSMS 工具栏中的【新建查询】按钮来启动查询编辑器。图 2-10 为一个新建的【查询编辑器】窗口，该窗口显示正在输入一段 T-SQL 代码。

图 2-9　包含两个文档的选项卡式文档窗口

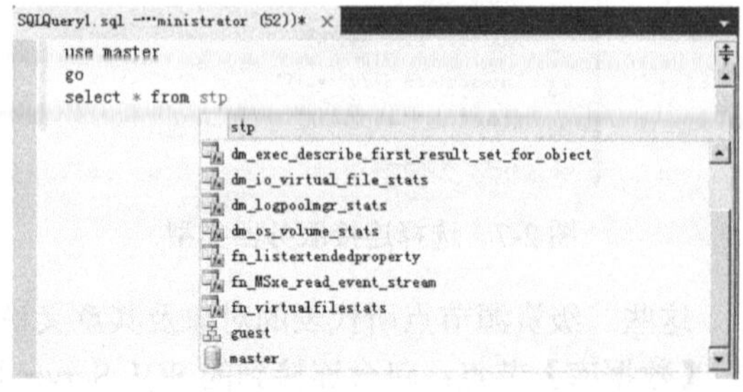

图 2-10　【查询编辑器】窗口

一旦打开了【查询编辑器】窗口，与此查询编辑器相关的【SQL 编辑器】工具栏会随之出现在 SSMS 中。

【SQL 编辑器】工具栏中共包含【连接】、【更改连接】、【可用数据库】、【执行】、【调试】、【取消执行查询】、【分析】等多个功能按钮或列表，如图 2-11 所示，分别用来实现 T-SQL 命令或代码

的输入、格式设置、编辑、调试、运行、结果显示、处理等一系列功能与操作。

图 2-11　与查询编辑器相关的【SQL 编辑器】工具栏

SQL Server 2012 的查询编辑器具有智能感知的特性。在查询编辑器中，能够像 Visual Studio 一样自动列出对象成员、属性与方法等，还能够进行语法的拼写检查，即时显示出拼写错误的警告信息。

SQL Server 2012 的查询编辑器支持代码调试，提供断点设置、逐语句执行、逐过程执行、跟踪到存储过程或用户自定义函数内部执行等一系列强大的调试功能。

实战演练

（1）启动 SSMS，用【已注册的服务器】注册一个新的服务器对象，然后修改服务器的注册信息，最后删除刚注册好的服务器。

（2）用两种方法启动查询编辑器，熟悉与查询编辑器相关的【SQL 编辑器】工具栏中的各种功能按钮。

子任务 2　配置管理器

SQL Server 配置管理器是 SQL Server 2012 的一种重要的系统配置工具，能够用来管理 SQL Server 服务，更改登录身份，配置服务器和客户端的网络协议。

由此，将此任务分成 4 个子任务：管理 SQL Server 2012 服务，更改登录身份，配置服务器端网络协议，配置客户端网络协议。

子任务 2.1　管理 SQL Server 2012 服务

任务描述

掌握如何用配置管理器管理 SQL Server 2012 服务。

任务所用知识点

- 配置管理器工具的作用；
- 管理 SQL Server 2012 的启动、停止、暂停、恢复和重新启动等基本操作。

【案例 2.4】启动当前登录用户已停止的 SQL Server Analysis Services 服务。

【操作步骤】

（1）在 Windows 桌面上选择【开始】|【所有程序】| Microsoft SQL Server 2012 |【配置工具】|【SQL Server 配置管理器】命令，打开 SQL Server 配置管理器窗口，如图 2-12 所示。

（2）窗口右侧窗格中出现 SQL Server 的各种服务，选中要进行操作的服务对象 SQL Server Analysis Services（MSSQLSERVER）。

（3）选择【操作】|【启动】命令，或者右击选中的服务对象，在打开的快捷菜单中选择【启动】命令，将 SQL Server Analysis Services（MSSQLSERVER）服务启动。SQL Server 配置管理器在工具栏中提供了 4 个命令按钮，如图 2-12 所示，实现服务的常规操作。本案例也可以通过单击【启动服务】按钮完成。

（4）SQL Server 2012 的停止、暂停、恢复和重新启动等基本操作步骤与上述步骤（1）～步骤（3）类似，在此不再重复。

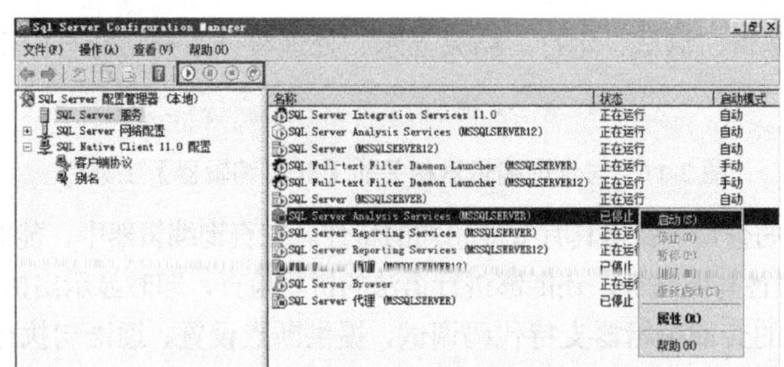

图 2-12　SQL Server 配置管理器窗口

任务知识点分解

管理 SQL Server 2012 服务：若要进行 SQL Server 2012 服务的启动、停止、暂停、恢复和重新启动等基本操作，可以使用 SQL Server 配置管理器来完成。

实战演练

（1）利用 SQL Server 配置管理器管理 SQL Server 2012 的启动、停止、暂停、恢复和重新启动等基本操作。

（2）将 SQL Server 当前实例设置为自动启动。

（3）利用配置管理器防止自动启动 SQL Server 当前实例。

子任务 2.2　更改登录身份

任务描述

掌握如何用配置管理器更改登录身份，解决一些实际问题。

任务所用知识点

有时为保障系统安全，可能会对 SQL Server 2012 服务更改登录身份，重新定制 SQL Server 服务的权限。

【案例 2.5】将当前的 SQL Server 服务用户 Administrator 更改为用户 zcxin。

【操作步骤】

（1）启动 SQL Server 配置管理器，在 SQL Server 配置管理器左侧窗格中单击【SQL Server 服务】节点，该节点的所有项目立即在右侧窗格中列出。

（2）在右侧窗格中选中要更改登录身份的服务 SQL Server（MSSQLSERVER）；右击选中的服务对象，在打开的快捷菜单中选择【属性】命令，打开如图 2-13 所示的【SQL Server（MSSQLSERVER）属性】对话框。

（3）选择【登录】选项卡，【登录身份为】选项组中提供了【内置账户】与【本账户】两个单选按钮。选中【本账户】单选按钮，单击【浏览】按钮，打开如图 2-14 所示的【选择用户或组】对话框，从中选择要更改的系统用户。

（4）单击【高级】按钮，进入如图 2-15 所示的界面；单击【立即查找】按钮，系统列出当前所有用户或组的名称列表；从列表中选中系统的用户 zcxin。

（5）单击【确定】按钮，系统返回如图 2-16 所示的对话框，并在对话框的【输入要选择的对象名称】列表框中新增了 zcxin 用户项，同时【确定】按钮为可用状态。

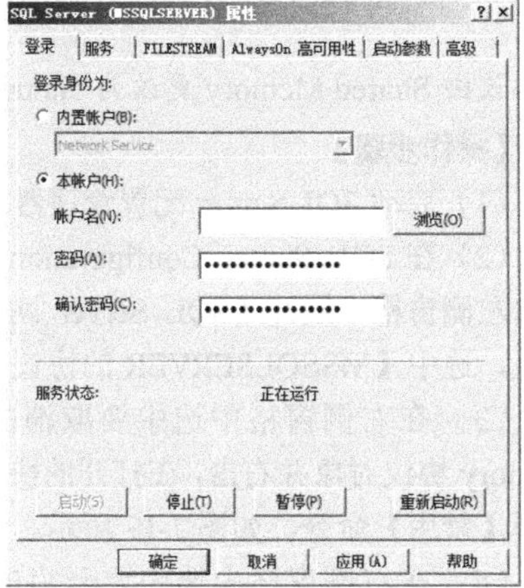

图 2-13　【SQL Server（MSSQLSERVER）属性】对话框

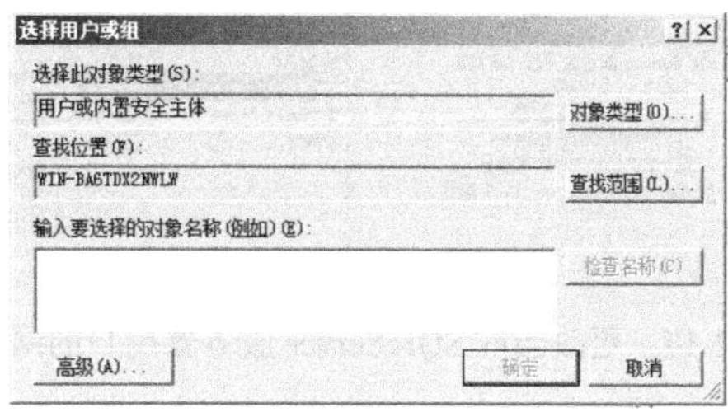

图 2-14　【选择用户或组】对话框

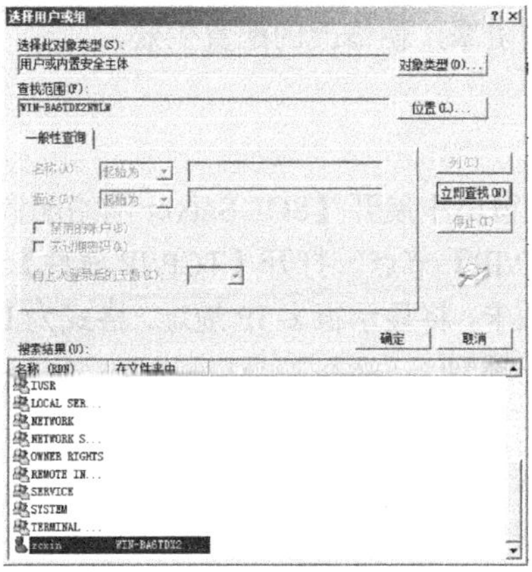

图 2-15　出现用户或组名称列表的【选择用户或组】对话框

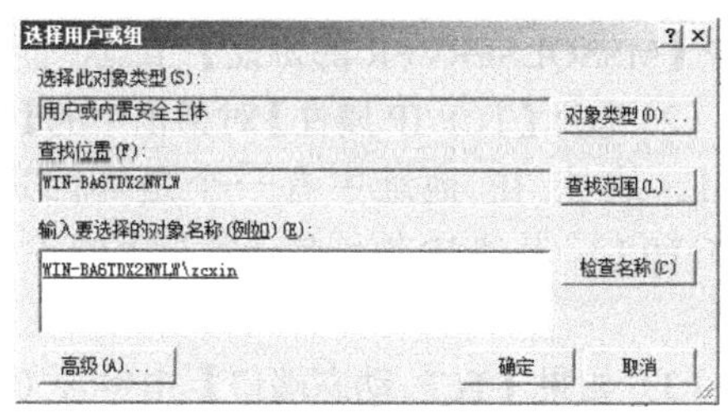

图 2-16　选择好用户或组名称的【选择用户或组】对话框

（6）单击【确定】按钮，系统返回如图 2-13 所示的对话框，此时 zcxin 出现在【账户名】文本框中；在【密码】和【确认密码】文本框中输入 zcxin 用户的密码；单击【确定】按钮，完成更改登录身份的操作。

（7）重新启动数据库实例引擎，使更改的服务生效。

实战演练

（1）利用 SQL Server 配置管理器来更改当前的 SQL Server 服务用户。

（2）更改 SQL Server 所用账户密码。

子任务 2.3　配置服务器端网络协议

任务描述

掌握如何用配置管理器配置服务器端网络协议，解决一些实际问题。

任务所用知识点

- 更改服务器端网络协议；

- 配置 TCP/IP 端口号。

【案例 2.6】将当前 SQL Server 服务器用户的网络协议由 Shared Memory 更改为 Named Pipes。

【操作步骤】

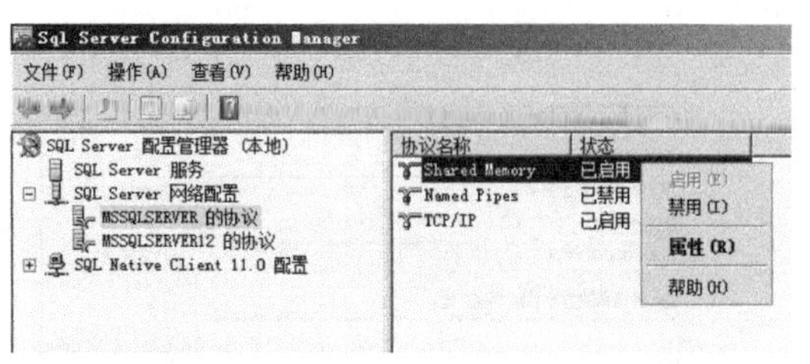

图 2-17　更改当前 SQL Server 服务器用户的网络协议

（1）启动 SQL Server 配置管理器。

（2）在 SQL Server Configuration Manager 窗口左侧窗格中展开【SQL Server 网络配置】节点，选中【MSSQLSERVER 的协议】节点。

（3）在右侧窗格中选中要取消的 Shared Memory 协议对象并右击，在打开的快捷菜单中选择【禁用】命令，如图 2-17 所示。

（4）在右侧窗格中选中要开启的 Named Pipes 协议对象并右击，在打开的快捷菜单中选择【启用】命令，即可完成对当前协议的更改操作。

（5）完成网络协议的配置后，重新启动数据库实例引擎，使修改的配置生效。

【案例 2.7】配置 TCP/IP 端口号。

【操作步骤】

（1）在 SQL Server Configuration Manager 窗口左侧窗格中展开【SQL Server 网络配置】节点，单击【MSSQLSERVER 的协议】节点，而后双击【TCP/IP】节点，打开【TCP/IP 属性】对话框。

（2）选择【TCP/IP 属性】对话框中的【IP 地址】选项卡，将显示很多 IP 地址，格式为 IP1、IP2…IPAll。这些 IP 地址中有一个是环回适配器的 IP 地址（127.0.0.1）。其他 IP 地址是计算机上的各 IP 地址，如图 2-18 所示。

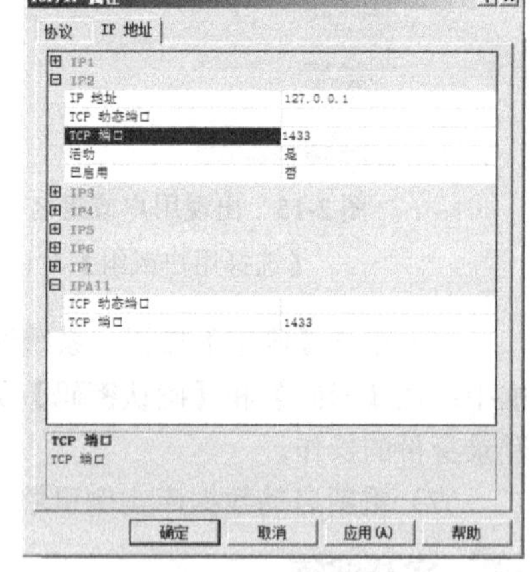

图 2-18　IP 地址设置

（3）如果【TCP 动态端口】中包含 0，则表示数据库引擎正在侦听动态端口，应删除 0。

（4）在【IPn 属性】选项组（如 IP4）的【TCP 端口】文本框中，键入希望此 IP 地址侦听的端口号（如 1433），然后单击【确定】按钮。

（5）在左侧窗格中单击【SQL Server 服务】节点。

（6）在右侧窗格中，右击【SQL Server（MSSQLSERVER）】节点，再单击【重新启动】按钮以停止并重新启动 SQL Server。

任务知识点分解

1. 配置服务器端网络协议

客户端计算机若要连接到 SQL Server 2012 数据库引擎，则必须启用某种服务器网络协议。使用 SQL Server 配置管理器能够进行以下设置。

（1）启用 SQL Server 实例要侦听的服务器协议。

（2）禁用不再需要的服务器协议。

（3）设置或更改数据库引擎、侦听的 IP 地址、TCP/IP 端口及命名管道等。

（4）为所有已启用的服务器协议启用安全套接字层加密。

SQL Server 2012 可一次通过多种协议为请求服务，客户端则用单个协议连接到 SQL Server 服务器。如果客户端程序不知道 SQL Server 在侦听哪类协议，则可以让客户端顺序尝试多个协议。SQL Server 2012 服务器使用的网络协议主要有以下几种。

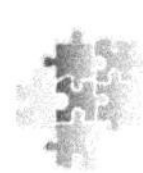

（1）Shared Memory 协议。Shared Memory 协议是一种最简单的协议，没有可供使用的设置选项。由于使用 Shared Memory 协议的客户端仅可以与同一台计算机上运行的 SQL Server 实例相连接，因此该协议实用性不强。在怀疑其他协议配置有误的情况下，Shared Memory 协议可以协助用户进行故障排除。

（2）TCP/IP。TCP/IP 与互联网中的异构计算机进行通信，TCP/IP 为目前互联网上最常用的通用协议。

（3）Named Pipes 协议。Named Pipes 协议是专门为局域网开发的一种协议。

提示：

SQL Server 2012 不支持 VIA、Banyan VINES 顺序包协议（SPP）、多协议、AppleTalk 或 NWLink IPX/SPX 网络协议。原来用这些协议连接的客户端必须选择其他协议才能连接到 SQL Server。

如果需要重新配置服务器连接，以让 SQL Server 侦听特定的网络协议、端口或者管道，则可利用此 SQL Server 配置管理器工具来完成任务。

2. 配置 TCP 端口号

默认情况下，命名实例（包括 SQL Server Express）使用动态端口。也就是说，每次启动数据库引擎，它都将确定一个可用端口并使用此端口号。如果命名实例是安装的唯一数据库引擎实例，则它可能使用 TCP 端口 1433。如果还安装了其他数据库引擎实例，则它可能会使用其他 TCP 端口。由于所选端口可能会在每次启动数据库引擎时更改，因而很难配置防火墙以启用对正确端口号的访问。因此，如果使用防火墙，则建议重新配置数据库引擎以每次都使用同一端口号。这称为固定端口或静态端口。

在通过防火墙连接到命名实例时，请配置数据库引擎以侦听特定端口，以能够在防火墙中打开相应的端口。

实战演练

（1）将当前 SQL Server 服务器用户的网络协议禁用 Shared Memory，启用 Named Pipes。

（2）请将当前服务器用户的 SQL Server 数据库引擎的 IP 地址侦听端口号设为 1433。

子任务 2.4　配置客户端网络协议

任务描述

掌握如何用配置管理器配置客户端网络协议，解决一些实际问题。

任务所用知识点

- 用 SQL Server 配置管理器修改客户端的网络协议；
- 为特定的连接创建别名。

【案例 2.8】用 SQL Server 配置管理器修改客户端的网络协议。

本案例将当前客户端的网络协议做如下调整：启用 Named Pipes 协议，启用 TCP/IP，并设置 TCP/IP 为系统的默认协议。

【操作步骤】

（1）启动 SQL Server 配置管理器。

（2）在 SQL Server Configuration Manager 左侧窗格中展开【SQL Native Client 11.0 配置】节点，如图 2-19 所示；右击【客户端协议】节点，在打开的快捷菜单中选择【属性】命令，打开【客户端协议 属性】对话框，如图 2-20 所示。

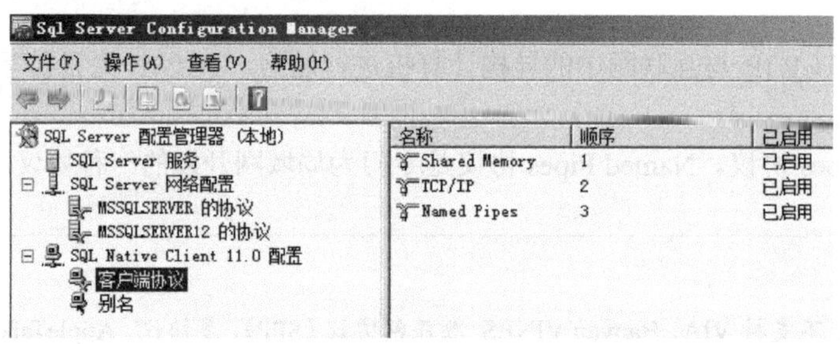

图 2-19 配置【客户端 协议】窗口

（3）选择【禁用的协议】列表框中的【Named Pipes】选项，单击 > 按钮，启用 Named Pipes 协议，Named Pipes 选项将被移到【启用的协议】列表框中，如图 2-21 所示。

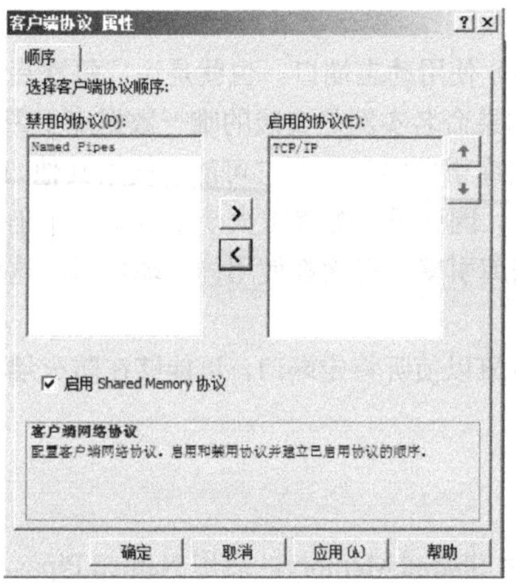

图 2-20 【客户端协议 属性】对话框

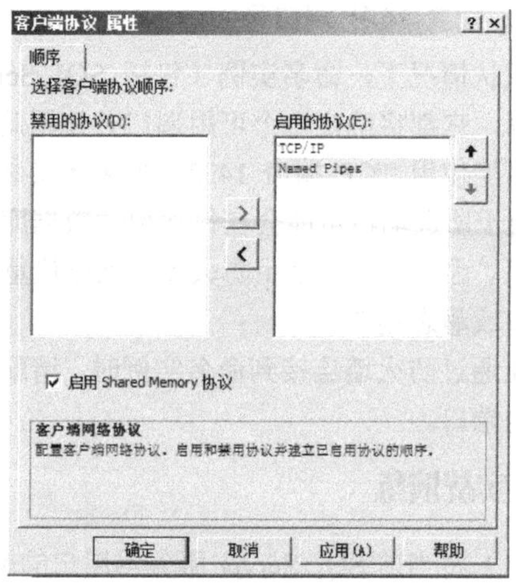

图 2-21 在【客户端协议 属性】对话框中启用 Named Pipes

如果再选择【启用的协议】列表框中的 Named Pipes 选项，单击 < 按钮，禁用该协议，则 Named Pipes 选项将被移到【禁用的协议】列表框中。

（4）在【启用的协议】列表框中，最顶端的协议是系统默认的协议。如果当前的默认协议不是 TCP/IP，则可以用 ↑ 按钮或 ↓ 按钮调整系统所用协议的顺序：选中 Named Pipes 选项，用 ↓ 按钮将它下移到 TCP/IP 选项的下方，或选中 TCP/IP 选项，用 ↑ 按钮将它上移到 Named Pipes 选项的上方，最终要使 TCP/IP 选项在【启用的协议】列表框中处于最顶端的位置。

（5）单击【确定】按钮，完成客户端网络协议的配置。

【案例 2.9】为特定的连接创建别名。

本案例创建别名为 xinlink 的一个连接，该连接使用 TCP/IP 协议，TCP 端口号为 1433，服务器的 IP 地址为 127.0.0.1。

【操作步骤】

（1）启动 SQL Server 配置管理器。

（2）在 SQL Server Configuration Manager 窗口左侧窗格中展开【SQL Native Client 11.0 配置】节点；右击【别名】节点，在打开的快捷菜单中选择【新建别名】命令，打开【别名-新建】对话框，如图 2-22 所示。

（3）在【别名】文本框中输入一个别名 xinlink；在【端口号】文本框中输入 1433；在【服务器】文本框中输入服务器的 IP 地址 127.0.0.1；在【协议】下拉列表中选择用于该别名的 TCP/IP；单击【确定】按钮，完成别名的创建。

（4）在 SQL Server Configuration Manager 窗口中展开【SQL Native Client 10.0 配置】节点；单击【别名】对象，可在右侧窗格中看到新建别名 xinlink 的详细信息，如图 2-23 所示。

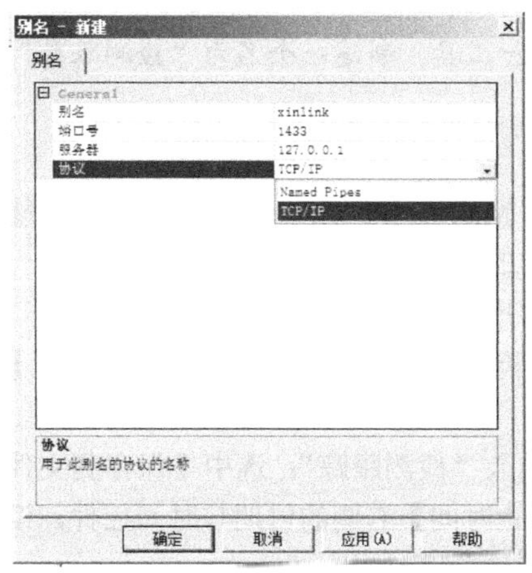

图 2-22　【别名-新建】对话框

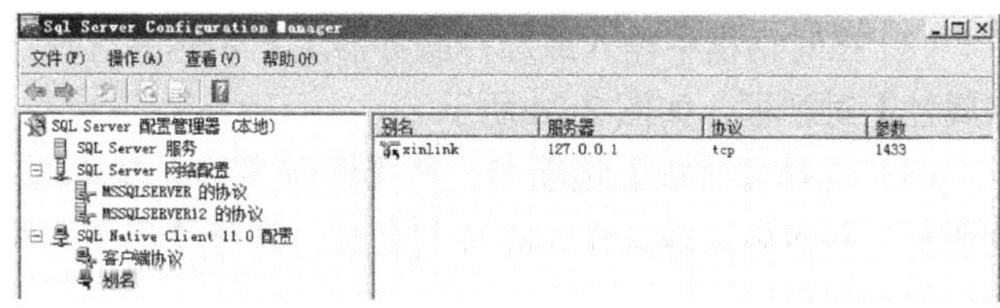

图 2-23　别名为 xinlink 的连接信息

任务知识点分解

1．配置客户端网络协议

Microsoft SQL Server 支持用 TCP/IP 网络协议和 Named Pipes 协议的客户端通信。如果客户端正在连接到同一计算机上的数据库引擎实例，则还可以使用 Shared Memory 协议。通常有以下三种选择协议的方法。

（1）通过在 SQL Server 配置管理器中设置协议顺序，将所有客户端应用程序配置为使用相同的网络协议。

（2）通过创建别名，将单个客户端应用程序配置为使用不同的网络协议。

（3）有些客户端应用程序（如 sqlcmd.exe）可以在连接字符串中指定协议。

2．为特定的连接创建别名

别名是客户端应用程序与服务器进行连接的备用名称。别名封装了连接字符串所需的所有元素。通过创建别名，客户端可以使用不同的网络协议连接到多个服务器，而无需针对每台服务器都重新指定协议和设定连接的参数。

实战演练

（1）将当前客户端的网络协议做如下调整：禁用 Named Pipes 协议，启用 TCP/IP，并设置 TCP/IP 为系统的默认协议。

（2）请为特定的连接创建别名。

子任务 3 SQL Server Profiler

任务描述

掌握 SQL Server Profiler（事件探查器）工具的用法，能够用它来解决一些实际问题。

任务所用知识点

- SQL Server Profiler 工具的作用；
- SQL Server Profiler 工具的用法。

【案例 2.10】 利用 SQL Server 2012 的 SQL Server Profiler 工具，新建一个名为“检测跟踪”的事件跟踪文件。

【操作步骤】

（1）在 Windows 桌面上选择【开始】|【所有程序】| Microsoft SQL Server 2012 |【性能工具】| SQL Server Profiler 命令，打开 SQL Server Profiler 窗口。

（2）选择【文件】|【新建跟踪】命令，打开如图 2-1 所示的【连接到服务器】对话框。

（3）在对话框中输入或选择服务器用户名称并选择身份验证模式，单击【连接】按钮，打开【跟踪属性】对话框，如图 2-24 所示。

（4）选择【常规】选项卡；在【跟踪名称】文本框中输入“检测跟踪”；选中【保存到文件】复选框，并命名跟踪文件的路径与名称；调整【启用跟踪停止时间】右侧的日期与时间控件，设定跟踪的时间跨度。

（5）单击【运行】按钮，启动 SQL Server Profiler；同时一个名为“检测跟踪”的文件自动创建，并开始记录捕捉的事件，如图 2-25 所示。

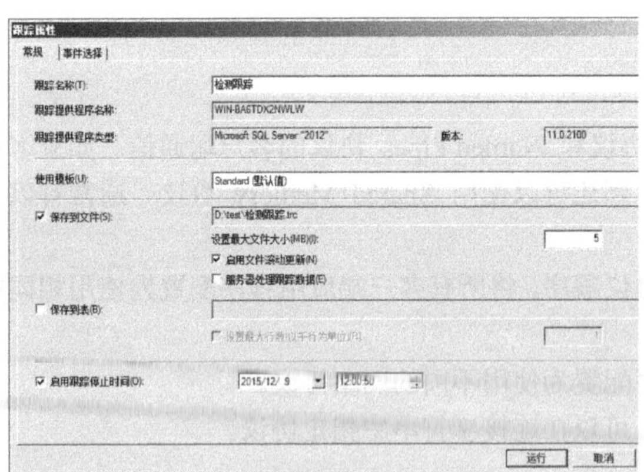

图 2-24 【跟踪属性】对话框

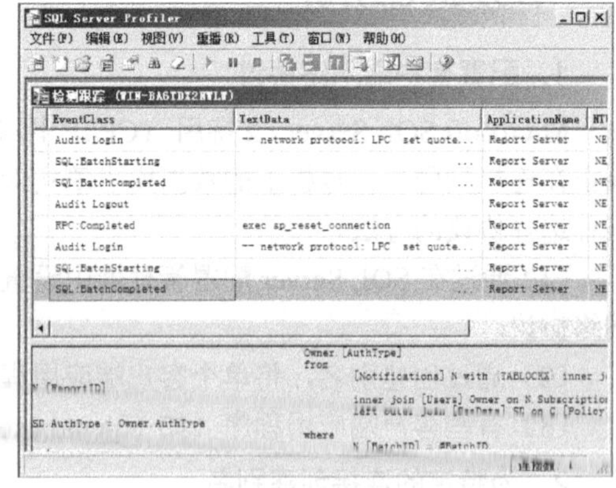

图 2-25 跟踪文件创建成功并在【SQL Server Profiler】窗口中打开

任务知识点分解

Microsoft SQL Server Profiler 是 SQL 跟踪的图形用户界面，用于监视数据库引擎或 Analysis Services 的实例。用户可以捕获有关每个事件的数据并将其保存到文件或表中供以后分析。例如，可以对生产环境进行监视，了解哪些存储过程由于执行速度太慢而影响了性能。

通常利用 SQL Server Profiler 监视的事务包括如下几项。

（1）登录连接、失败和断开。

（2）T-SQL SELECT、INSERT、UPDATE 和 DELETE 语句。

（3）远程过程调用（RPC）批处理状态。

（4）存储过程的开始或结束。

（5）存储过程中语句的开始或结束。

（6）SQL 批处理的开始或结束。

（7）写入到 SQL Server 错误日志中的错误。

（8）在数据库对象上获取或释放的锁。

（9）打开的游标。

（10）安全权限检查。

提示：

后续版本的 Microsoft SQL Server 将删除该 SQL 跟踪功能。请避免在新的开发工作中使用该功能，并着手修改当前还在使用该功能的应用程序，但可改用扩展事件。

微软公司不推荐将 SQL Server Profiler 用于数据库引擎跟踪捕获和跟踪重播。SQL Server 的下一版本仍支持这些功能，但是以后的版本将删除这些功能，但具体在哪些 SQL Server 版本中删除此功能现在还未确定。

子任务 4　数据库引擎优化顾问

任务描述

掌握数据库引擎优化顾问工具的作用，熟悉其启动方法。

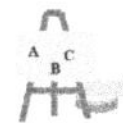

任务所用知识点

- 数据库引擎优化顾问的作用；
- 数据库引擎优化顾问的启动方法。

【案例 2.11】运行 SQL Server 2012 的数据库引擎优化顾问。

【操作步骤】

（1）在 Windows 桌面上选择【开始】|【所有程序】|Microsoft SQL Server 2012|【性能工具】|【数据库引擎优化顾问】命令，打开如图 2-1 所示的【连接到服务器】对话框。

（2）在对话框中输入或选择服务器用户名称并选择身份验证模式，单击【连接】按钮，打开【数据库引擎优化顾问】窗口，如图 2-26 所示。

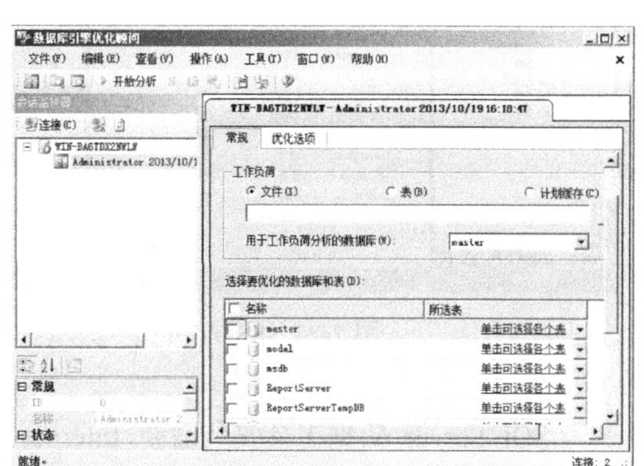

图 2-26　【数据库引擎优化顾问】窗口

任务知识点分解

Microsoft 数据库引擎优化顾问（DETA）分析

数据库并对优化查询性能提出了建议。借助数据库引擎优化顾问，用户不必精通数据库结构或深谙SQL Server，即可选择和创建索引、索引视图和分区的最佳集合。使用 DETA 可以执行以下任务。

（1）特定问题的查询故障排除。

（2）优化跨一个或多个数据库的大型查询集。

（3）执行潜在物理设计更改的探索性“假设”分析。

（4）管理存储空间。

由于篇幅所限，书中不再对数据库引擎优化顾问的用法进行介绍。有兴趣的读者可以阅读相关资料来自行了解。

子任务 5　SQL Server 数据工具

任务描述

掌握 SQL Server 数据工具（SSDT）的作用，熟悉其界面。

任务所用知识点

- SSDT 的作用；
- 启动 SSDT 的方法。

【案例 2.12】 *启动 SQL Server 数据工具，熟悉其界面。*

【操作步骤】

在 Windows 桌面上选择【开始】|【所有程序】| Microsoft SQL Server 2012 | SQL Server Data Tools 命令，进入 SSDT 界面，如图 2-27 所示。

图 2-27　SSDT 界面

任务知识点分解

SQL Server 数据工具提供的 IDE 可为以下商业智能组件生成解决方案：Analysis Services、Reporting Services 和 Integration Services。

SSDT 还包含“数据库项目”，为数据库开发人员提供集成环境，可在 Visual Studio 内为任何 SQL Server 平台（无论内部还是外部）执行其所有数据库设计工作。数据库开发人员可以使用 Visual Studio 中功能增强的服务器资源管理器，轻松创建或编辑数据库对象和数据或执行查询。

SQL Server 数据工具安装需要 Internet Explorer 6 SP1 或更高版本。

由于篇幅所限，书中不再对 SSDT 的用法进行介绍。有兴趣的读者可以阅读相关资料来自行了解。

子任务 6　SQL Server 错误和使用情况报告工具

任务描述

掌握 SQL Server 错误和使用情况报告工具的作用，熟悉其界面。

任务所用知识点

- 该工具的作用；
- 启动该工具的方法。

【案例 2.13】 启动 SQL Server 错误和使用情况报告工具，熟悉其界面。

【操作步骤】

在 Windows 桌面上选择【开始】|【所有程序】| Microsoft SQL Server 2012 |【配置工具】|【SQL Server 错误和使用情况报告】命令，进入如图 2-28 所示的界面。

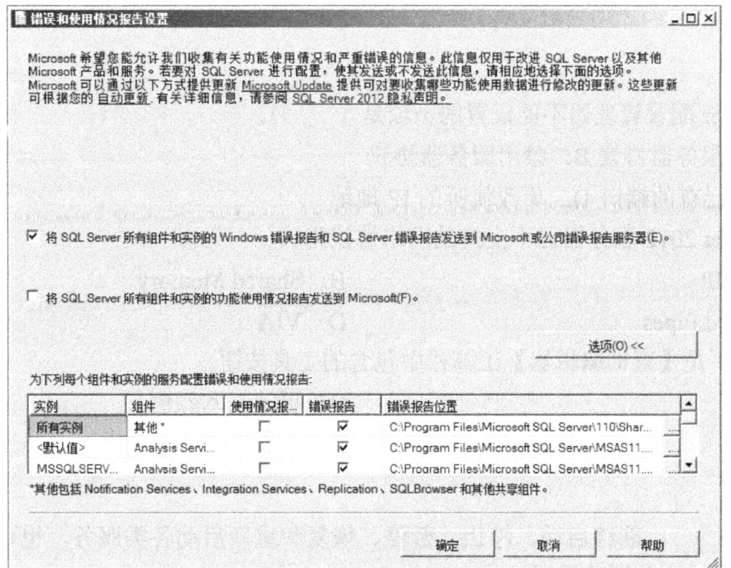

图 2-28　【错误和使用情况报告设置】界面

任务知识点分解

SQL Server 错误和使用情况报告工具有以下两种功能。

（1）将 SQL Server 2012 的所有实例和组件的错误运行报告发送给 Microsoft 公司的错误报告服务器。

（2）将 SQL Server 2012 的所有实例和组件的运行情况发送给 Microsoft 公司。

实战演练

（1）启动、停止、暂停和重新启动 SQL Server 服务。

（2）注册新的服务器。

（3）将当前的 SQL Server 服务用户更改为系统管理员用户 Administrator。

（4）根据实际需要，修改服务器与客户端的网络协议。

知识串联

（1）SQL Server 2012 常用实用工具名称与作用。

（2）SQL Server 2012 常用实用工具的用法。

① SQL Server Management Studio（SSMS）的用法。

② SQL Server Configuration Manager（SSCM）的用法。

③ SQL Server Profiler 的用法。

④ 数据库引擎优化顾问工具（DETA）的启动方法。

⑤ SQL Server 数据工具（SSDT）的启动方法。

⑥ SQL Server 错误和使用情况报告工具的启动方法。

基础练习

一、选择题

1．SQL Server 配置管理器不能设置的一项是（　　）。

A．启用服务器协议 B．禁用服务器协议

C．删除已有的端口 D．更改侦听的 IP 地址

2．SQL Server 2012 服务器已不支持的网络协议为（　　）。

A．TCP/IP　　B．Shared Memory

C．Named Pipes　　D．VIA

3．（　　）不是【查询编辑器】工具栏中包含的工具按钮。

A．调试　　B．更改文本颜色

C．分析　　D．更改连接

二、填空题

1．通过________，能够启动、停止、暂停、恢复和重新启动各类服务，也可以更改服务所用的账户，以及查看或更改服务器属性。

2．SQL Server Configuration Manager 称为 SQL Server________。

3．SQL Server Profiler 称为 SQL Server________。

4．SSDT 的安装需要不低于________版本的支持。

5．________为 SQL Server 2012 最重要的管理工具。

6．主机 IP 的标识是该 IP 的地址值，通常为________。

7．对象资源管理器以________结构显示和管理服务器中的对象节点。

三、简答题

1．SQL Server Management Studio 有何功能？

2．SQL Server 配置管理器有何功能？

3．SQL Server 2012 的查询编辑器有哪些功能？

4．如何启用已禁用的服务？

技 能 实 训

第一部分　上机任务

本实训主要练习：

（1）启动并使用 SQL Server Management Studio。

（2）启动并使用 SQL Server 配置管理器。

训练技能点：

（1）SQL Server Management Studio 工具的应用。

（2）SQL Server 配置管理器工具的应用。

第二部分　任务实现

任务　SQL Server 2012 常用工具的应用

掌握要点：

（1）掌握 SQL Server Management Studio 的基本操作方法。

（2）掌握 SQL Server 配置管理器的基本操作方法。

任务说明：

（1）用 SQL Server 2012 的 SSMS 注册服务器，查看或更改服务器属性，删除服务器。

（2）用 SQL Server 2012 的配置管理器启动、停止、暂停、继续或重新启动各类服务。

（3）用 SQL Server 2012 的配置管理器更改 SQL Server 服务启动账户。

（4）用 SQL Server 2012 的配置管理器启用服务器网络协议。

（5）用 SQL Server 2012 的配置管理器启用或禁用客户端协议。

（6）用 SQL Server 2012 的配置管理器更改客户端计算机的默认协议或协议顺序。

实现思路：

（1）用 SQL Server 2012 的 SSMS 注册服务器，查看或更改服务器属性，删除服务器。

① 注册服务器。

具体步骤略，请参考相应案例。

② 查看或更改服务器属性。

a. 在【对象资源管理器】中右击服务器，在打开的快捷菜单中选择【属性】命令。

b. 在【服务器属性】对话框中，单击某页以查看或更改有关该页的服务器信息。某些属性是只读属性。

③ 删除服务器。

在需要删除的服务器名称上右击，在打开的快捷菜单中选择【删除】命令。在打开的【确认删除】对话框中单击【是】按钮即可完成删除操作，

（2）用 SQL Server 2012 的配置管理器启动、停止、暂停、继续或重新启动各类服务。

① 启动、停止、暂停、继续或重新启动 Database Engine 实例。

a. 启动 SQL Server 配置管理器。

b. 如果此刻打开【用户账户控制】对话框，请单击【是】按钮。

c. 在 SQL Server 配置管理器的左窗格中单击【SQL Server 服务】节点。

d. 在右侧窗格中右击 SQL Server（MSSQLSERVER）或某个命名实例，然后单击【启动】、【停止】、【暂停】、【继续】或【重新启动】按钮。

e. 单击【确定】按钮关闭 SQL Server 配置管理器。

② 启动、停止、暂停、继续或重新启动 SQL Server Browser 或 SQL Server 代理实例。

a. 启动 SQL Server 配置管理器。

b. 如果此刻打开【用户账户控制】对话框，请单击【是】按钮。

c. 在 SQL Server 配置管理器的左窗格中单击【SQL Server 服务】节点。

d. 在右侧窗格中右击 SQL Server Browser、【SQL Server 代理(MSSQLSERVER)】或【SQL Server 代理（<instance_name>)】(对于命名实例)，然后单击【启动】、【停止】、【暂停】、【继续】或【重新启动】按钮。

e. 单击【确定】按钮关闭 SQL Server 配置管理器。

③ 更改 SQL Server 服务启动账户。

a. 启动 SQL Server 配置管理器。

b. 在 SQL Server 配置管理器中单击【SQL Server 服务】节点。

c. 在详细信息窗格中，右击要为其更改服务启动账户的 SQL Server 实例的名称，选择【属性】命令。

d. 在【SQL Server <instance name> 属性】对话框中，选择【登录】选项卡，再选择【登录身份为】账户类型。

e. 选择了新服务启动账户后，单击【确定】按钮。将打开一个消息框，询问是否要重新启动 SQL Server 服务。

f. 单击【是】按钮，关闭 SQL Server 配置管理器。

④ 启用服务器网络协议。

a. 在 SQL Server 配置管理器的左侧窗格中，展开【SQL Server 网络配置】节点。

b. 在左侧窗格中，单击【<instance name> 的协议】节点。

c. 在右侧窗格中，右击要更改的协议，选择【启用】或【禁用】命令。

d. 在左侧窗格中，单击【SQL Server 服务】节点。

e. 在右侧窗格中，右击【SQL Server（<instance name>)】选项，再单击【重新启动】按钮以停止并重新启动 SQL Server 服务。

⑤ 启用或禁用客户端协议。

a. 在 SQL Server 配置管理器中，展开【SQL Server Native Client 配置】节点，右击【客户端协议】选项，选择【属性】命令。

b. 单击【禁用的协议】列表框中的协议，再单击【启用】按钮来启用协议。

c. 单击【启用的协议】列表框中的协议，再单击【禁用】按钮来禁用协议。

⑥ 更改客户端计算机的默认协议或协议顺序。

a. 在 SQL Server 配置管理器中，展开【SQL Server Native Client 配置】节点，右击【客户端协议】选项，选择【属性】命令。

b. 在【启用的协议】列表框中，单击上移或下移按钮更改顺序。

项目 3

数据表的创建与管理

教学聚集

数据表是包含数据库中所有数据的数据库对象，数据表是其他对象的基础。如果没有数据表，则关键字、主键、索引等也就无从谈起。

知识目标

- 掌握数据的类型和特点；
- 掌握数据表的创建和管理方法；
- 掌握数据的完整性约束；
- 掌握表数据的操作方法。

技能目标

- 会创建和管理数据表；
- 能熟练运用数据的完整性约束、规则和默认值。

课时建议

12 课时。

课前预习

- 数据表的概念和类型；
- 设计表结构；
- 创建数据表的方法。

项目描述

某学院教务处想废除用纸张管理学生信息而改用数据库来管理。小李承担该学院系统数据库的设计任务。小李选择 SQL Server 2012 作为开发数据库的平台；他首先在计算机上安装了 SQL Server 2012 数据库管理系统，学生信息管理系统数据库也创建好了，下面他需要创建数据表并进行管理。

项目分析

根据小李的需求，可以将该项目分为 5 个子任务：数据表的概念与数据类型、创建数据表、管理数据表、数据的完整性和表数据的操作。

任务 1　数据表的概念与数据类型

子任务 1　表的概念

任务描述

掌握数据表的概念。

任务所用知识点

- 表的概念；
- 表的数据类型。

表是关系模型中表示实体的方式，是数据库存储数据的主要对象。SQL Server 数据库的表由行和列组成，行有时也称为记录，列有时也称为字段或域，如图 3-1 所示。

列

订单号	客户代号	产品号	单价	数量	订单日期
10211	Kim	18	15．89	110	2012-10-05
10211	Kim	23	9．82	105	2013-11-05
10212	Tom	25	12．45	110	2013-11-12
10213	Sam	33	13．00	130	2013-11-13
10213	Sam	26	37．15	225	2013-11-15

行

图 3-1　表的结构

在表中，行的顺序可以是任意的，一般按照数据插入的先后顺序存储。在使用过程中，可以使用排序语句或按照索引对表中的行进行排序。

列的顺序也可以是任意的，对于每一个表，最多可以允许用户定义 1024 列。在同一个表中，列名必须是唯一的，即不能有名称相同的两个或两个以上的列同时存在于一个表中，并且在定义时为每一个列指定一种数据类型。但是，在同一个数据库的不同表中，可以使用相同的列名。

任务知识点分解

（1）表结构（structure）。组成表的各列的名称及数据类型，统称为表结构。

（2）记录（record）。每个表包含了若干行数据，它们是表的“值”，表中的一行称为一个记录。因此，表是记录的有限集合。

（3）字段（field）。每个记录由若干个数据项构成，将构成记录的每个数据项称为字段。

（4）空值（NULL）。空值通常表示未知、不可用或将在以后添加的数据。

（5）关键字（key）。若表中记录的某一字段或字段组合能唯一标识记录，则称该字段或字段组合为候选关键字。

子任务 2　表的数据类型

任务描述

掌握表的数据类型及应用。

任务所用知识点

- 使用表设计器创建表；
- 使用 T-SQL 语句创建表；
- 使用已有表创建新表。

数据类型决定了数据在计算机中的存储格式、长度、精度和小数位数等属性。在创建 SQL Server 表时，表中的每一列都必须确定数据的类型，确定了数据的类型也就确定了该列数据的取值范围，如图 3-2 所示。

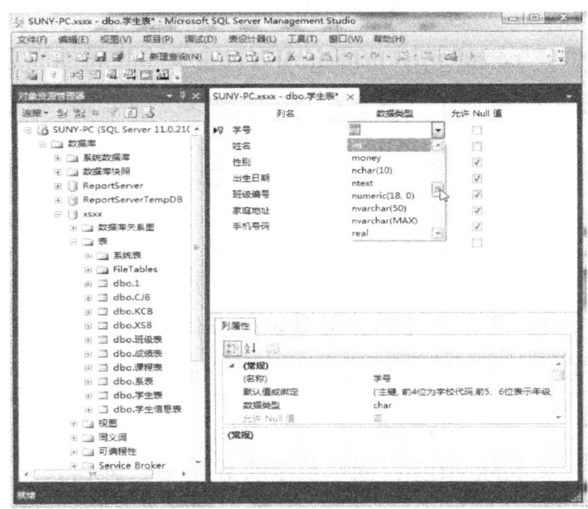

图 3-2　数据类型

1. 整数型

bigint：大整数，数值为-2^{63}～$2^{63}-1$，其精度为 19，小数位数为 0，长度为 8 字节。

int：整数，数值为-2^{31}～$2^{31}-1$，其精度为 10，小数位数为 0，长度为 4 字节。

smallint：短整数，数值为-2^{15}～$2^{15}-1$，其精度为 5，小数位数为 0，长度为 2 字节。

tinyint：微短整数，数值为 0～255，其精度为 3，小数位数为 0，长度为 1 字节。

2. 精确数值型

精确数值型数据由整数部分和小数部分构成，其所有的数字都是有效位，能够以完整的精度存储十进制数。精确数值型包括 decimal 和 numeric 两类。在 SQL Server 2008 中，这两种数据类型在功能上完全等价。

3. 浮点型

有两种近似数值数据类型：float[(n)]和 real，两者通常使用科学计数法表示数据，即形为尾数 E 阶数，如 5.6432E20，-2.98E10，1.287659E-9 等。

real：使用 4 字节存储数据，表数值为-3.40E + 38～3.40E + 38，数据精度为 7 位有效数字。

float：float 型数据的数值为–1.79E+308～1.79E+308。定义中的 n 取值是 1～53，用于指示其精度和存储大小。

4. 货币型

money：数据的数值为-2^{63}～$2^{63}-1$，其精度为 19，小数位数为 4，长度为 8 字节。

smallmoney：数值为-2^{31}～$2^{31}-1$，其精度为 10，小数位数为 4，长度为 4 字节。

5. 位型

SQL Server 中的位（bit）型数据相当于其他语言中的逻辑型数据，它只存储 0 和 1，长度为 1。当为 bit 类型数据赋 0 时，其值为 0，而赋非 0（如 100）时，其值为 1。

6. 字符型

char[(n)]：定长字符数据类型，其中，n 定义字符型数据的长度，n 为 1～8000，默认为 1。

varchar[(n)]：变长字符数据类型，其中，n 的规定与定长字符型 char 中的 n 完全相同，但这里

n 表示的是字符串可达到的最大长度。

7．Unicode 字符型

nchar[(n)]：nchar[(n)]为包含 n 个字符的固定长度 Unicode 字符型数据，n 的值为 1～4000，长度为 2n 字节。若输入的字符串长度不足 n，将以空白字符补足。

nvarchar[(n)]：nvarchar[(n)]为最多包含 n 个字符的可变长度 Unicode 字符型数据，n 的值为 1～4000，默认为 1。长度是所输入字符个数的两倍。

8．文本型

文本型包括 text 和 ntext 两类，分别对应 ASCII 字符和 Unicode 字符。text 类型可以表示最大长度为 2^{31}-1 个字符，其数据的存储长度为实际字符数个字节；ntext 类型可表示最大长度为 2^{30}-1 个 Unicode 字符，其数据的存储长度是实际字符个数的两倍（以字节为单位）。

9．二进制型

binary[(n)]：固定长度的 n 字节二进制数据。n 的取值为 1～8000，默认为 1。binary(n)数据的存储长度为 n+4 字节。若输入的数据长度小于 n，则不足部分用 0 填充；若输入的数据长度大于 n，则多余部分被截断。

varbinary[(n)]：n 字节变长二进制数据。n 取值为 1～8000，默认为 1。varbinary(n)数据的存储长度为实际输入数据长度+4 字节。

10．日期时间类型

（1）datetime：datetime 类型可表示的日期从 1753 年 1 月 1 日到 9999 年 12 月 31 日，精确度为 0.03 s（3.33 ms），例如，1～3 ms 的值都表示为 0 ms，4～6 ms 的值都表示为 4 ms。

日期部分常用的表示格式见表 3-1。

表 3-1　日期的表示格式

表示格式	示　例
年 月 日	2001 Jan 20
年 日 月	2001 20 Jan
月 日[,]年	Jan 20,2001、Jan 20,2001、Jan 20,01
月 年 日	Jan 2001 20
日 月[,]年	20 Jan,2001、20 Jan,2001
日 年 月	20 2001 Jan
年（4 位数）	2001 表示 2001 年 1 月 1 日
年月日	20010120、010120
月/日/年	01/20/01、1/20/01、01/20/2001、1/20/2001
月-日-年	01-20-01、1-20-01、01-20-2001、1-20-2001
月.日.年	01.20.01、1.20.01、01.20.2001、1.20.2001

时间部分常用的表示格式见表 3-2。

表 3-2　时间的表示格式

表示格式	示　例
时：分	10：20、08：05
时：分：秒	20：15：18、20：15：18：02
时：分：秒：毫秒	20：15：18：200
时：分 AM|PM	10：10AM、10：10PM

（2）smalldatetime：smalldatetime 数据类型可表示从 1900 年 1 月 1 日到 2079 年 6 月 6 日的日期和时间，数据精确到分钟。例如，29.998 s 或更低的值向下舍入为最接近的分钟，29.999s 或更高的值向上舍入为最接近的分钟。

（3）date：date 数据类型可以表示从公元元年 1 月 1 日到 9999 年 12 月 31 日的日期，date 类型只存储日期数据，不存储时间数据，存储长度为 3 字节，表示形式与 datetime 数据类型的日期部分相同。

（4）time：time 数据类型只存储时间数据，表示格式为“hh:mm:ss[.nnnnnnn]”。hh 表示小时，值为 0～23。mm 表示分钟，值为 0～59。ss 表示秒数，值为 0～59。n 是 0～7 位数字，值为 0～9999999，表示秒的小数部分，即微秒数。

（5）datetime2：新的 datetime2 数据类型和 datetime 类型一样，也用于存储日期和时间信息。但是 datetime2 类型取值范围更广，日期部分取值从公元元年 1 月 1 日到 9999 年 12 月 31 日，时间部分的取值为 00:00:00.000 0000～23:59:59.999999。

（6）datetimeoffset：datetimeoffset 数据类型也用于存储日期和时间信息，取值与 datetime2 类型相同。

11. 时间戳型

标识符是 timestamp。若创建表时定义一个列的数据类型为时间戳类型，那么每当对该表加入新行或修改已有行时，都由系统自动将一个计数器值加到该列中，即将原来的时间戳值加上一个增量。

12. 图像数据类型

标识符是 image，它用于存储图片、照片等。实际存储的是可变长度二进制数据，介于 0 与 $2^{31}-1$ (2147483647) 字节之间。在 SQL Server 2012 中该类型是为了向下兼容而保留的数据类型。微软推荐用户使用 varbinary（MAX）数据类型来替代 image 类型。

13. 其他数据类型

ursor：游标数据类型，用于创建游标变量或定义存储过程的输出参数。

sql_variant：一种存储 SQL Server 支持的各种数据类型（除 text、ntext、image、timestamp 和 sql_variant 外）值的数据类型。Sql_variant 的最大长度可达 8016 字节。

table：用于存储结果集的数据类型，结果集可以供后续处理。

uniqueidentifier：唯一标识符类型。系统将为这种类型的数据产生唯一标识值，它是一个 16 字节长的二进制数据。

xml：用于在数据库中保存 XML 文档和片段的一种类型，但是这种类型的文件大小不能超过 2 GB。

hierarchyid：hierarchyid 数据类型是 SQL Server 2012 新增加的一种长度可变的系统数据类型，可使用 hierarchyid 表示层次结构中的位置。

任务知识点分解

SQL Server 2012 提供了丰富的系统数据类型，现将其列于表 3-3 中。

表 3-3　常用数据类型

数 据 类 型	符 号 标 识
整数型	bigint，int，smallint，tinyint
精确数值型	decimal，numeric
浮点型	float，real
货币型	money，smallmoney

续表

数据类型	符号标识
位型	bit
字符型	char，varchar、varchar(MAX)
Unicode 字符型	nchar，nvarchar、nvarchar(MAX)
文本型	text，ntext
二进制型	binary，varbinary、varbinary(MAX)
日期时间类型	datetime，smalldatetime，date，time，datetime2，datetimeoffset
时间戳型	timestamp
图像型	image
其他	cursor，sql_variant，table，uniqueidentifier，xml，hierarchyid

任务 2　创建数据表

创建数据表可以通过表设计器和 T-SQL 语言实现，还可以利用已经存在的表创建新表。但无论使用哪种方法，用户都要具有创建表的权限。在默认状态下，系统管理员和数据库的所有者具有创建表的权限。

在创建自己的数据表前，先来了解一下表结构设计。创建表的实质就是定义表结构，设置表和列的属性。在创建表之前，先要确定表的名称、表的属性，同时确定表所包含的列名、列的数据类型、长度、是否可为空值、约束条件、默认值设置、规则及所需索引、哪些列是主键、哪些列是外键等，这些属性构成表结构。最后设计的“学生表”的表结构见表 3-4。

表 3-4　表结构

列名	数据类型	长度	是否可空	默认值	说明
学号	定长字符型（char）	10	×	无	主键，前 4 位为学校代码，5、6 位表示年级，中间 7、8 位为班级号，后 2 位为序号
姓名	不定长字符型（varchar）	10	×	无	
性别	定长字符型（char）	2	√	男	男、女
出生日期	日期型（date）	默认值	√	无	
系号	定长字符型（char）	2	×	无	
班级编号	定长字符型（char）	6	√	无	
家庭地址	不定长字符型（varchar）	30	√	无	
手机号码	定长字符型（char）	10	√	无	

参照“学生表”的表结构的设计方法，同样可以设计出其他两个表的结构，表 3-5 所示为“课程表”的表结构，表 3-6 所示为“成绩表”的表结构。

表 3-5　“课程表”表结构

列名	数据类型	长度	是否可空	默认值	说明
课程编号	定长字符型（char）	3	×	无	主键
课程名称	不定长字符型（varchar）	30	×	无	

表 3-6　“成绩表”表结构

列名	数据类型	长度	是否可空	默认值	说明
学号	定长字符型（char）	10	×	无	主键

续表

列　名	数据类型	长　度	是否可空	默认值	说　明
课程编号	定长字符型（char）	3	×	无	主键
成绩	整数型（int）	默认值	√	0	

任务知识点分解

1. 列的为空性

表中的列值可以接收空值（NULL），也可以拒绝空值（NOT NULL）。如果表的某一列的为空性被指定为 NULL，则允许在插入数据时省略该列的值。反之，如果表的某一列的为空性被指定为 NOT NULL，则不允许在没有指定默认值的情况下插入省略该列值的数据行。

2. IDENTITY 属性

IDENTITY 属性可以使表的列包含系统自动生成的数字，这种数字在表中可以唯一地标识表的每一行，即表中的每一行数据在指定为 IDENTITY 属性的列上的数字均不相同。

实战演练

请在 Stu 数据库中设计表 Stu-info、Stu-course、Stu-score 的表结构。

子任务 1　使用表设计器创建表

任务描述

掌握使用表设计器创建表的方法。

要求：在“xsxx”数据库中使用 SSMS 工具创建“学生表”、“课程表”、“成绩表”。

任务所用知识点

使用 SSMS 创建表。

【案例 3.1】 使用表设计器创建表。

【操作步骤】

（1）启动“SQL Server Management Studio”，在对象资源管理器中，展开【数据库】节点，右击“xsxx”数据库中的【表】选项，在打开的快捷菜单中选择【新建表】命令，打开如图 3-3 所示的表设计器窗口。

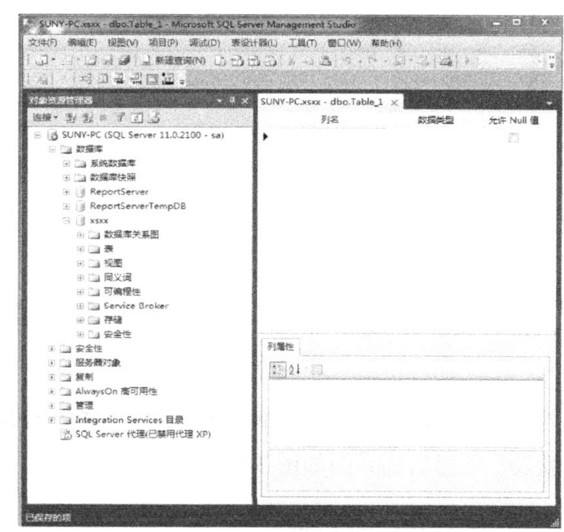

图 3-3　表设计器

（2）在表设计器窗口中，根据已经设计好的 XSB 的表结构，分别输入或选择各列的名称、数据类型、是否允许为空等属性。根据需要，可以在“列属性”选项卡中填入相应内容，如图 3-4 所示。

（3）在【学号】列上右击，在打开的快捷菜单中选择【设置主键】命令，如图 3-5 所示。

（4）在【列属性】选项卡中的【默认值或绑定】和【说明】项中分别填写各列的默认值和说明。学生情况表结构设计完成后的如图 3-6 所示。

（5）在表的各列的属性均编辑完成后，单击工具栏中的按钮（“保存”按钮），打开“选择表名”对话框。在“选择表名”对话框中输入表名“学生表”，单击“确定”按钮即可创建“学生表”。在对象资源管理器中可以找到新创建的“学生表”，如图 3-7 所示。

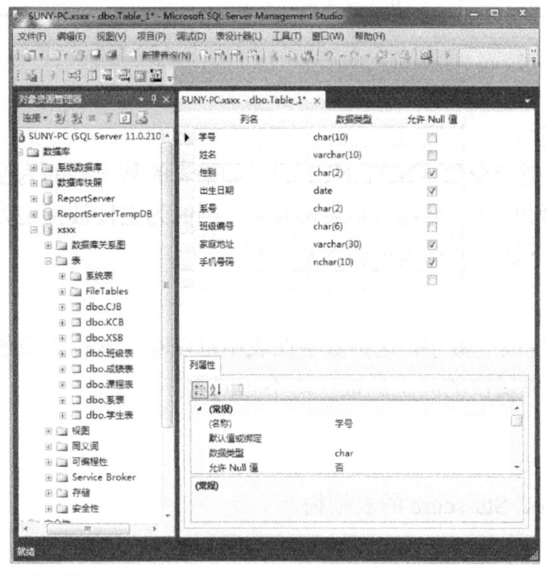

图 3-4　属性设置

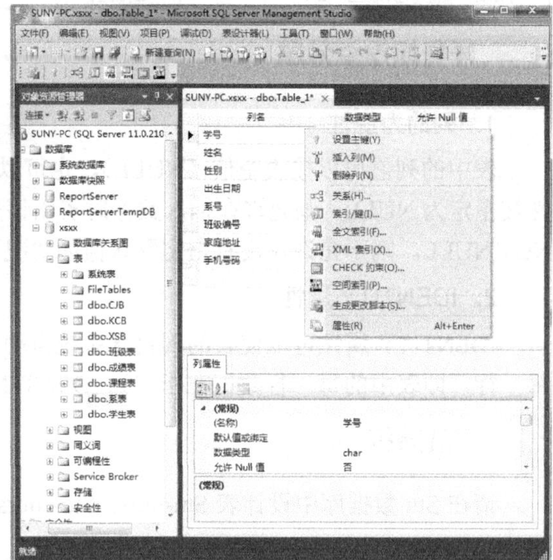

图 3-5　设置主键

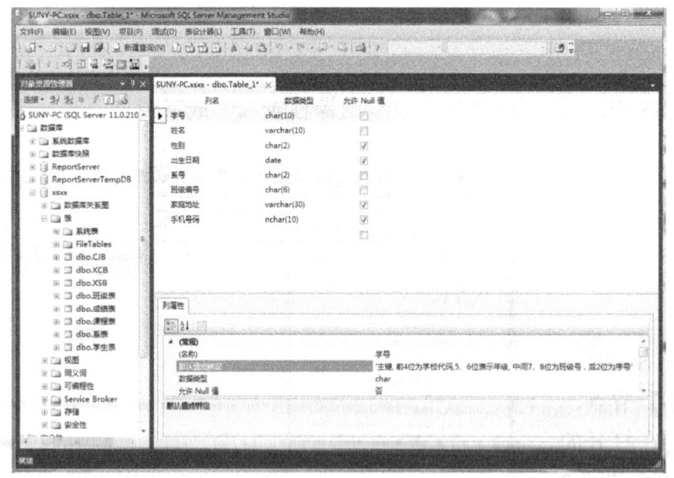

图 3-6　默认值和说明

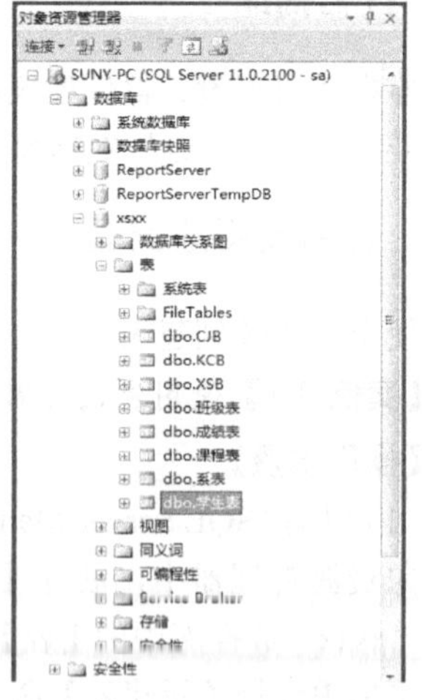

图 3-7　学生表

（6）使用同样的方法创建“课程表”和“成绩表”。“课程表”创建后的界面如图 3-8 所示。“成绩表”创建后的界面如图 3-9 所示。

 任务知识点分解

利用 SQL Server Management Studio 创建数据表，即利用 Management Studio 中的表设计器创建表的结构。表设计器是 SQL Server 2012 提供的可视化创建表的一种工具，主要部分是列管理。用户可以使用表设计器完成对表中所包含的列的管理工作，包括创建列、删除列、修改数据类型、设置主键和索引等。

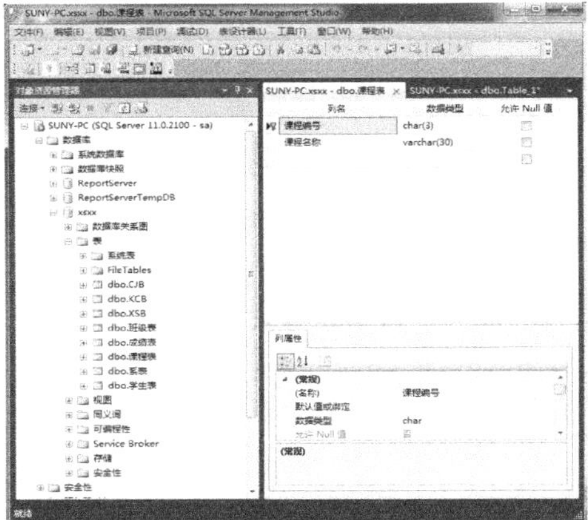

图 3-8　成绩表

图 3-9　成绩表

实战演练

请根据以上操作方法，在 Stu 数据库中使用 SSMS 创建表 Stu-info。

子任务 2　使用 T-SQL 语句创建表

任务描述

掌握使用 T-SQL 语句创建表的方法。

要求：在“xsxx”数据库中使用 T-SQL 语句创建“学生表”。

任务所用知识点

使用 T-SQL 语句创建表。

【案例 3.2】设已经创建了数据库 xsxx，现在该数据库中需创建“学生表”，该表的结构见表 3-4。请用 T-SQL 语句创建“学生表”。

【操作命令】

```
use xsxx
go
create table 学生表
(
      学号        char(10)        not null,
      姓名        varchar(10)     not null,
      性别        char(2)         null,
      出生日期    date            null,
      系号        char(2)         null,
      班级编号    char(6)         null,
      家庭地址    varchar(30)     null,
      手机号码    char(10)        null,
      备注        varchar(500)    null
)
```

任务知识点分解

使用 T-SQL 语句创建表主要使用 CREATE TABLE 语句。

语法格式：

```
CREATE TABLE 表名
(
    字段 1 数据类型 列的特征,
    字段 2 数据类型 列的特征,
    . . .
)
```

其中，列的特征包括该列是否为空（NULL）、是否标识列（自动编号）、是否有默认值、是否为主键等。

 **实战演练**

请根据以上操作方法，在 Stu 数据库中使用 T-SQL 语句创建表 Stu-course。

子任务 3　使用已有表创建新表

 **任务描述**

掌握使用已有表创建新表的方法。

要求：要在不同的数据库中创建相同的表或在同一数据库中创建结构相似的表时，可使用【编写表脚本为】命令生成表的脚本文件，然后根据需要对该脚本文件进行修改，以生成新表的脚本并执行。

 **任务所用知识点**

使用已有表创建新表。

【案例 3.3】 在 xsxx 数据库中创建学生信息表，其表结构与“学生表”相同。

【操作步骤】

（1）在对象资源管理器中，依次展开【数据库】|【xsxx】|【dbo.学生表】节点，右击【学生表】选项，在打开的快捷菜单中选择【编写表脚本为】|【CREATE 到】|【新查询编辑器窗口】命令，如图 3-10 所示。

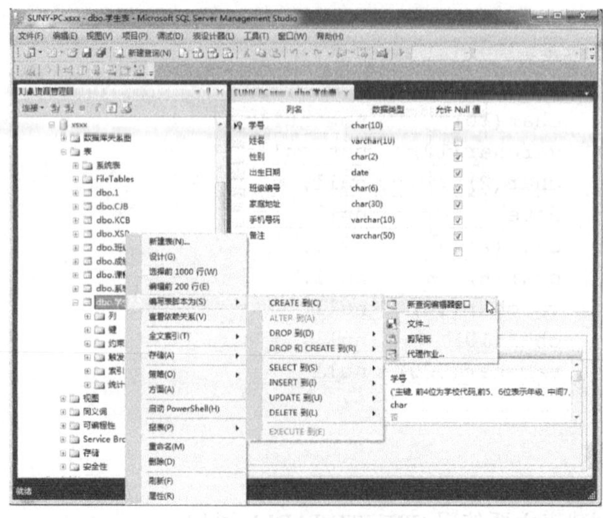

图 3-10　新查询编辑器窗口

打开新查询编辑器窗口并生成创建学生表的脚本，如图 3-11 所示。

（2）将【学生表】更名为【学生信息表】，单击【执行】按钮，系统将自觉完成学生信息表的创建。

在不同的数据库中创建相同的表时，只需修改数据库的名称即可；在同一数据库中创建相似的表时，除更改数据表的名称外，还需按要求进一步修改。

（3）单击【保存】按钮保存该脚本文件，以便将来创建相似的数据表时使用。

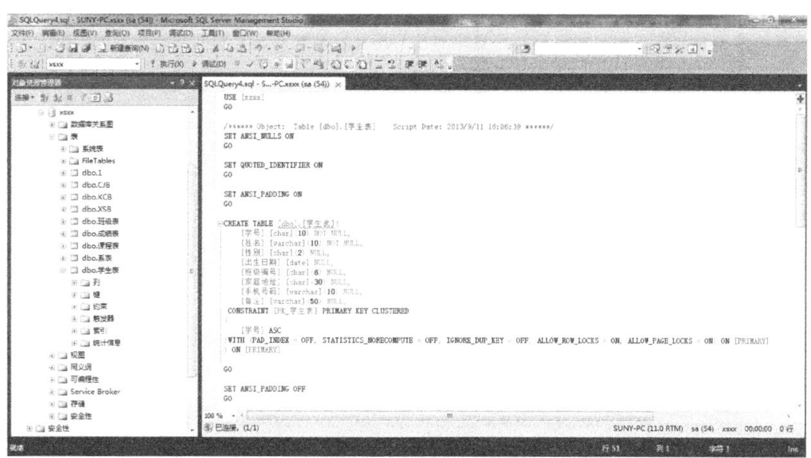

图 3-11　脚本

任务知识点分解

因为在 xsxx 数据库中已经存在学生表，所以可以先生成学生表的脚本，然后将数据表的名称改为“学生信息表”，执行脚本文件即可。

实战演练

请根据以上操作方法，在 Stu 数据库中使用 Stu-course 已经存在的表创建新表 Stu-score。

任务 3　管理数据表

子任务 1　修改数据表结构

任务描述

掌握修改数据表结构的方法。

要求：在学生表中，将“姓名”列名改为“name”，数据长度由 10 改为 12，允许为空值。将“出生日期”列名改为“birthday”，数据类型由“date”改为“datetime”。

任务所用知识点

使用 SSMS 修改数据表结构。

【案例 3.4】在学生表中，将“姓名”列名改为“name”，数据长度由 10 改为 12，允许为空值。将“出生日期”列名改为“birthday”，数据类型由“date”改为“datetime”。

【操作步骤】

在【对象资源管理器】中，依次展开【数据库】|【xsxx】|【表】|【学生表】节点并右击，在打开的快捷菜单中选择【设计】命令，即可打开表结构编辑窗口，如图 3-12 所示，可修改表结构。

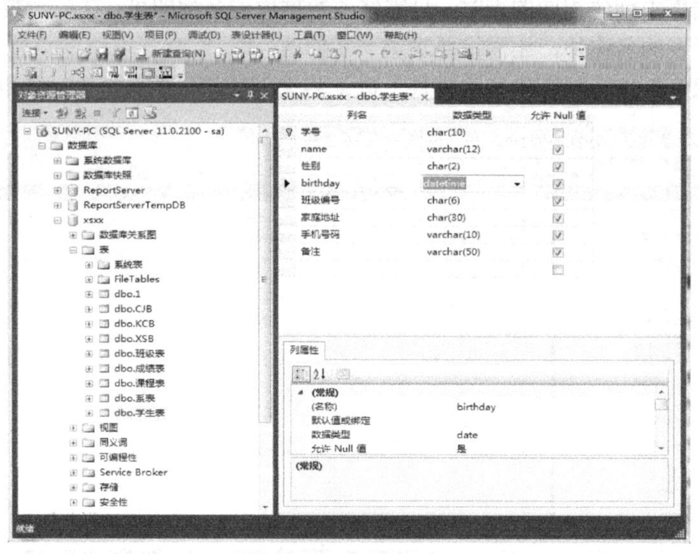

图 3-12　修改名称

说明：NULL 表示空。

任务知识点分解

在 SQL Server 2012 中，当用户使用界面方式修改表的结构（如添加列、修改列的数据类型等）时，必须删除原来的表，再重新创建新表才能完成表的更改。如果强行更改会打开如图 3-13 所示的对话框。

启动 SQL Server Management Studio，选择【工具】|【选项】命令，在打开的【选项】对话框中选择【设计器】选项卡，取消选中【阻止保存要求重新创建表的更改】复选框，如图 3-14 所示，完成操作后单击【确定】按钮，即可对表进行更改。

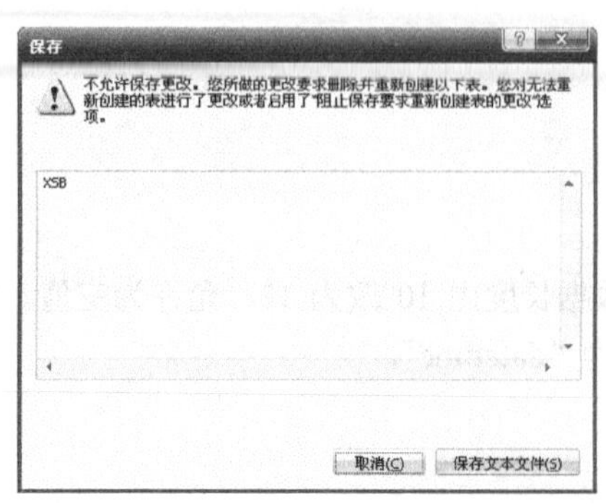

图 3-13　强行更改后的对话框

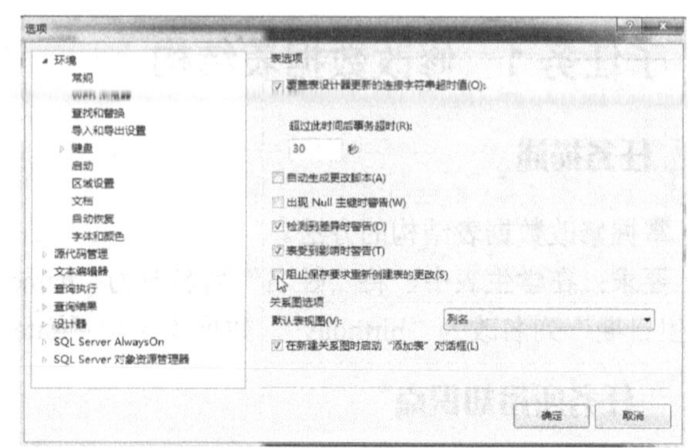

图 3-14　“选项”对话框

在【对象资源管理器】中，依次展开【数据库】|【xsxx】|【表】|【学生表】节点并右击，在打开的快捷菜单中选择【设计】命令，即打开表结构编辑窗口，如图 3-15 所示，可修改表结构。

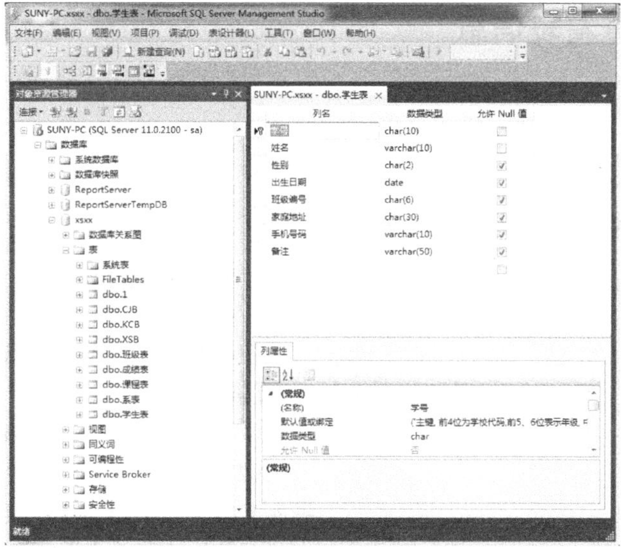

图 3-15　表结构编辑窗口

实战演练

请将表 Stu-info 中 NAME 列数据长度由 12 改为 10，允许为空值。将 SEX 列更名为“性别”，允许为空值。BIRTHDAY 列数据类型由 datetime 改为 date。

子任务 2　数据表更名

任务描述

掌握数据表更名的方法。

要求：使用 SSMS 对学生表进行名称更改。

任务所用知识点

使用 SSMS 更改数据表名称。

【操作步骤】

（1）启动 SQL Server Management Studio。

（2）在【对象资源管理器】中，依次展开 【数据库】|【xsxx】|【表】|【学生表】节点并右击，在打开的快捷菜单中选择【重命名】命令，即进入表名编辑状态，如图 3-16 所示，可以给数据表更名。

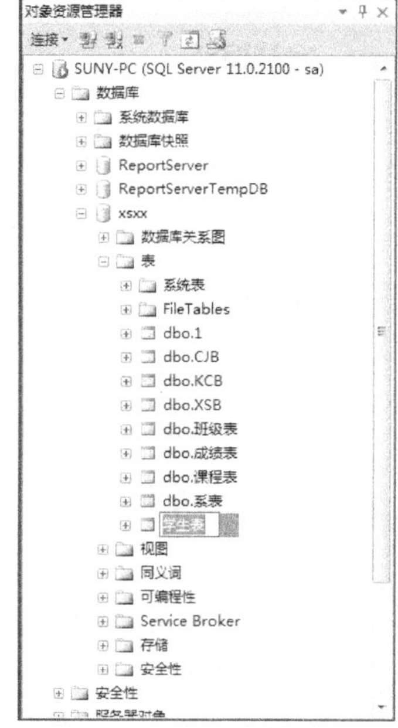

图 3-16　数据表更名

任务知识点分解

在【对象资源管理器】中，依次展开【数据库】|【xsxx】|【表】|【学生表】节点并右击，在打开的快捷菜单中选择【重命名】命令进行编辑。

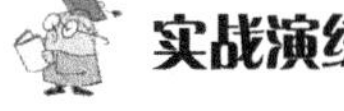

实战演练

使用 SSMS 将 Stu-info 更改为“学生信息表”。

子任务 3　查看表信息

 **任务目标**

掌握查看表信息的方法。

要求：使用 SSMS 查看“学生表”信息。

任务所用知识点

使用 SSMS 查看表信息。

【操作步骤】

（1）启动 SQL Server Management Studio。

（2）在【对象资源管理器】中，依次展开 【数据库】|【xsxx】|【表】|【学生表】节点并右击，在打开的快捷菜单中选择“属性”命令，即可打开表属性窗口，如图 3-17 所示。

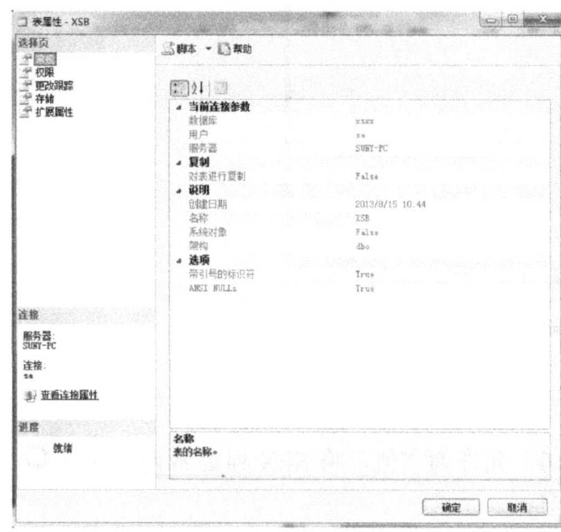

图 3-17　表属性窗口

 **任务知识点分解**

在【对象资源管理器】中，依次展开 【数据库】|【xsxx】|【表】|【学生表】节点并右击，在打开的快捷菜单中选择“属性”命令。

 **实战演练**

使用 SSMS 查看 Stu-course 信息。

子任务 4　修改数据表

 **任务描述**

掌握修改数据表的方法。

要求：分别使用 SSMS 和 T-SQL 语句修改“学生表”信息。

 **任务所用知识点**

- 使用 SSMS 修改数据表；
- 使用 T-SQL 语句修改数据表。

【操作步骤】

1. 使用 SSMS 工具修改表结构

在【对象资源管理器】中，依次展开【数据库】|【xsxx】|【表】|【学生表】节点并右击，在打开的快捷菜单中选择【设计】命令，即可根据需要进行增加列、删除列和修改属性等各项操作。

2. 使用 T-SQL 语句修改表结构

【案例 3.5】在学生信息表中，增加“入学日期”列，删除“备注”，修改课程表的“课程名称”的数据长度为 20。

【操作命令】

```
Use  xsxx
go
Table_name
Alter table 学生信息表 add 入学日期 datetime
Alter table 学生信息表 drop column  备注
Alter table 课程表
Alter column 课程名称 varchar(20) not null
Go
```

任务知识点分解

使用 alter table 语句在已有的表中添加、修改或删除列。

语法格式：

```
--修改已存在列的属性
Alter table table_name
Alter column column_name datatype[null/not null]
--在表中增加列
Alter table table_name
Add  column_name datatype
--删除列
Alter table table_name
Drop column column_name
```

被删除的列不能被恢复。

具有以下特征的列不允许删除：创建有索引的列字段；创建有约束的列字段；绑定到规则的列字段。

实战演练

分别使用 SSMS 和 T-SQL 语句，在 Stu-info 中增加 departments 列和 specialty 列，在 Stu-score 中修改 GRADE 列可空。

子任务5　删除数据表

任务描述

掌握删除数据表的方法。

要求：删除学生表。

任务所用知识点

使用 SSMS 删除数据表。

【操作步骤】

（1）启动 SQL Server Management Studio。

（2）在【对象资源管理器】中，依次展开【数据库】|【xsxx】|【表】|【学生表】节点并右击，在打开的快捷菜单中选择【删除】命令，打开【删除对象】窗口，单击【确定】按钮，即可删除数据表，如图3-18所示。

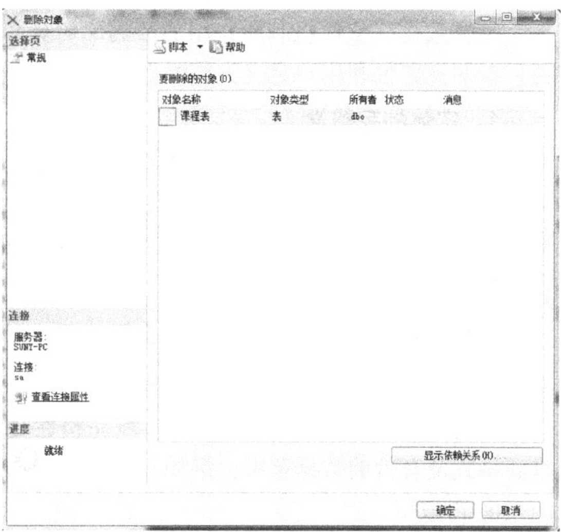

图3-18　删除数据表

 **任务知识点分解**

选择数据表并右击，在打开的快捷菜单中选择【删除】命令，打开【删除对象】窗口进行编辑。

 **实战演练**

使用 SSMS 删除表 Stu-score。

任务 4　数据的完整性

对数据库中的数据进行添加、修改和删除操作时，有可能造成数据的破坏或出现相关数据不一致的现象。为了保证数据的正确无误和相关数据的一致性，除了要在数据操作时认真仔细外，更重要的是要建立数据库系统本身的维护机制。SQL Server 2012 提供了约束、规则、默认、标识列、触发器和存储过程等维护机制来保证数据库中数据的正确性和一致性。

子任务 1　数据完整性的概念

 **任务描述**

掌握数据完整性的概念。

要求：理解完整性的 4 种类型。

 **任务所用知识点**

数据完整性的概念。

数据完整性是指存储在数据库中的数据正确无误，并且相关数据具有一致性。数据库中数据是否完整，关系到数据库系统能否如实客观地反映现实世界。例如，在学生表中，学生要具有唯一性，性别只能是男或女，其所在的系部、专业、班级必须是存在的，否则就会出现数据库的数据与现实不符的现象。如果数据库中的数据不完整，或不一致，那么就没有实际意义，也没有存在的必要。所以，实现数据的完整性在数据管理系统中十分重要。

根据数据完整性机制所作用的数据库对象和范围不同，数据完整性可分为实体完整性、域完整性、参照完整性和用户定义完整性四种类型。

1．实体的完整性

实体是指表中的记录，表中的一条记录就是一个实体。实体的完整性要求在表中不能存在完全相同的记录，而且每条记录都要具有一个非空且不重复的主键值。这样可以保证数据所代表的任何事物都可以区分，都不重复。例如，学生表中的学号必须唯一，并且不能为空，这样才能保证学生记录的唯一性。

实现实体完整性的方法主要有主键约束、唯一约束和标识列等。

2．域完整性

域完整性是指特定列的有效性。域完整性要求向表中指定列输入的数据必须具有正确的数据类型、格式及有效的数据范围。例如，学生成绩使用百分制，在录入成绩时不能录入字符，并且要在 0～100 内取值。

实现域完整性的方法主要有 CHECK 约束、外键约束、默认约束、非空约束、规则及在建表时

设置的数据类型等。

3．参照完整性

参照完整性是指在有关联的两个或两个以上的表中，通过使用主键和外键或唯一和外键之间的关系，使表中的键值发生了变化，则在整个数据库中，对该键值在相关表中保持一致。引用完整性要求不能引用不存在的值，如果一个键值发生了变化，则在整个数据库中，对该键值和所有引用要进行一致的更改。例如，学生表中的学号发生了变化，则成绩表中的学号一定要随之发生变化，以保证成绩表中的学号在学生表的学号中存在。

在 SQL Server 2012 中，参照完整性通过外键约束和检查约束来实现，以外键和主键之间或外键和唯一键之间的关系为基础。

4．用户定义的完整性

用户定义的完整性是应用领域需要遵守的约束条件，其允许用户定义不属于其他任何完整性分类的特定业务规则。所有的完整性类型（包括 create table 中所有列级约束和表级约束、存储过程及触发器）都支持用户定义完整性。

子任务2　约束

任务描述

掌握约束的定义、分类、创建方法。

要求：会创建各种约束。

任务所用知识点

- 约束的定义；
- 约束的分类；
- 约束的创建方法。

1．约束概述

1）约束的定义

约束是 SQL Server 提供的自动保持数据库完整性的一种方法。约束就是限制，定义约束就是定义可输入表或表的单个列中的数据的限制条件。

2）约束的分类

SQL Server 中有 5 种约束：主键约束（Primary Key Constraint）、外键约束（Foreign Key Constraint）、唯一约束（Unique Constraint）、检查约束（Check Constraint）和默认约束（Default Constraint）。

（1）主键约束：主键约束用来唯一标识表中某一记录。在一般情况下，数据库中每个表有一个主键，这个主键可以是一列，也可以是几列的组合，有时候特意加入一个主键列以区分标识物，并无实际意义。

例如，在学生表中可以将“学号”设置为主键，也可以将“学号+姓名”的组合列设置为主键，用来区分学生。

（2）外键约束：外键是指一个表中的一列或列的组合，同时存在于两个表中，并且属性相同，它在一个表中是主键，在另一个表中不是该表的主键，那么可以通过外键约束将这两个相关联的表建立联系，实现数据的参照完整性和一致性关系。

例如，成绩表中“学号”的取值必须是学生表中“学号”的列值之一，以保证该同学成绩的有效性和一致性。因为可以将成绩表中的“学号”设置为学生表中“学号”的外键。

（3）唯一约束：唯一约束用来强制数据值不能重复。同一个表可以有多个唯一约束列。

例如，在课程表中可以将“课程编号”作为主键列，用来保证记录的唯一性，而将“课程名称”列定义为唯一约束，以确保“课程名称”不出现重复值。

（4）检查约束：检查约束用来强制数据取值在条件表达式的范围内。

例如，在一般情况下，学生成绩的取值为0～100，所以可以将成绩列设定为检查约束，使其取值在这个正常范围之间。

（5）默认约束：默认约束用来强制数据的默认取值。在录入或更新记录时，如果没有为默认约束的列提供数值，那么系统会自动将默认值赋给该列。

例如，对于学生表中的“性别”列，可以设置其默认值为“男”，当输入记录时，对于性别为“男”的记录就可以不用输入性别数据，直接按Enter键，这样系统就会自动输入默认值。

另外，可以将频繁使用的值设置为“默认”约束，这样可以加快数据录入的速度。

3）约束名

为了便于管理约束，在创建约束时，需创建约束的名称，约束名称必须符合标识符的命名规则。编者建议，使用约束类型和其完成任务的从句组合作为约束名。例如，学生表的主键使用PK-Student。

4）创建约束的语法格式

创建约束的语法格式如下。

```
CREAT TABLE<表名>
(<列定义>[,<列定义>| <表约束>])
```

其中，各参数说明如下。

<表名>是合法标识符，最多可有128个字符，如S、SC、C，不允许重名。

<列定义>：<列名><数据类型>[{<表约束>}]。

在SQL Server中，基本表的约束分为列约束和表约束。

列约束是对某一特定列的约束，包含在列定义中，直接跟在列的其他定义之后，用空格分隔，不必指定列名。

表约束与列定义相互独立，不包括在列定义中，通常用于对多个列一起进行约束，与列定义用“,”分隔，定义表约束时必须指出要约束的那些列的名称。

2. 创建主键约束

在表中能够唯一标识表中每一行数据的列称为表的主键，用于强制实现表的实体完整性。每个表中只能有一个主键，主键可以是一列，也可以是多列的组合，主键值必须唯一并且不能为空。对于多列组合的主键，列的组合值必须唯一。

【案例3.6】 请使用SQL Server Management Studio工具设置学生表的“学号”列为主键。

【操作步骤】

在【对象资源管理器】窗口中，依次展开【数据库】|【xsxx】|【表】节点，右击【dbo.学生表】，在打开的快捷菜单中选择【设计】命令，打开【表设计器】窗口。

在【表设计器】窗口中，右击目标列，在打开的快捷菜单中选择【设置主键】命令，如图3-19所示。如果要设置多个列的组合为主键，则可以使用鼠标配合Ctrl或Shift键同时选择要设置的多个列。

使用T-SQL设置主键：使用T-SQL语句的create table命令可以在创建表结构时直接设置主键约束，也可以使用alter table命令为已存在的表创建主键约束。

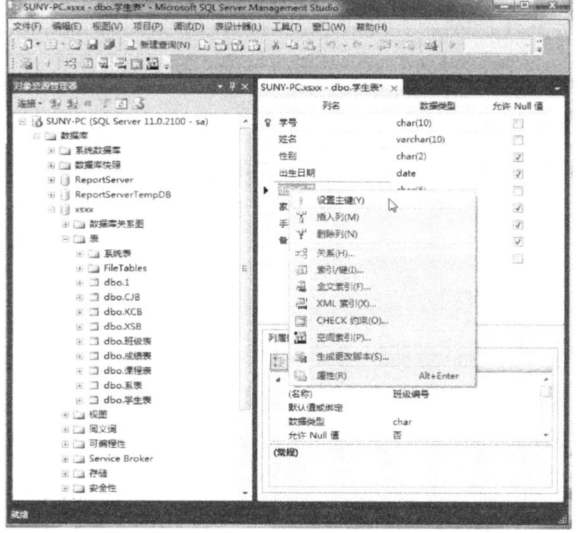

图 3-19　设置主键

为表添加约束的语法格式如下。

```
Alter table table_name
Add
Constraint constraint_name
Primary key[clustered|nonclustered]
{(column[,…N])}
```

各参数说明如下。

constraint_name：主键约束名称。

primary key：主键关键字。

clustered：表示在该列上建立聚集索引。

nonclustered：表示在该列上建立非聚集索引。

【案例 3.7】请使用 SQL Server Management Studio 设置课程表的“课程编号”为主键。

【操作命令】

```
Alter table 课程表
Add constraint pk_kcbh primary key(课程编号)
Go
```

3. 创建唯一性约束

当表中存在主键时，为保证其他列值的唯一性，可以创建唯一性约束。

一个表中可以创建多个唯一约束；唯一约束可以是一列，也可以是多列的组合；在唯一约束列中，空值可以使用一次。

【案例 3.8】请使用 SQL Server Management Studio 工具在“xsxx”数据库中设置课程表的“课程名称”列为唯一约束。

【操作步骤】

在【对象资源管理器】窗口中，右击【dbo.课程表】选项，在打开的快捷菜单中选择【设计】命令，打开【表设计器】窗口，在【表设计器】窗口中右击任意列，在打开的快捷菜单中选择【索引/键】命令，打开【索引/键】对话框，如图 3-20 所示。

单击【添加】按钮，系统给出的默认的唯一约束名“IX_课程表*”显示在【选定的主/唯一键或索引】列表框中，如图 3-21 所示。

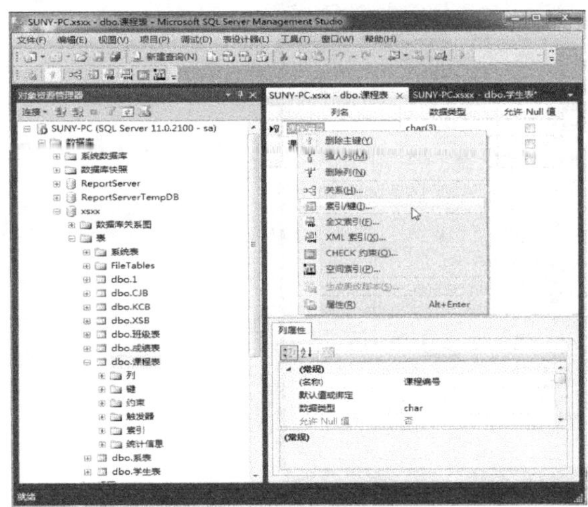

图 3-20 【索引/键】命令

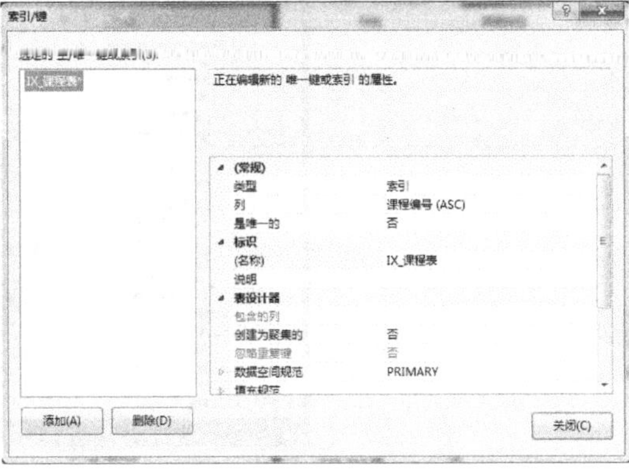

图 3-21 【选定的主/唯一键或索引】列表框

选中唯一约束名【IX_课程表*】，设置【类型】为“是唯一的”，如图 3-22 所示。

单击【(常规)】选项组中【列】属性右侧的按钮...，打开【索引列】对话框，如图 3-23 所示。在【列名】下拉列表中选择“课程编号”，在【排序顺序】中选择“升序”。

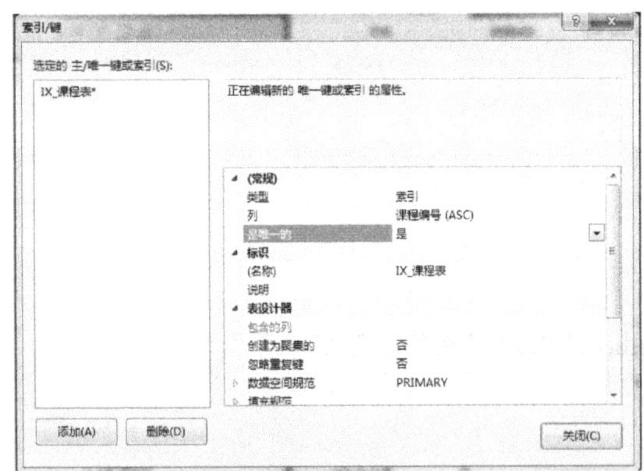

图 3-22 设置类型

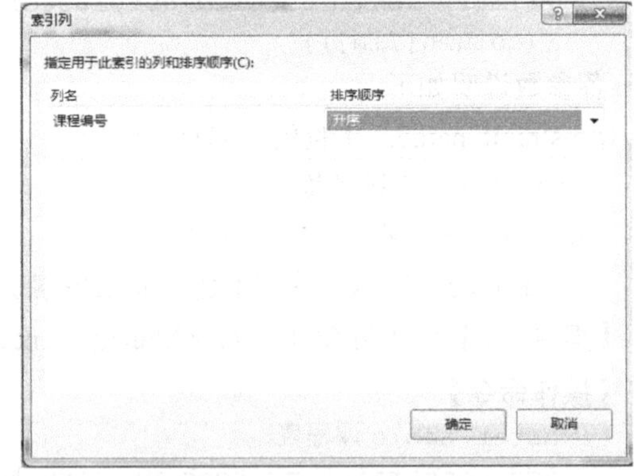

图 3-23 【索引列】对话框

单击【确定】按钮，回到【索引/键】对话框，单击【关闭】按钮，完成唯一约束的创建。

使用 T-SQL 创建唯一约束。

语法格式：

```
Alter table table_name
Add
Constraint constraint_name
Unique[clustered|nonclusterde]
{(column[,…N])}
```

参数说明如下。

unique：唯一约束关键字。

【案例 3.9】请使用 SQL Server Management Studio 在“xsxx”数据库中为课程表的“课程名称”创建名为 pk_kcmc 的唯一键约束。

【操作命令】

```
Alter table 课程表
Add constraint pk_kcmc unique nonclustered(课程名称)
Go
```

4. 创建检查约束

检查约束对输入的列值设置检查条件，以保证输入数据的正确性，从而维护数据的域完整性。可以通过基于逻辑运算符返回的 true 或 faulse 的逻辑表达式创建 CHECK 约束。在一个表的一列上可以创建多个检查约束，检查数据的正确性依据检查约束创建的时间顺序来完成。

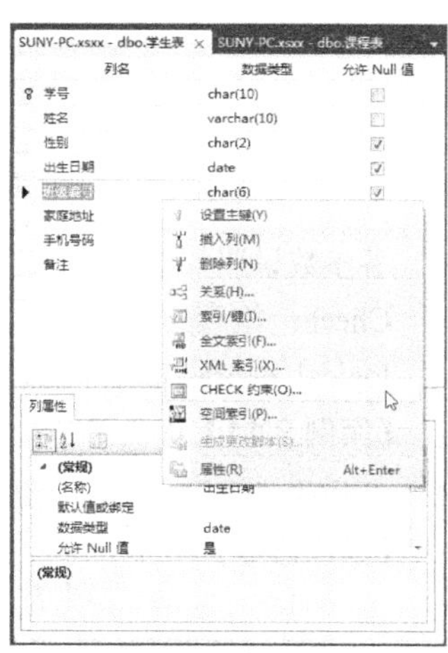

图 3-24　设定 CHECK 约束

【案例 3.10】请使用 SQL Server Management Studio 工具在“xsxx”数据库中，为学生表的“出生日期”创建一个名称为 ck_csrq 的检查约束，以保证输入日期在 1980 年 1 月 1 日和 2010 年 12 月 31 日之间。

【操作步骤】

右击【dbo.学生表】选项，在打开的快捷菜单中选择【设计】命令，打开【表设计器】窗口。在【表设计器】窗口中右击任意列，在打开的快捷菜单中选择【CHECK 约束】命令，打开【CHECK 约束】对话框，如图 3-24 和图 3-25 所示。

单击【添加】按钮，系统自动生成名为“CK_学生表*”的 CHECK 约束，如图 3-26 所示。

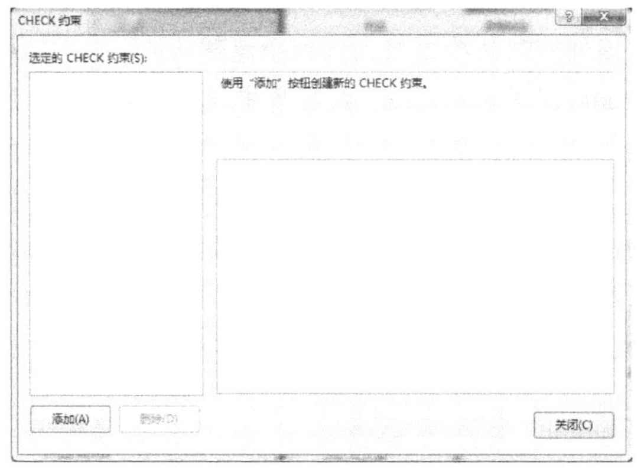

图 3-25　【CHECK 约束】对话框

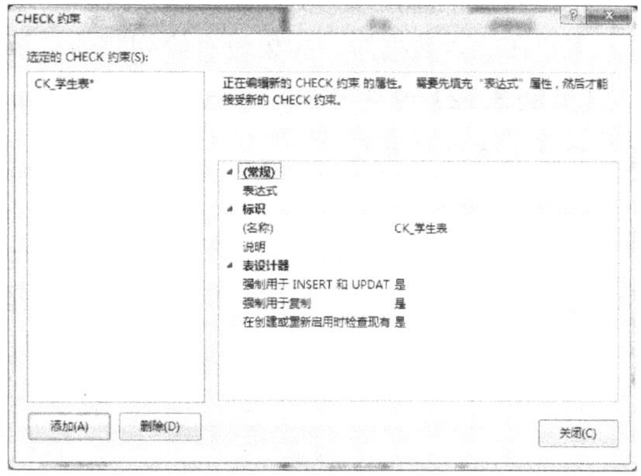

图 3-26　添加约束

单击【表达式】文本框右侧的按钮，打开【CHECK 约束表达式】对话框，输入“出生日期 between`1980.1.1`and`2010.12.31`”，如图 3-27 所示。单击【确定】按钮，完成约束条件的设置并返回。

在【(名称)】文本框中，将“CK_学生表”修改为“ck_csrq”，单击【关闭】按钮完成 CHECK 约束的创建，如图 3-28 所示。

使用 T-SQL 为已存在的表创建检查约束。

语法格式：

```
Alter table table_name
Add constraint constraint_name
Check(logical_expression)
```

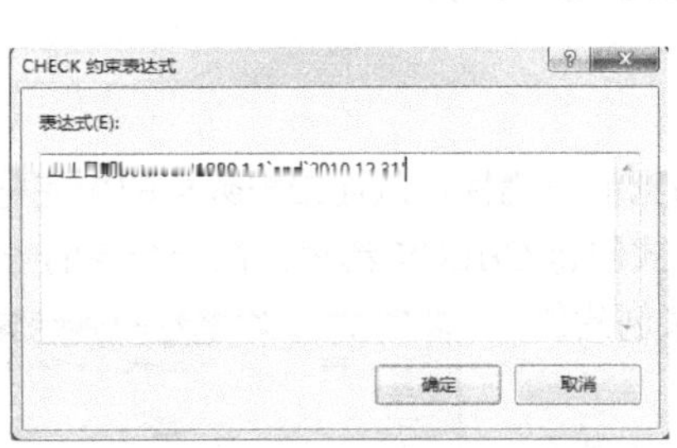

图 3-27　约束条件的设置

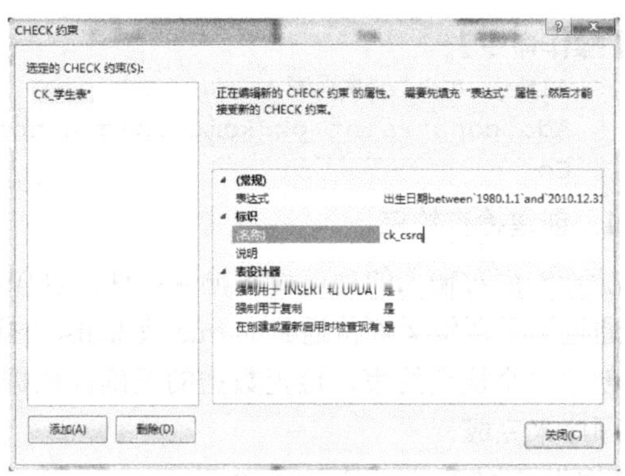

图 3-28　单击【关闭】按钮

各参数说明如下。

Check：检查约束关键字。

logical_expression：检查约束的条件表达式。

【案例 3.11】请使用 SQL Server Management Studio 在“xsxx”数据库中创建检查约束 ck_xb，使其只接收“男”或“女”值。

【操作命令】

```
Alter table 学生表
Add constraint ck_xb check(性别=`男 or 性别=`女`)
Go
```

5. 创建默认约束

用户在输入数据时，如果没有给列赋值，那么该列的默认约束将为该列指定默认值。

【案例 3.12】请使用 SQL Server Management Studio 工具在“xsxx”数据库中设定学生表的“性别”的默认值为“男”。

【操作步骤】

右击【dbo.学生表】选项，在打开的快捷菜单中选择【设计】命令，打开【表设计器】窗口。单击【性别】列，在【列属性】的【默认值或绑定】文本框中输入默认值“'男'”，如图 3-29 所示。

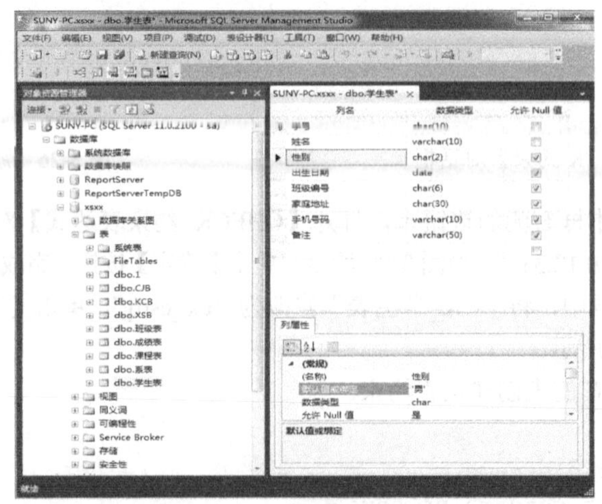

图 3-29　表设计器窗口

使用 T-SQL 为已存在的表创建默认约束。

语法格式：

```
Alter table table_name
Add constraint constraint_name
Default constant_expression[for column.name]
```

各参数说明如下。

Default：默认约束关键字。

constant_expression：默认值。

column.name：建立默认约束的列名。

【案例 3.13】在“xsxx”数据库的学生表中插入“专业”列，并将其设置为 df_txdz 的默认约束，默认值为“计算机应用技术”。

【操作命令】

```
Alter table 学生表
Add constraint 专业
Default constant_expression for 计算机应用技术
Go
```

6. 创建外键约束

外键约束主要用来维护两个表之间的一致性关系。外键的建立是将一个表（主键表）的主键列包含在另一个表（外键表）中，这些列就是主键表的外键。在外键表中插入或更新外键的值时，其取值必须存在于主键表的主键值中，这就保证了两个表中相关数据的一致性。注意：要先在主键表中设置好主键（或唯一键），才能在外键表中建立与之具有数据一致性关系的外键。

在创建外键时，外键约束列的数据类型和长度必须与主键所在列的数据类型和长度保持一致，或者可以由 SQL Server 自动转换一致，但列名可以不同。

【案例 3.14】在“xsxx”数据库中，将成绩表的“学号”创建为学生表的“学号”外键约束，以保证在成绩表中输入有效的“学号”。

【操作步骤】

（1）使用 SQL Server Management Studio 工具创建外键约束。

在【对象资源管理器】窗口中，打开“xsxx”数据库的【表】节点。

右击【dbo.成绩表】选项，在打开的快捷菜单中选择【设计】命令，打开【表设计器】窗口。右击【表设计器】中的任意列，在打开的快捷菜单中选择【关系】命令，如图 3-30 所示。

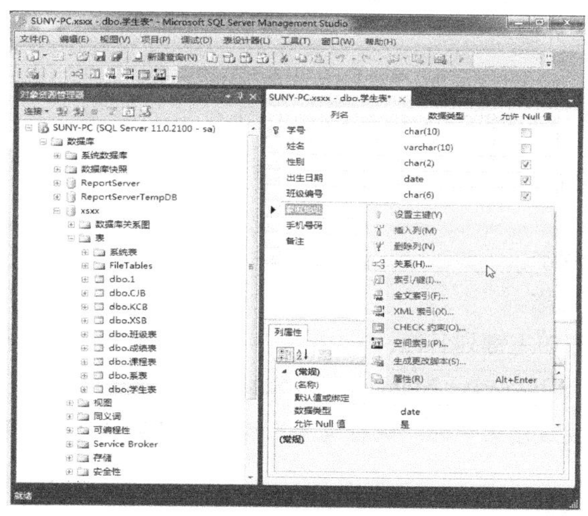

图 3-30　【关系】命令

打开【外键关系】对话框，如图 3-31 所示。

单击【添加】按钮添加外键约束，如图 3-32 所示。

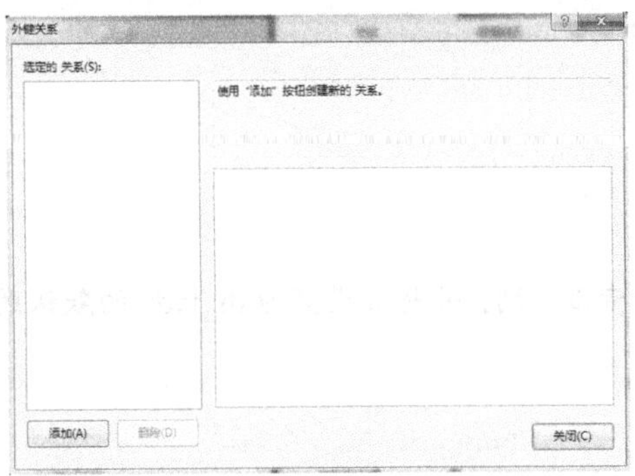

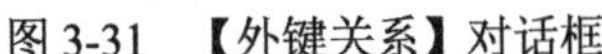

图 3-31 【外键关系】对话框

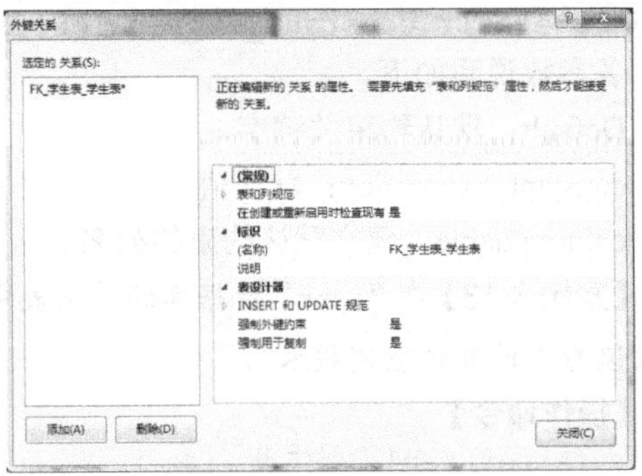

图 3-32 添加外键约束

单击【表和列规范】文本框右侧的按钮[...]，打开【表和列】对话框，如图 3-33 所示。

在【主键表】下拉列表中选择【学生表】，设置【学号】为主键；选择【外键表】下拉列表中的【成绩表】的【学号】为外键，如图 3-34 所示。

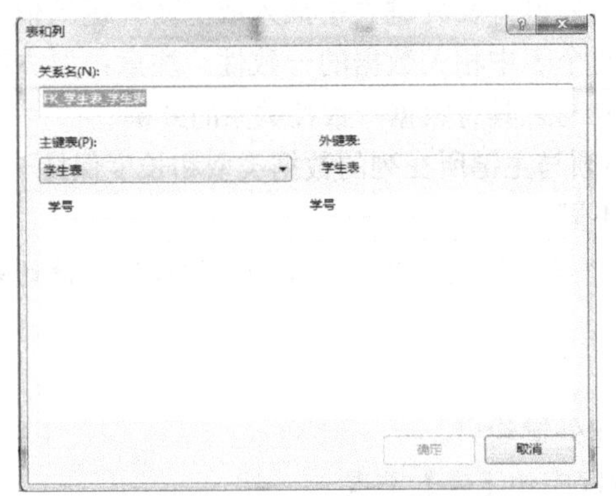

图 3-33 【表和列】对话框

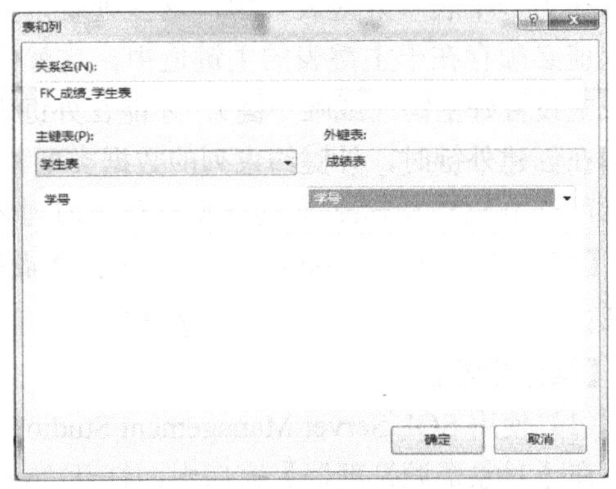

图 3-34 主键和外键设置

单击【确定】按钮，返回【外键关系】对话框，单击【关闭】按钮，完成外键约束的创建。

（2）使用 T-SQL 创建外键约束。

语法格式：

```
Alter table table_name
Add constraint constraint_name
[foreign key]{(column.name[,…])}
```

各参数说明如下。

foreign key：外键关键字。

table_name：主键表名称。

column.name：主键表的主键列名称。

【案例 3.15】 请使用 SQL Server Management Studio 为成绩表的“课程编号”创建名为“fk_成绩表_课程表”的外键，使成绩表中的“课程编号”均为课程表中开设的课程编号。

【操作命令】

```
Alter table 成绩表
Add constraint fk_成绩表_课程表 foreign key(课程编号) references 课程表（课程编号）
```

Go

（3）使用“关系图”创建外键。

在 SQL Server 中，允许用户使用“关系图”以一种图形化的方式来管理和使用数据库的表、列、索引、约束等。

【案例 3.16】 使用“关系图”的方法完成案例 3.15。

【操作步骤】

① 展开【xsxx】节点，右击【数据库关系图】，在打开的快捷菜单中选择【新建数据库关系图】命令，如图 3-35 所示。

② 在打开的【添加表】对话框中，选中【课程】和【成绩】并单击【添加】按钮，如图 3-36 所示。

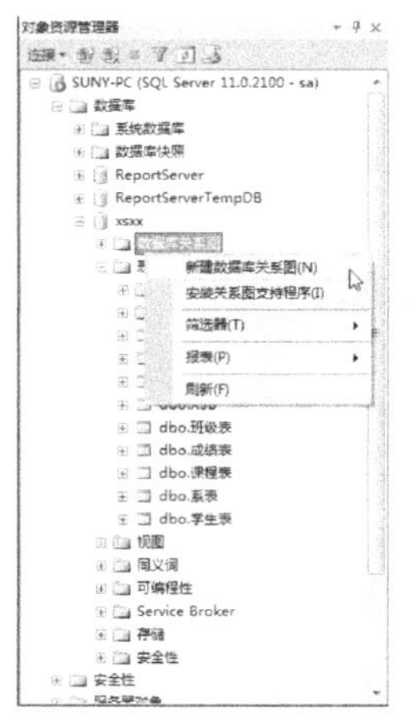

图 3-35 使用“关系图”的方法

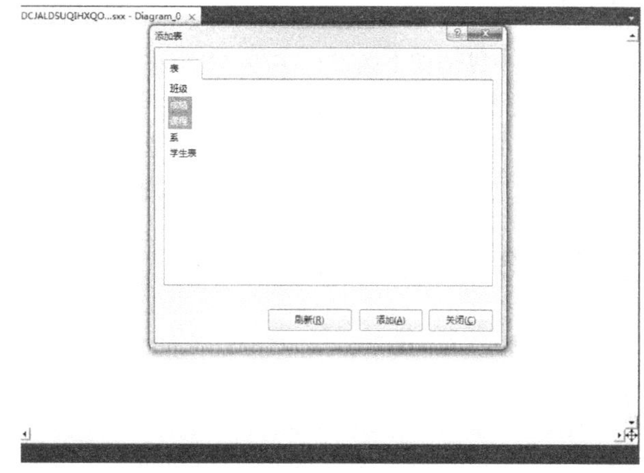

图 3-36 【添加表】对话框

③ 单击【关闭】按钮，关闭【添加表】对话框，同时进入【关系图】工作界面，如图 3-37 所示。

④ 将光标放在“课程”表的“课程编号”前黄色钥匙图标上，按住鼠标左键并拖至“成绩”表中，当光标变成“+”时，放开鼠标左键，系统将自动启动【表和列】对话框，分别设置好主外键后，单击【确定】按钮，完成外键的创建，如图 3-38 所示。

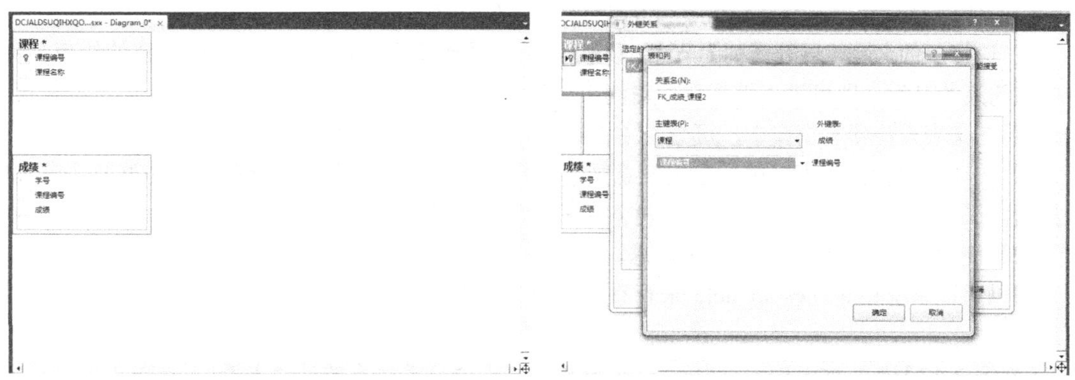

图 3-37 【关系图】工作界面

图 3-38 外键的创建

任务知识点分解

约束与完整性约束之间的关系见表 3-7。

表 3-7　约束与完整性约束之间的关系

完整性类型	约束类型	描　述	约束对象
域完整性	Default	当使用 Insert 语句插入数据时，若定义默认值的列没有提供指定值，则将该默认值插入记录中	列
	Check	指定某一列可接收的值	
实体完整性	Primary Key	每行记录的唯一标识符，确保用户不能输入重复值，并自动创建索引，提高性能，该列不允许使用空值	行
	Unique	在列集内强制执行值的唯一性，防止出现重复值，表中不允许有两行的同一列包含相同的非空值	
参照完整性	Foreign Key	定义一列或几列，其值与本表或其他表的主键或 Unique 列相匹配	表与表之间

实战演练

Stu-info 表中包括如下属性：学号（Sno）、姓名（Sname）、性别（Ssex）、年龄（Sage）、入学日期（Sdate）、籍贯（Sp）、所在系（Sdept），学号为主键。其中，学号为整型，取值为 10000～99999；姓名为文本型，长度不超过 20；性别为文本型，只能取“男”或“女”；年龄为整型；入学日期为日期型，取值从 1998 年 7 月 1 日至今；籍贯为文本型；所在系为文本型。

子任务 3　查看、删除约束

任务描述

掌握查看、删除约束的方法。

要求：会使用 SQL Server Management Studio 工具和系统存储过程查看约束。

任务所用知识点

- 查看约束的定义；
- 删除约束。

1．查看约束的定义

（1）使用 SQL Server Management Studio 工具查看约束信息。

① 选择表的名称，展开【列】节点、【键】节点及【约束】节点，可看到已经创建的约束名称，双击该约束的名称，即可进入编辑界面对约束进行编辑。

② 在【表设计器】窗口中，可查看主键约束、空值约束和默认值约束等信息。

③ 在【表设计器】窗口中，右击任意列，在打开的快捷菜单中选择查看约束的类型并进入相关界面。在此可以查看相关约束的信息并对其进行管理和修改。

（2）使用系统存储过程查看约束信息。

可以通过系统存储过程 sp_help 来查看约束的“名称”、“创建者”、“类型”和“创建时间”等信息。

【案例 3.17】请在 SQL Server Management Studio 中使用系统存储过程查看“学生表”中的 ck_xb 约束信息。

【操作命令】

```
Exec sp_help ck_xb
Exec sp_helptext ck_xb
Go
```

运行结果如图 3-39 所示。

2．删除约束

（1）使用 SQL Server Management Studio 工具删除约束。

① 在【对象资源管理器】窗口中依次展开【数据库】|【xsxx】|【表】|【dbo.学生表】|【约束】节点，右击要删除的约束名，在打开的快捷菜单中选择【删除】命令，如图 3-40 所示。

图 3-39　查看 ck_xb 约束信息

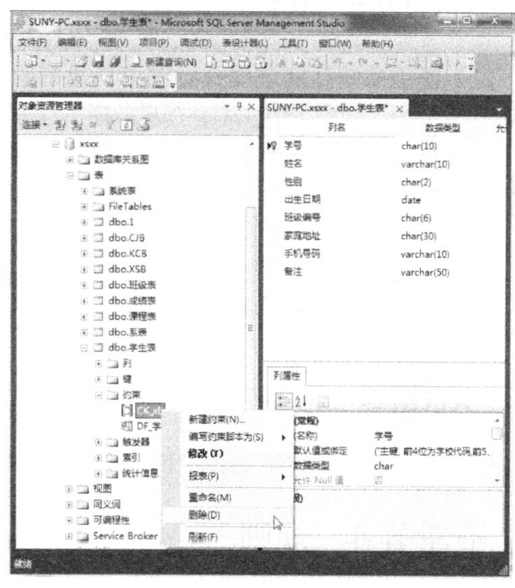

图 3-40　删除约束名

② 进入【删除对象】界面，如图 3-41 所示。

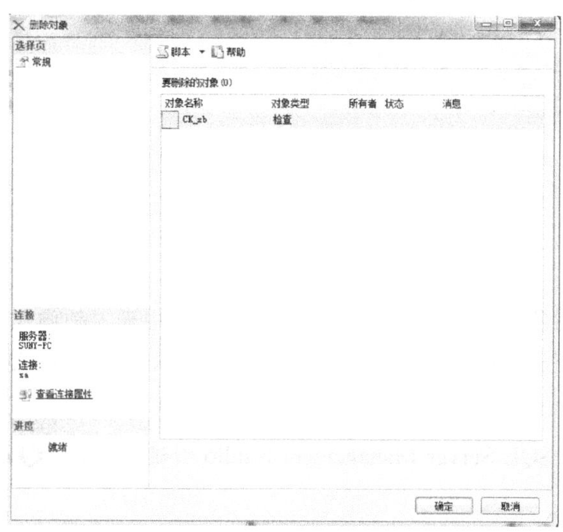

图 3-41　删除对象

③ 单击【确定】按钮完成删除操作。

也可以在【表设计器】窗口中，右击任意列，在打开的快捷菜单中选择要删除的约束类型，进入【约束设置】界面，选中要删除的约束名，单击【删除】按钮，完成删除约束的操作。

（2）使用 drop 命令删除表约束。

【案例 3.18】请使用 T-SQL 删除学生表中名为“ck__xb”的检查约束。

【操作命令】

```
Alter table 学生表
Drop constraint ck__xb
Go
```

任务知识点分解

（1）使用系统存储过程查看约束信息的语法格式如下。

```
[exec[ute]]sp_help 约束名称
```

可以使用 sp_helptext 来查看约束的文本信息。

语法格式：

```
[exec[ute]]sp_helptext 约束名称
```

（2）使用 drop 命令删除一个或多个约束的语法格式如下。

```
Alter table table__name
Drop constraint constraint__name[....n]
```

实战演练

查看 Stu 数据库中学生表中创建的约束并将其删除。

子任务 4　规则

任务描述

创建、绑定、解绑、删除规则。

要求：掌握创建、绑定、解绑、删除规则的方法。

任务所用知识点

- 创建规则；
- 绑定规则；
- 解绑规则；
- 删除规则。

规则是一种数据库对象，它的作用与 check 约束相同，用来限制输入值的取值范围，实现数据的完整性。规则的使用方法与默认值相同，包括规则的创建、绑定、解绑和删除操作。

1．创建规则

【案例 3.19】请使用 SQL Server Management Studio 创建一个 rule__score 规则，用于限制输入的数据为 0～100。

【操作命令】

```
Create rule rule__score
As
@score between 0 and 100
Go
```

【案例 3.20】请使用 SQL Server Management Studio 创建一个 rule__xb 规则，用于限制输入的数据只能是“男”或“女”。

【操作命令】

```
Create rule rule__xb
As
 @sex in('男','女')
Go
```

2. 绑定规则

规则必须与列绑定后才能发挥作用。可以使用 xp__bindrule 系统存储过程将规则绑定到列上。

语法格式:

```
【Exec[ute]】sp__bindrule'规则名称','表名.列名'
```

【案例 3.21】请使用 SQL Server Management Studio 将 rule__score 绑定到“成绩表”的“成绩”列上，以保证该列只能接收 0～100 内的数据值。

【操作命令】

```
Exec sp__bindrule'rule__score','成绩表.成绩'
Go
```

代码执行后，系统提示“已将规则绑定到表的列”，表明绑定完成。

3. 解绑规则

如果列不再需要对其输入的数据进行限制，则应该将规则从该列上去掉，即解绑规则。可使用 sp-unbindrule 存储过程完成操作。

语法格式:

```
【Exec[ute]】sp-unbindrule'规则名称','表名.列名'
```

【案例 3.22】请使用 SQL Server Management Studio 解除成绩表中“成绩”列绑定的 rule__score 规则。

【操作命令】

```
Exec sp-unbindrule'成绩表.成绩'
Go
```

4. 删除规则

如果规则没有了存在的价值，则可以将其删除。在删除规则之前，应先对规则解绑，当规则不再应用于任何表时，可以使用 drop rule 语句将其删除。drop rule 一次可以删除一个或多个规则。

语法格式:

```
Drop rule 规则名称[, ...n]
```

【案例 3.23】请使用 SQL Server Management Studio 从“student”数据库中删除 rule__score 规则。

【操作命令】

```
Drop rule rule__score
Go
```

提示:

规则需要单独创建，而且只有绑定到列上才能发挥作用；在一个列上只能应用一个规则，但可以应用多个 check 约束。一个规则只需定义一次就可以被多次应用，也可以应用于多个表或多个列，而 check 约束只能应用于一列。

 **任务知识点分解**

规则在使用之前必须先被创建。创建规则的命令是 create rule。

语法格式：

```
Create rule rule__name AS condition__expression
```

参数说明：

rule__name：规则对象的名称。

condition__expression：条件表达式。

条件表达式是定义规则的条件，规则可以是 where 子句任意有效的表达式，并且可以包括诸如算术运算符、关系运算符和 in、like、between 等关键字命令；条件表达式包括一个变量；每个局部变量的前面都有一个@符号；该表达式引用通过 update 或 insert 语句输入的值。在创建规则时，可以使用任何名称或符号表示值，但第一个字符必须是@符号。

 **实战演练**

创建一个 rule__date 规则，即学生出生日期在 1980-1-1 和系统的当前日期之间，将 rule__number 绑定到 Stu-info 的 BIRTHDAY 列上。

子任务 5 默认值

 **任务描述**

默认值的创建、绑定、解绑和删除操作。

要求：掌握默认值的创建、绑定、解绑和删除操作。

 **任务所用知识点**

- 创建默认值；
- 绑定默认值；
- 解绑默认值；
- 删除默认值。

默认（也称默认值）是一种数据库对象，它与 default（默认）约束的作用相同。当向绑定了默认对象的表中输入记录时，如果没有为该列输入数值，则系统将自动取默认值作为该列的输入值。

默认对象的使用包括默认值的创建、绑定、解绑和删除操作。

1. 创建默认值

【案例 3.24】 请使用 SQL Server Management Studio 创建一个名为“df__xs”、值为“60”的默认值。

【操作命令】

```
Create default df__xs
As 60
Go
```

运行结果如图 3-42 所示。

2. 绑定默认值

默认值对象建立以后必须将其绑定到表的列上才能发挥作用，而且可以绑定到多列上。在 SQL Server Management Studio 中使用系统存储过程来完成默认值的绑定。

语法格式：

```
【Exec[ute]】sp__bindefault'默认名称'，'表名.列名'
```

【案例 3.25】请使用 SQL Server Management Studio 将创建的“df__xs”默认值绑定到课程表的“学时”列上。

【操作命令】

```
Exec sp__bindefault'df__xs'，'课程表.学时'
Go
```

运行结果如图 3-43 所示。

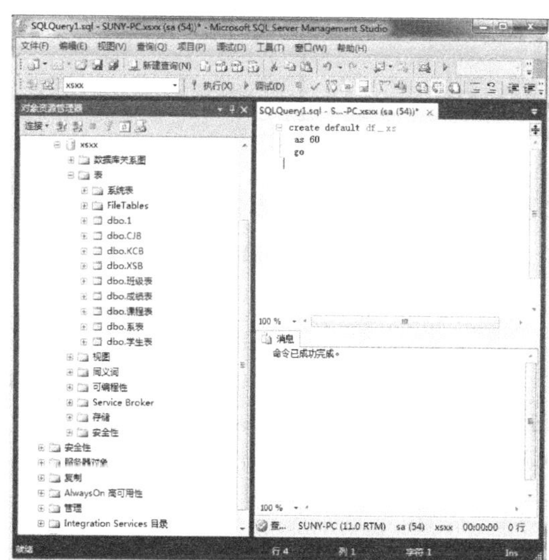

图 3-42 创建默认值

图 3-43 绑定默认值

默认值被“绑定”后，可通过【表设计器】的【默认值或绑定】属性来查看。

3. 解绑默认值

不需要使用默认值做默认输入时，可以使用 sp__unbindefault 系统存储过程来解除其与列的绑定。

语法格式：

```
【Exe[cute]】sp__unbindefault'表名.列名'
```

【案例 3.26】请使用 SQL Server Management Studio 解除课程表中“学时”列绑定的默认值。

【操作命令】

```
Exec sp__unbindefault'课程表.学时'
Go
```

运行结果如图 3-44 所示。

4. 删除默认值

默认值不需要时，可以将其删除。删除默认值之前，必须将其从表中解绑，然后才能删除。

语法格式：

```
Drop default default__name[, ...n]
```

【案例 3.27】请使用 SQL Server Management Studio 从“student”数据库中删除 df__xs 默认值。

【操作命令】

```
Drop default df__xs
Go
```

运行结果如图 3-45 所示。

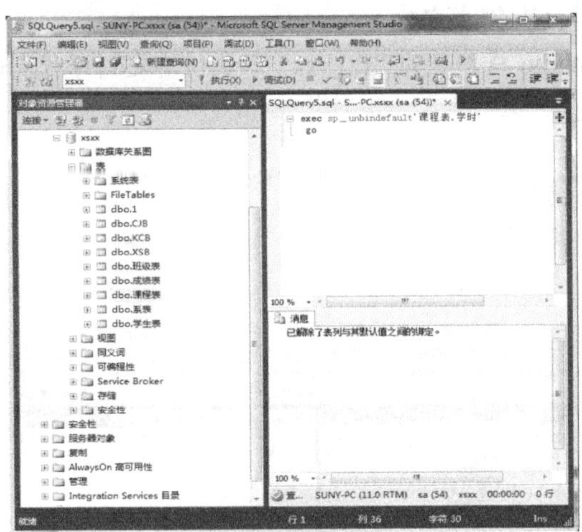
图 3-44　解绑默认值

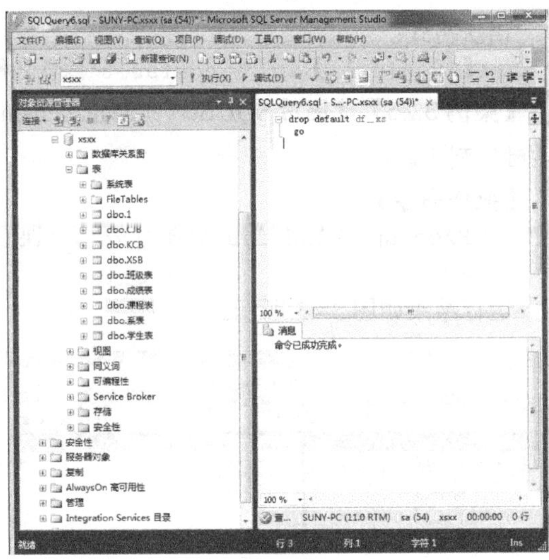
图 3-45　删除默认值

提示：

默认值与 default 约束不同的是默认对象的定义独立于表，定义一次就可以被多次应用于任意表中的一列或多列，用户也可以自定义数据类型。

任务知识点分解

创建默认值的语法格式：

```
Create default default__name as default__description
```

参数说明：

default__name：默认值名称，其必须符合 SQL Server 的标识符命名规则。

default__description：常量表达式，可以包含常量、内置函数或数学表达式。

实战演练

创建一个名为“df__xs”、值为“0”的默认值。将创建的“df__xs”默认值绑定到表 Stu-score 的 GRADE 列上。

子任务 6　identity 列

任务描述

掌握 identity 列的应用。

要求：了解 identity 列的定义，会应用 identity 列。

任务所用知识点

- identity 的定义；
- identity 的应用。

identity（标识列）是表的一个列，该列的值由系统按照设定规律自动为新添加记录中的该列设置一个唯一的行序列号。在一个表中只能有一个 identity 列，并且其值是由系统提供的不重复的值，因此可以用它来实现数据的实体完整性。

identity 列的数据类型可以是任何整数类型，也可以是 decimal 或 numeric 数据类型，但是使用这样的数据类型时，不允许出现小数。

identity 列有两个参数：标识种子和标识增量。标识种子是标识列的起始值，标识增量是每次增加的值。例如，设置种子值为 1，增量为 2，则该列的值依次为 1，3，5，7，…

1. 使用 SSMS 工具创建 identity 列

【案例 3.28】 在“xsxx”数据库中，为学生表增加一个“序号”列，并将其设置为标识列，其中种子值为 100，增量为 1。

【操作步骤】

（1）在【对象资源管理器】窗口中，右击【dbo.学生表】选项，在打开的快捷菜单中选择【设计】命令，打开【表设计器】窗口。

（2）右击【学号】选项，在打开的快捷菜单中选择【插入列】命令，如图 3-46 所示。

输入列名为“序号”，数据类型为“int”，允许空值为“否”，如图 3-47 所示。

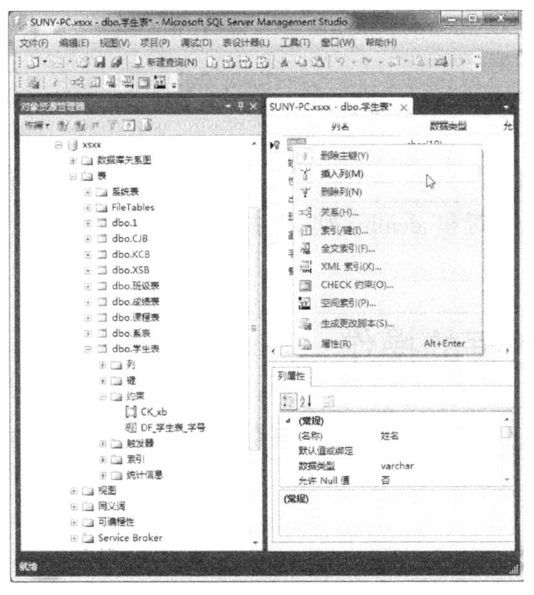

图 3-46　插入列

图 3-47　输入列名

（3）在【表设计器】窗口【列属性】中，展开【标识规范】属性，设置【(是标识)】属性值为“是”，分别设置【标识种子】值为“100”，设置【标识增量】值为“1”，如图 3-48 所示。

（4）保存并退出“学生表”，完成操作。

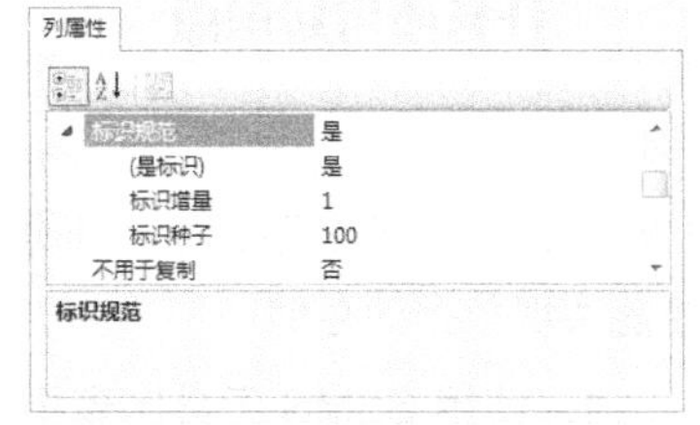

图 3-48　设置属性

2. 使用 T-SQL 语句创建 identity 列

使用 T-SQL 语句的 create table 和 alter table 命令可以创建 identity 列。

语法格式：

```
    Identity[(标识种子，标识增量)]
```

【案例 3.29】请使用 SQL Server Management Studio 在成绩表中插入“流水号”列，并将其设置为主键和 identity 列，其中初始种子值为 1，增量也为 1。

【操作命令】

```
Alter table 成绩表
Add 流水号 int identity(1, 1)primary key
Go
```

任务知识点分解

标识列的组成：创建一个标识列，通常要指定以下三个内容。

1. 类型

在 SQL Server 2000 中，标识列类型（type）必须是数值类型，如下所示。

```
decimal、int、numeric、smallint、bigint、tinyint
```

需要注意的是，当选择 decimal 和 numeric 时，小数位数必须为零。

另外，还要注意每种数据类型所表示的数值范围。

2. 种子

种子（seed）是指派给表中第一行的值，默认为 1。

3. 递增量

递增量（increment）指相邻两个标识值之间的增量，默认为 1。

实战演练

在表 Stu-score 中，插入 Sno 列，并将其设置为主键和 identity 列，其中初始种子值为 1，增量也为 1。

任务 5　表数据的操作

数据的操作主要包括数据表中数据的添加、修改、删除和查询，本任务主要介绍数据的添加、修改和删除，查询将在项目 5 中重点介绍。

子任务 1　插入记录

任务描述

掌握插入记录的方法。

任务所用知识点

插入记录。

数据库用表来存储和管理数据。一个表创建完成后，并不包含任何记录，必须向表中添加数据，才能实现数据的存储。

1. 使用 SSMS 工具向表中添加数据

【案例 3.30】将表 3-8 中的数据添加到学生表中。

表3-8 学生表数据

学　号	班级编号	家庭地址	手机号码
1101110102	011101	诸城市金东世纪城	1327463345
1101110103	011101	诸城市王家铁钩	1517687899
1101110104	011101	淄博市临淄区	1353252345
1101110105	011101	潍坊市青州	1363534366
1101110201	011102	淄博市淄川区	1357652354
1101110202	011102	烟台市	1368543636

【操作步骤】

在【对象资源管理器】窗口中，右击【学生表】选项，在打开的快捷菜单中选择【编辑前200行】命令，打开编辑窗口。在编辑窗口的表中输入表3.8中的数据，也可以在此界面中修改和删除已经输入的数据，如图3-49所示。

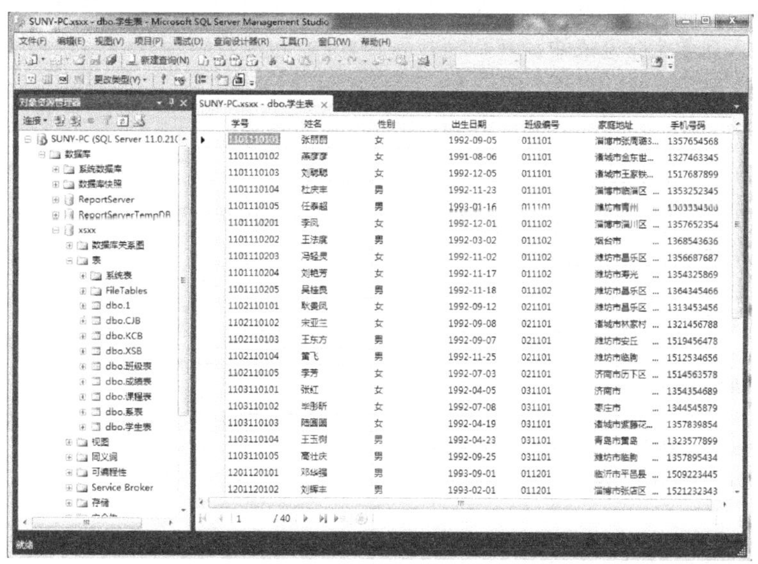

图3-49 编辑窗口

2. 使用insert values 语句添加数据

【案例 3.31】请在SQL Server Management Studio中用insert语句向学生表中添加新数据："1202120108"，"郑成功"，"男"，"1993-7-12"，"021201"，"潍坊市高青区"，"1504936867"。

【操作命令】

```
Use xsxx
Go
Insert into学生表（学号，姓名，性别，出生日期，班级编号，家庭地址，手机号码）
Values（'1202120108','郑成功'，'男'，'1993-7-12','021201'，'潍坊市高青区'，
'1504936867'）
Go
```

运行结果如图3-50所示。

使用insert values添加数据时，表名中包括的列清单可以省略，但省略后，values括号中的值的顺序和数量一定要与表的实际位置和数量一致。

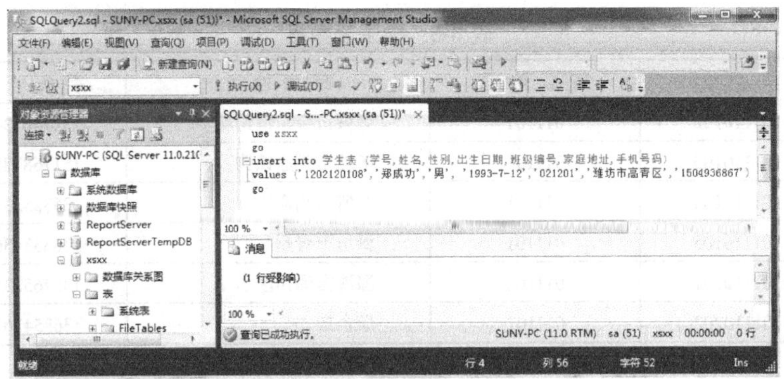

图 3-50　添加数据

3. 使用 insert select from 添加数据

使用 insert select from 语句，可以向已存在的并且和原表具有相同结构的表中添加数据。

【案例 3.32】请使用 SQL Server Management Studio 新建学生信息表，结构与学生表一致，将学生表中的数据插入到学生信息表中。

【操作命令】

```
Use xsxx
Go
Insert into 学生信息表
Select 学号，姓名，性别，出生日期，班级编号，家庭地址，手机号码
From 学生表
Go
```

运行结果如图 3-51 所示。

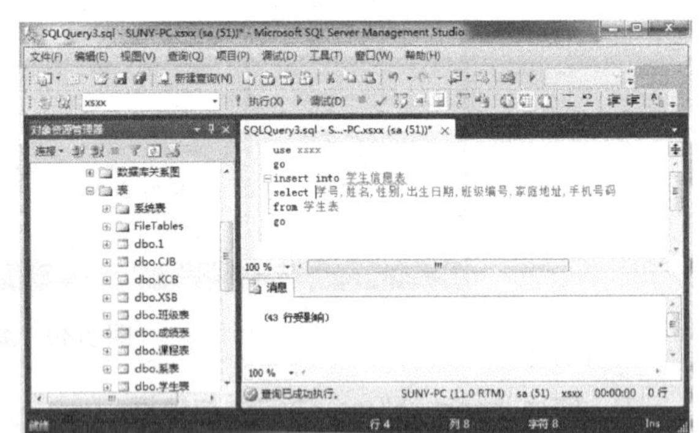

图 3-51　插入数据

 任务知识点分解

使用 insert values 语句可以将一条新的记录添加到一个已经存在的表中。

语法格式：

```
Insert[into] table-name
(column-list)
Values
({expression} [,…N])
```

参数说明：

into：可选关键字，用在 insert 和目录表之间。

table-name：将要接收数据的表或 table 变量的名称。

column-list：要在其中插入数据的一列或多列的列表，必须用圆括号将其括起来，并且列间以逗号进行分隔。

Values：用于引用要插入的数据值列表。column-list（如果已经指定）中或表中的每个列都必须有一个数值，必须用圆括号将值括起来，如果 values 列表中的值与表中列的顺序不相同，或未包含表中所有列的值，那么必须使用 column-list 明确地指定存储每个传入值的列。

expression：一个常量、变量或表达式，若是表达式，则不能包含 select 或 execute 语句。

实战演练

用 insert 语句向 Stu-info 中添加新数据："100001"，"张三"，"男"，"1997-8-9"，"2012 级计算机 1 班"。

子任务 2　查看记录

任务描述

掌握查看记录的方法。

任务所用知识点

查看记录。

1. 使用 SSMS 工具查看记录

【案例 3.33】请使用 SSM 工具查看学生表中的记录。

【操作步骤】

在【对象资源管理器】窗口中，右击【dbo.学生表】选项，在打开的快捷菜单中选择【选择前 1000 行】命令，打开【表查询分析器】窗口。在【表查询分析器】的表中查看学生表中的数据。查询结果如图 3-52 所示。

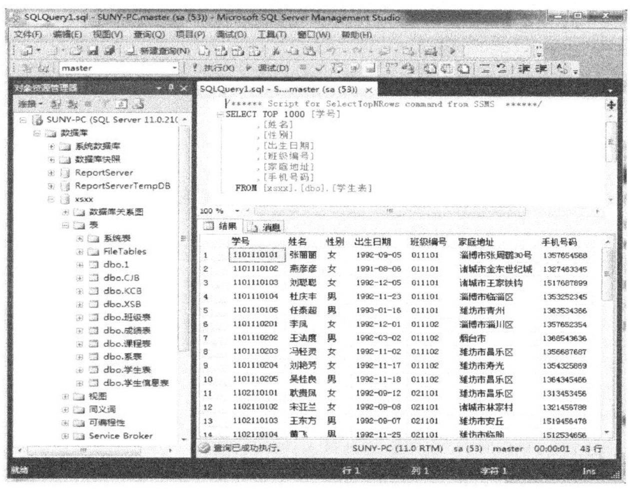

图 3-52　查询结果

2. 使用 T-SQL 的 select 命令来实现对表中数据的查询

语法格式：

```
Select* from table-name
```

【案例 3.34】请在 SQL Server Management Studio 中使用 T-SQL 语句查看学生表中的记录。

【操作命令】

```
Use xsxx
Go
Select* from 学生表
Go
```

运行结果如图 3-53 所示。

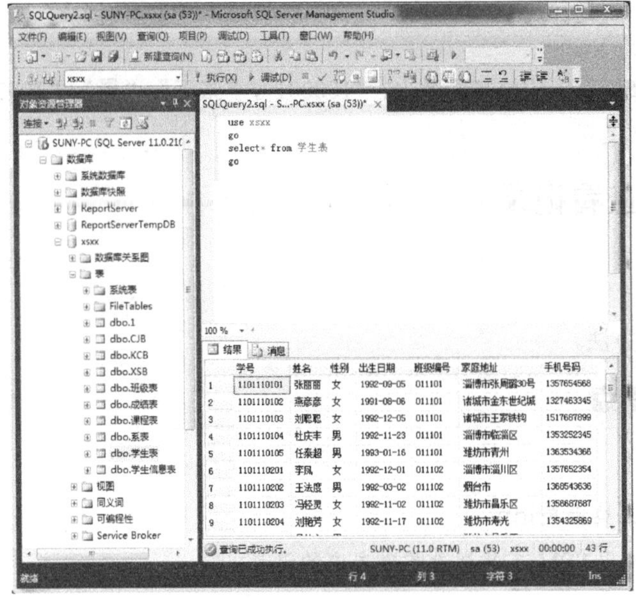

图 3-53　运行结果

任务知识点分解

使用 T-SQL 的 select 命令来实现对表中数据的查询。

Select 命令查询表中记录的语法格式：

```
Select* from table-name
```

实战演练

分别使用 SSMS 工具和 T-SQL 语句查看 Stu-info 中的记录。

子任务 3　修改记录

任务描述

掌握修改记录的方法。

任务所用知识点

修改记录。

在数据库实际运行过程中，有些数据会发生变化，这时就需要对表中的数据进行及时修改和更新。修改表中的数据既可以通过【表查询分析器】的图形界面，也可以通过编辑 T-SQL 语句来完成。

使用【表查询分析器】的图形界面操作起来比较简单，在【表查询分析器】界面中，直接修改数据，然后将其保存起来并退出即可。

使用 T-SQL 的 update 命令来实现对表中数据的修改可使用以下命令。

语法格式：

```
Update table-name
Set
columns-name= {expression|default|null}
} [,…N]
```

```
[from{<table-source>}[,…N]]
[where<search-condition>]
```

参数说明：

Set：用于指定要修改的列或变量名称的列表。

columns-name：含有要修改数据的列的名称。

expression|default|null：列值表达式。

提示：

当没有 where 子句指定修改条件时，表中所有记录的指定列被修改。若修改的数据来自另一个表，则需要使用 from 子句指定一个数据来源表。

【案例 3.35】请在 SQL Server Management Studio 中将课程表中的“C 语言”的学时值改为“60”。

【操作命令】

```
Use xsxx
Go
Update 课程表
Set 学时=60
Where 课程名称= 'C 语言'
Go
```

运行结果如图 3-54 所示。

【案例 3.36】请使用 SQL Server Management Studio 在学生表中，将学号为 1102110105 的学生的出生日期更新为 1992-08-30。

【操作命令】

```
Use xsxx
Go
Update 学生表
Set 出生日期='1992-08-30'
Where 学号='1102110105'
Go
```

运行结果如图 3-55 所示。

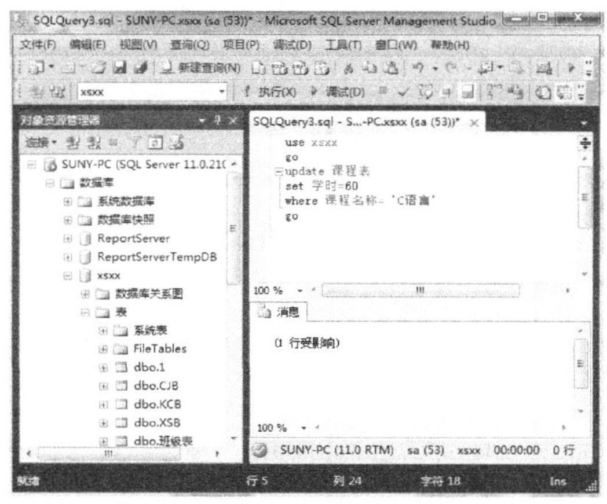

图 3-54　查询分析器窗口

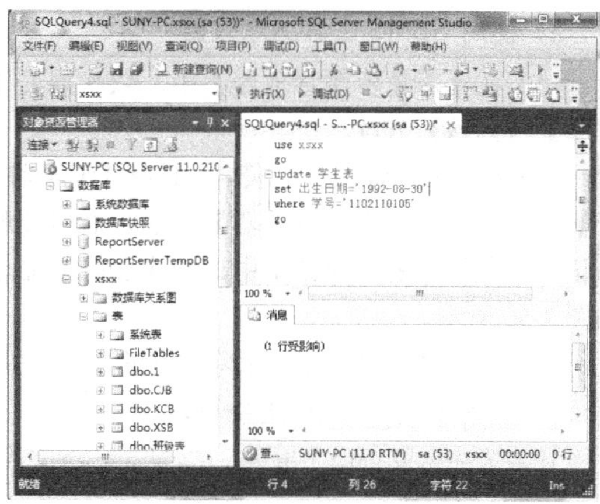

图 3-55　更新出生日期

任务知识点分解

使用 T-SQL 的 update 命令可实现对表中数据的修改。

语法格式：

```
Update table-name
Set
columns-name= {expression|default|null}
} [,…N]
[from{<table-source>}[,…N]]
[where<search-condition>]
```

参数说明：

Set：用于指定要修改的列或变量名称的列表。

columns-name：含有要修改数据的列的名称。

expression|default|null：列值表达式。

实战演练

将 Stu-course 中 GRADE 小于 50 的记录置为零。

子任务 4　删除记录

任务描述

掌握删除记录的方法。

任务所用知识点

删除记录。

对数据库系统运行过程中产生的无用数据，应该及时删除，避免过多地占用空间和影响查询的速度。

1. 使用 SSMS 工具删除数据

（1）在【对象资源管理器】中，依次展开【数据库】|【xsxx】节点。

（2）右击要删除数据的表名，选择【编辑前 200 行】命令，进入【查询设计器】界面，右击要删除的记录，在打开的快捷菜单中选择【删除】命令，如图 3-56 所示。

（3）保存并退出，完成删除数据的操作。

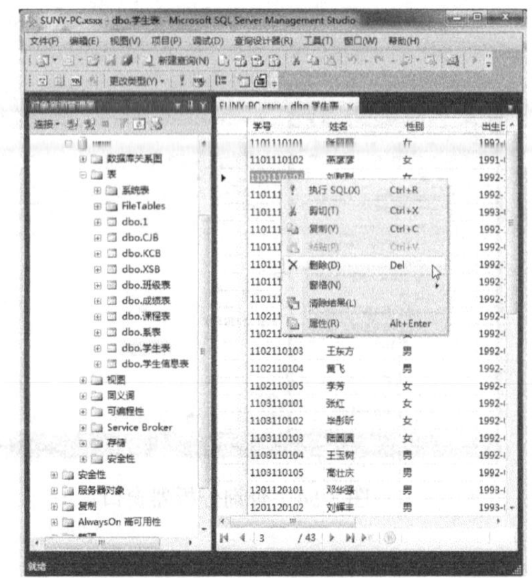

图 3-56　删除数据

2. 使用 T-SQL 语句删除数据

从表中删除数据时，最常用的是 delete 语句。

语法格式：

```
Delete table-name
[from{<table-source>}[,…N]]
[where
```

```
{<search-condition>}
]
<table-source>::=table-name[[as]table-alias][,…N]]
```

参数说明：

table-name：要从中删除行的表的名称。

from{<table-source>}：指定附加的 from 语句。

table-name[[as]table-alias]：为删除操作提供标准的表名。

where：指定用于限制删除行的限定条件。如果没有提供 where 子句，则删除表中所有行。

search-condition：指定删除行的限定条件。对搜索条件中可以包含的谓词数量没有限制。

【案例 3.37】请使用 SQL Server Management Studio 删除学生信息表中“男”学生的记录。

【操作命令】

```
Use xsxx
Go
Delete from 学生信息表 where 性别='男'
Go
```

运行结果如图 3-57 所示。

【案例 3.38】请使用 SQL Server Management Studio 删除学生信息表中所有的记录。

【操作命令】

```
Use xsxx
Go
Delete from 学生信息表
Go
```

运行结果如图 3-58 所示。

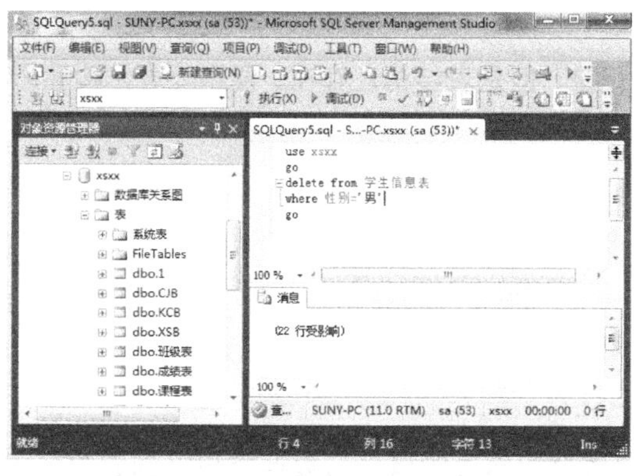

图 3-57　删除限定条件的行

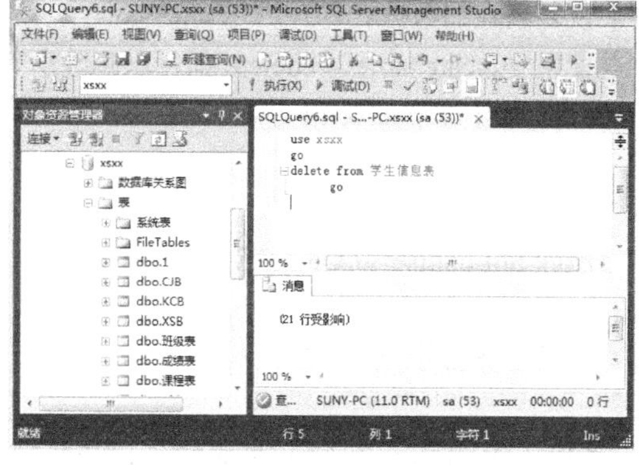

图 3-58　删除所有的记录

3. 使用 truncate table 删除数据

使用 truncate table 语句可以快速清空表的所有记录。

语法格式：

```
Truncate table table-name
```

参数说明：

Truncate table：清空表记录关键字。

table-name：要删除所有记录的表的名称。

【案例 3.39】在 SQL Server Management Studio 中使用 truncate table 语句删除学生信息表中的所

有记录。

【操作命令】

```
Truncate table 学生信息表
Go
```

运行结果如图 3-59 所示。

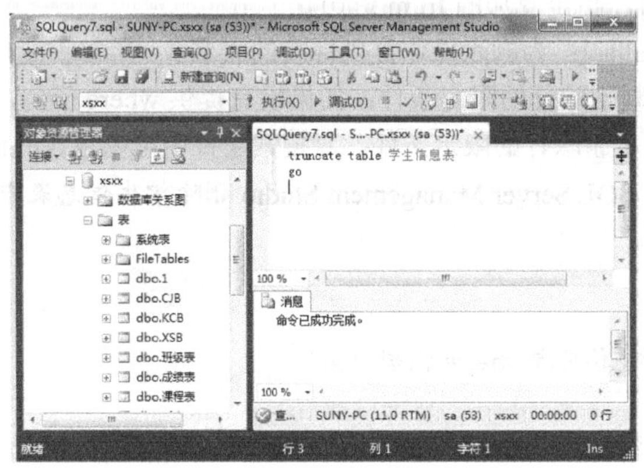

图 3-59 使用 truncate table 删除数据

任务知识点分解

使用truncate table 语句清空表格要比delete语句速度快，因为truncate table 操作不被记录日志，它将释放由表的数据和索引所占据的所有空间及所有为全部索引分配的页，删除的数据是不可恢复的。而 delete 语句则不同，它在删除每一行记录时都要把删除操作记录在日志中，可以通过事务回滚来恢复删除的数据。

使用 truncate table 和 delete 都可以删除所有的记录，但是表结构还存在。要删除表结构和所有记录可以使用 drop table 语句。

实战演练

删除 Stu-course 中 GRADE 小于 50 的记录。

知识串联

（1）SQL Server 2012 数据表的创建与管理主要包括数据表的概念与数据类型、创建数据表、管理数据表、数据的完整性和表数据的操作。

（2）可以使用 SQL Server 2012 创建和管理数据表。

① 使用 SSMS 创建数据库。

② 使用 T-SQL 语句创建数据库。

（3）通过数据的完整性约束建立数据库系统本身的维护机制，保证对数据库中的数据进行添加、修改和删除操作时，数据的正确无误和相关数据的一致性。除了要在数据操作时认真仔细外，更重要的是 SQL Server 2012 提供了约束、规则、默认、标识列、触发器和存储过程等维护机制来保证数据库中数据的正确性和一致性。

① 约束的定义。

② 查看、删除约束。

③ 规则。
④ 默认值。
⑤ identity 列。

基础练习

选择题

1．使用 T-SQL 创建表的语句是（　　）。
A．DELETE TABLE　　B．CREATE TABLE
C．ADD TABLE　　D．DROP TABLE

2．在 T-SQL 中，关于 NULL 值叙述正确的选项是（　　）。
A．NULL 表示空格
B．NULL 表示 0
C．NULL 既可以表示 0，又可以表示空格
D．NULL 表示空值

3．为数据表创建索引的目的是（　①　），可以在创建表时用（　②　）来创建唯一索引。
① A．提高查询的检索性能　　B．创建唯一索引
C．创建主键　　D．归类
② A．设置主键约束，设置唯一约束
B．CREATE TABLE，CREATE INDEX
C．设置主键约束，CREATE INDEX
D．以上都可以

4．SQL Server 的字符型系统数据类型主要包括（　　）。
A．int、money、char　　B．char、varchar、text
C．datetime、binary、int　　D．char、varchar、int

5．字符串常量使用（　　）作为定界符。
A．单引号　　B．双引号　　C．方括号　　D．大括号

6．表达式'123'+'456'的结果是（　　）。
A．'579'　　B．579　　C．'123456'　　D．'123'

7．下列函数中，返回值数据类型为 int 的是（　　）。
A．LEFT　　B．LEN　　C．LTRIM　　D．SUNSTRING

8．关系数据表的关键字可由（　　）列属性组成。
A．一个　　B．两个　　C．多个　　D．一个或多个

9．下面是有关主键和外键之间关系的描述，正确的是（　　）。
A．一个表中最多只能有一个主键约束和多个外键约束
B．一个表中最多只能有一个外键约束和一个主键约束
C．在定义主键外键时，应该首先定义主键约束，然后定义外键约束
D．在定义主键外键时，应该首先定义外键约束，然后定义主键约束

10．【表设计器】的“允许空”单元格用于设置该列是否可输入空值，实际上就是创建该列

的（　　）约束。

A．主键　　B．外键　　C．NULL　　D．CHECK

11．可使用下列操作中的（　　）为字段输入 NULL 值。

A．输入 NULL　　B．输入 <NULL>

C．将字段清空　　D．按 Ctrl+O 组合键

12．假设列中的数据变化规律如下，可以使用 IDENTITY 列定义的是（　　）。

A．1，2，3，4，5，…　　B．10，20，30，40，50，…

C．1，1，2，3，5，8，13，21，…　　D．2，4，6，8，10，…

13．关于索引描述错误的是（　　）。

A．表中的任何数据列都可以添加索引

B．创建索引的列最好不要含有许多重复的值

C．一般不给很少使用的列添加索引

D．并不是数据库中的聚集索引越多搜索效率就越高

14．应尽量创建索引的是（　　）。

A．在 WHERE 子句中出现频率较高的列

B．具有很多 NULL 值的列

C．记录较少的基本表

D．需要频繁更新的基本表

15．在一个表中，最多可以定义（　　）个聚集索引。

A．1　　B．2　　C．3　　D．多个

16．在查看关系图内容时，下面操作不能实现的是（　　）。

A．调整数据表大小　　B．调整数据表位置

C．自动排列数据表　　D．自定义数据表显示比例

17．对于 DROP TABLE 命令的解释正确的是（　　）。

A．删除表里的数据，保留表的数据结构

B．删除表里的数据，同时删除了表的数据结构

C．保留数据，删除表的数据结构

D．删除此表，并删除数据库里所有与此表有关联的表

18．CREATE TABLE 语句（　　）。

A．必须在数据表名称中指定表所属的数据库

B．必须指明数据表的所有者

C．指定的所有者和表名称组合起来在数据库中必须唯一

D．省略数据表名称时，自动创建一个本地临时表

19．下列叙述错误的是（　　）。

A．ALTER TABLE 语句可以添加字段

B．ALTER TABLE 语句可以删除字段

C．ALTER TABLE 语句可以修改字段名称

D．ALTER TABLE 语句可以修改字段数据类型

20．ALTER TABLE 语句可以（　　）。

A．同时修改字段数据类型和长度　　B．修改计算列

C．在添加字段时创建该字段的约束　　D．同时删除字段和字段约束

21．下面关于 UPDATE 语句错误的是（　　）。

A．可以使用 DEFAULT 关键字将字段设置为默认值

B．可以使用 NULL 关键字将字段设置为空值

C．可使用 UPDATE 语句同时修改多行

D．如果 UPDATE 语句中没有指定搜索条件，则默认只能修改第一行

22．表创建唯一索引后 SQL Server 将禁止（　　）语句向表中添加重复的键值行。

A．INSERT　　B．INSERT 或 UPDATE

C．UPDATE　　D．ADD

技能实训

1．在订单数据库中创建表

（1）使用 SQL 语句创建表产品信息。

产品信息表结构及其约束见表 3-9。

表 3-9　产品信息表结构及其约束

字段名	类型	宽度	可否为空	默认值	说明
产品编号	Char/Varchar	8	否		主索引
品名	Char/Varchar	40	否		
单位	Char/Varchar	10	否		
单价	数值型	8	否		1位小数
类别	Char/Varchar	20	否		
说明	Char/Varchar	100	可		

（2）使用 SQL 语句创建客户信息表、职工信息表和订单信息表，分别将客户编号和职工编号设置为主键，见表 3-10～表 3-12。

表 3-10　客户信息表

字段名	类型	宽度	可否为空	默认值	说明
客户编号	Char/Varchar	8	否		主键
客户姓名	Char/Varchar	40	否		
联系人编号	Char/Varchar	20	否		
地址	Char/Varchar	40	否		
邮编	Char/Varchar	6	否		
电话	Char/Varchar	12	否		
说明	Char/Varchar	100	可		

表 3-11　职工信息表

字段名	类型	宽度	可否为空	默认值	说明
职工编号	Char/Varchar	8	否		主键
职工姓名	Char/Varchar	40	否		
地址	Char/Varchar	40	否		
邮编	Char/Varchar	6	否		
电话	Char/Varchar	12	否		
说明	Char/Varchar	100	可		

表 3-12　订单信息表

字 段 名	类　型	宽　度	可否为空	默认值	说　明
编号	Char/Varchar	8	否		
产品编号	Char/Varchar	40	否		
数量	Char/Varchar	40	否		
客户编号	Char/Varchar	6	否		
收货地址	Char/Varchar	50	可		
运输方式	Char/Varchar	4	否		

2．管理表

（1）使用 T-SQL 语句添加和删除列。

练习 1：给职工信息表增加一列，字段名为“职工性别”，类型为 Char，长度为 2，允许为空值。

练习 2：在客户信息表中添加“客户年龄”列，字符型，长度为 2。

（2）使用 T-SQL 语句修改产品信息表中“单位”列的数据类型为 varchar，长度为 50.

3．删除表

在查询分析器中，将已保存的订单数据库.sql 打开，运行并重建产品信息表。

4．完整性、规则和约束

（1）联系人编号是职工信息表里的职工编号。

（2）运输方式只包括汽运、船运、机运，可做约束和规则。

（3）外键约束，见表 3-13。

表 3-13　外键约束

主 键 表	外 键 表
产品信息表的“产品编号”	订单信息表的“产品编号”
客户信息表的“客户编号”	订单信息表的“客户编号”
职工信息表的“职工编号”	客户信息表的“联系人编号”

项目 4

数据查询

教学聚集

T-SQL 语句是连接人和数据库系统之间的一座桥梁，使用 SQL 语言来进行人与数据库之间的信息交流。数据查询是 T-SQL 语句中的重点语句，它结构灵活、功能丰富，是用户查找数据的好帮手。

知识目标

- 掌握 SELECT 语句的通用格式；
- 掌握简单查询操作；
- 掌握条件查询操作；
- 掌握排序查询、计算查询、分组查询操作；
- 掌握连接查询操作；
- 掌握子查询操作；
- 掌握联合查询操作；
- 更改数据库中的数据。

技能目标

学会使用多种查询方法，对数据表中的数据进行查询。

课时建议

8 课时。

课前预习

- 数据查询核心指令是什么？
- 主要有哪几种数据查询？

项目描述

某学院教务处想废除用纸张进行的学生信息管理而改用数据库来管理。如果让我们来承担该学院系统数据库的设计任务，则可以 SQL Server 2012 作为开发数据库的平台，首先在计算机上安装 SQL Server 2012 数据库管理系统，然后创建数据库和数据表并进行管理。那么需要使用数据时，该怎样做呢？

项目分析

利用数据的前提是需要从数据库中查询出所需要的数据。根据项目的需求，可以将该项目分为 8 个任务：SELECT 语句；简单查询；条件查询；排序查询；计算、分组、连接查询；子查询；联合查询；更改数据库中的数据。

导读：

所谓数据查询就是用户发出一个数据请求，按照指定的条件，从数据库的相关表中找到满足条件的信息的过程。数据查询涉及两个方面：一是用户指定查询条件，二是系统进行处理并把查询结果返回给用户。SQL Server 2012 中的数据查询是基于 SQL 语言来实现的，本章将介绍在 SQL Server 2012 中使用 SQL 语言对数据进行查询的各种操作。

SQL 是 Structured Query Language（结构化查询语言）的缩写，它是一种综合的、功能极强又简洁易学的语言，集数据查询、数据操纵、数据定义和数据控制于一体，这使得它被用户和业界接受，成为国际标准。

SQL 语言的核心功能是查询，故查询命令也称为 SELECT 命令，它的主要功能是实现源数据的筛选、投影和连接操作，并能够完成筛选字段重命名，对源数据组合、分类汇总、排序等具体操作，具有非常强大的数据查询功能。

任务 1　SELECT 语句

子任务 1　SELECT 语句的通用格式

任务描述

掌握 SELECT 语句的通用格式。

要求：显示学生表中的信息。

任务所用知识点

Select 语句。

【案例 4.1】显示学生表中的信息。

【操作步骤】

（1）单击【新建查询】按钮，在光标所在处输入如下 T-SQL 语句。

```
Use xsxx
Go
Select *
From 学生表
```

（2）单击【执行】按钮，运行结果如图 4-1 所示，显示了学生表中的所有数据。

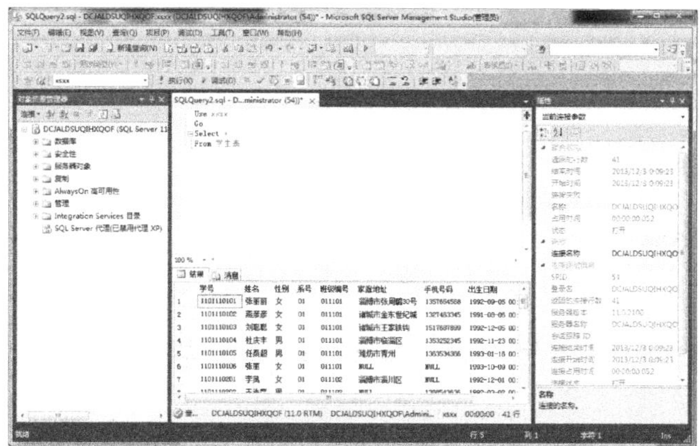

图 4-1　查询结果

任务知识点分解

SELECT 语句是数据库最基本的语句之一，也是 SQL 编程技术最常用的语句。SELECT 语句是数据库实现查询功能的方式，以关键字 SELECT 开头，使用子句指定查询规则。

语法格式：

```
SELECT 目标项列表或<目标列表达式>…[INTO 新表]
FROM 表名或视图名
[WHERE <条件表达式>]
```

实战演练

使用 stu 数据库，查询 Stu_score 表中的所有信息，查询 Stu_course 表中的所有信息。

stu 数据库的建立见项目 2 的实战演练，其表结构见表 4-1～表 4-3。

表 4-1　表 Stu_info

列 名 称	数 据 类 型	列 长 度	是否允许空
ID	Char/Varchar		否
NAME	Char/Varchar		否
SEX	Char/Varchar		否
BIRTHDAY	Datetime		是
CLASS	Char/Varchar		否

表 4-2　表 stu_course

列 名 称	数 据 类 型	列 长 度	是否允许空
CID	Char/Varchar		否
CNAME	Char/Varchar		否

表 4-3　表 stu_score

列 名 称	数 据 类 型	列 长 度	是否允许空
ID	Char/Varchar		否
CID	Char/Varchar		否
GRADE	Int 或 Tinyint		否

子任务 2　目标项列表

 **任务描述**

了解目标项列表。

要求：找到目标项列表。

任务所用知识点

目标项列表。

【案例 4.2】查询学生表中学号、姓名、班级编号、性别的信息。

【操作步骤】

（1）单击【新建查询】按钮，在光标所在处输入如下 T-SQL 语句。

```
Use xsxx
Go
Select  学号,姓名,班级编号,性别
From 学生表
Go
```

（2）单击【执行】按钮，运行结果如图 4-2 所示，显示学生表中的所有数据。

（3）上面的语句“Select　学号,姓名,班级编号,性别”中的“学号,姓名,班级编号,性别”就是这个查询中的目标项列表。

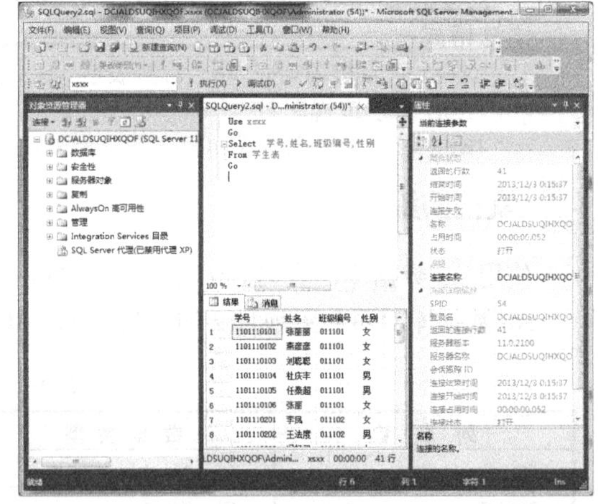

图 4-2　查询结果

 **任务知识点分解**

目标项列表又被称为目标列名表或目标列表，它是指定的在结果中显示的列或列的表达式的集合。

语法格式：

```
SELECT 目标项列表[INTO 新表]
FROM 表名或视图名
```

任务 2　简单查询

当 SQL Server 2012 安装完成之后，SQL Server 安装程序自动创建了一些系统数据库、样例数据库以及系统表，用户自己也可以创建数据库。

子任务 1　查询表中指定的列

 **任务描述**

使用语句查询指定列。

要求：查询学生表中的学号和姓名；查询课程表中的课程名称。

任务所用知识点

使用 select 语句查询指定列。

【案例 4.3】 查询学生表中的学号和姓名。

【操作步骤】

（1）单击【新建查询】按钮，在光标所在处输入如下 T-SQL 语句。

```
Use xsxx
Go
Select  学号,姓名
From 学生表
go
```

（2）单击【执行】按钮，运行结果如图 4-3 所示，显示查询数据。

【案例 4.4】 查询课程表中的课程名称。

【操作步骤】

（1）单击【新建查询】按钮，在光标所在处输入如下 T-SQL 语句。

```
Use xsxx
Go
Select  课程名称
From 课程
go
```

（2）单击【执行】按钮，运行结果如图 4-4 所示，显示查询数据。

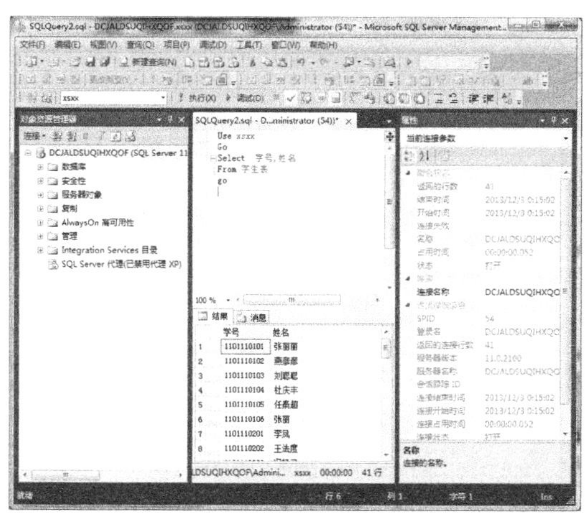

图 4-3　学号和姓名的查询结果

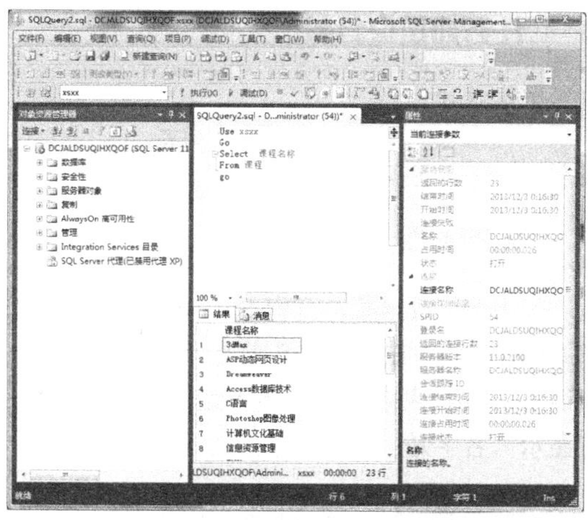

图 4-4　课程名称的查询结果

任务知识点分解

语法格式：

```
SELECT 指定列
FROM 表名或视图名
GO
```

实战演练

使用 stu 数据库，查询 Stu_score 表中的 ID 和 GRADE；查询 Stu_info 表中的 ID、NAME、SEX。

子任务 2　目标项列表中使用常量

任务描述

使用常量。

要求：查询班级表中的班级编号、班级，显示结果如下。

```
班级编号        班级
011101       该班级名称为：11 级计算机应用技术班
........       .........................................
```

任务所用知识点

目标项列表中常量的使用方法。

【案例 4.5】 查询班级表中的班级编号、班级，并添加“该班级名称为：”。

【操作步骤】

（1）单击【新建查询】按钮，在光标所在处输入如下 T-SQL 语句。

```
Use xsxx
Go
Select  班级编号,'该班级名称为：',班级
From  班级
go
```

（2）单击【执行】按钮，运行结果如图 4-5 所示，显示查询数据。

任务知识点分解

语法格式：

```
Select  '常量' 目标项列表
From 表名或视图名
```

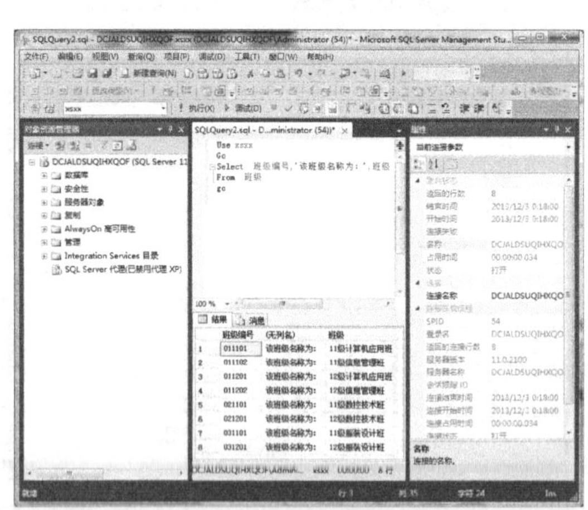

图 4-5　使用常量的查询结果

实战演练

使用 stu 数据库，查询 Stu_score 表中的 ID 和 GRADE，并在 GRADE 前显示“成绩是：”；查询 Stu_info 表中的 ID、NAME，并在 NAME 前显示“名字是：”。

子任务 3　表别名的使用

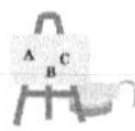

任务描述

使用语句进行表别名的应用。

要求：定义学生表的别名为 stu。

任务所用知识点

使用语句来定义表别名。

【案例 4.6】 查询学生表中的学号、姓名、性别，并定义学生表的别名为 stu。

【操作步骤】

（1）单击【新建查询】按钮，在光标所在处输入如下 T-SQL 语句。

```
Use  xsxx
Go
Select 学号 ,姓名,性别
From 学生表 stu
go
```

（2）单击【执行】按钮，运行结果如图 4-6 所示，显示查询数据。

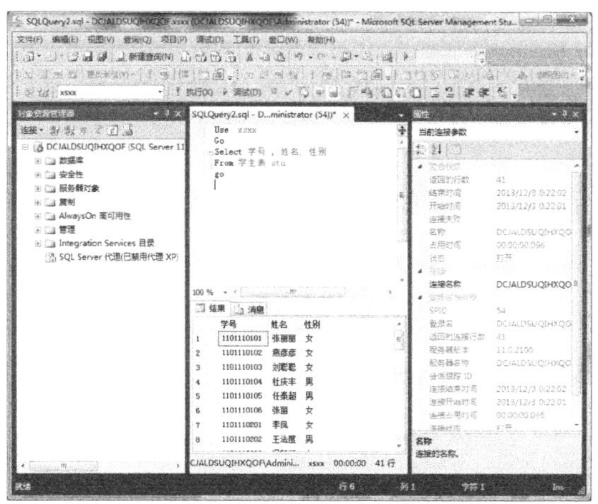

图 4-6　定义表别名后的查询结果

提示：

表别名要简洁，且具有一定意义。

任务知识点分解

语法格式：

```
SELECT 目标项列表
FROM 表名 别名
```

实战演练

使用 stu 数据库，将 Stu_score 表定义别名为“成绩”；Stu_info 表定义别名为“学生信息”；Stu_course 表定义别名为“课程信息”。

子任务 4　为目标列定义别名

任务描述

使用语句为目标列定义别名。

要求：查询学生表中的学号、姓名、性别，其别名定义为 number、name、sex。

任务所用知识点

- 列别名=列名称（或者‘列别名’=列名称），为表达式列定义别名；
- 列别名和列名称之间用空格间隔，为表达式列定义别名；

- 列名称 as 列别名（或者列名称 as ‘列别名’），为表达式列定义别名。

【案例 4.7】使用'列别名'=列名称，查询学生表中的学号、姓名、性别，其别名定义为 number、name、sex。

【操作步骤】

（1）单击【新建查询】按钮，在光标所在处输入如下 T-SQL 语句。

```
Use xsxx
Go
Select 'number'=学号 ,'name'=姓名,'sex'=性别
From 学生表
go
```

（2）单击【执行】按钮，运行结果如图 4-7 所示，显示查询数据。

提示：

'列别名'=列名称：列别名和列名称之间用“=”连接。

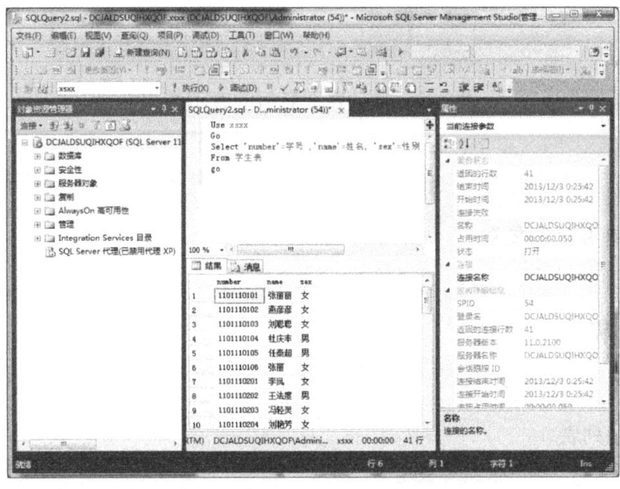

图 4-7　为表达式列定义别名后的结果（一）

【案例 4.8】使用列名称　'列别名'，查询学生表中的学号、姓名、性别，其别名定义为 number、name、sex。

【操作步骤】

（1）单击【新建查询】按钮，在光标所在处输入如下 T-SQL 语句。

```
Use xsxx
Go
Select 学号 'number' ,姓名 'name',性别 'sex'
From 学生表
go
```

（2）单击【执行】按钮，运行结果如图 4-8 所示，显示查询数据。

提示：

列名称　'列别名'：列别名和列名称之间用空格间隔。

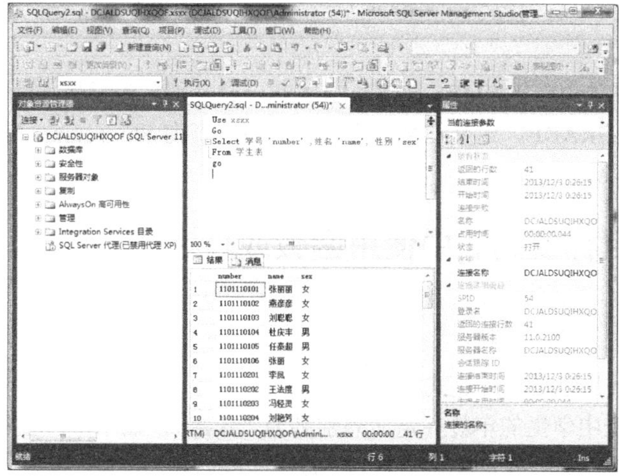

图 4-8　为表达式列定义别名后的结果（二）

【案例 4.9】使用列名称 as '列别名'，查询学生表中的学号、姓名、性别，其别名定义为 number、name、sex。

【操作步骤】

（1）单击【新建查询】按钮，在光标所在处输入如下 T-SQL 语句。

```
Use xsxx
Go
Select 学号 as 'number' ,姓名 as 'name',性别 as 'sex'
From 学生表
go
```

（2）单击【执行】按钮，运行结果如图 4-9 所示，显示查询数据。

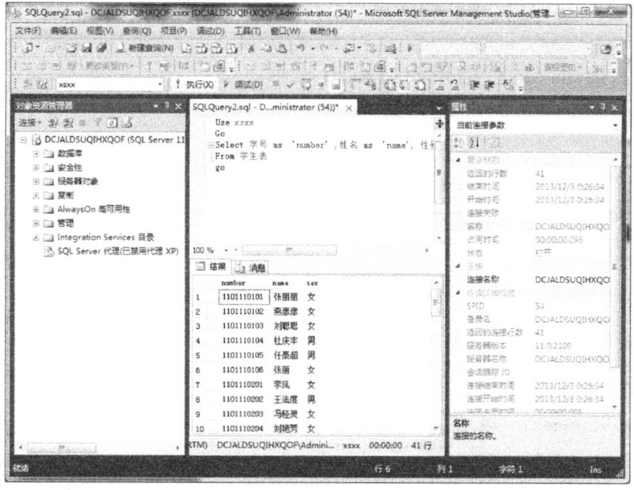

图 4-9　为表达式列定义别名后的结果（三）

提示：

列名称 as '列别名'：列别名和列名称之间用“as”间隔。

这里的为目标列定义别名并不是更改数据表中的列标题，只是更改查询结果中的列标题。

实战演练

查询 Stu_info 表中的 ID、NAME、SEX、CLASS，定义别名为学号、姓名、性别、班级；查询 Stu_score 表中的 ID、GRADE，定义别名为学号、成绩；查询 Stu_course 表中的 CID、CNAME，定义别名为课程编号、课程名称。

子任务 5　目标项列表中使用函数或表达式

任务描述

在目标项列表中使用函数或表达式。

要求：计算学生表中学生的年龄并定义列别名为“年龄”，显示“该生年龄为:”；查询学生表中学生的最大年龄和平均年龄并定义列别名为“最大年龄”和“平均年龄”，显示 “最大年龄为:”和“平均年龄为:”；查询学生的平均成绩和最高成绩，并显示“平均成绩为:”和“最高成绩为:”；成绩变为成绩+1。

任务所用知识点

使用函数或表达式来查询所需数据。

【案例 4.10】计算学生表中学生的年龄并定义列别名为“年龄”，显示“该生年龄为:”。

【操作步骤】

（1）单击【新建查询】按钮，在光标所在处输入如下 T-SQL 语句。

```
Use  xsxx
Go
Select  姓名,'该生年龄为: ',year(getdate())-year(出生日期)  as  '年龄'
From  学生表
Go
```

（2）单击【执行】按钮，运行结果如图 4-10 所示。

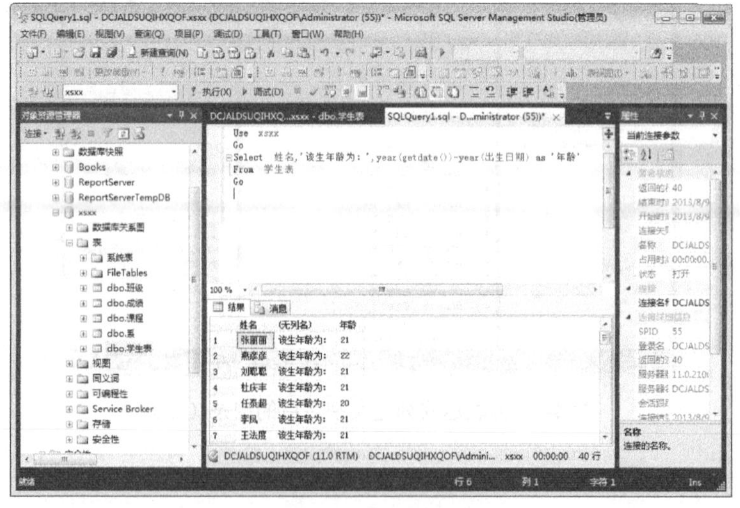

图 4-10　显示学生年龄

【案例 4.11】查询学生表中学生的最大年龄和平均年龄并定义列别名为“最大年龄”和“平均

年龄”，显示“最大年龄为:”和“平均年龄为:”。

【操作步骤】

（1）单击【新建查询】按钮，在光标所在处输入如下T-SQL语句。

```
Use  xsxx
Go
Select  '最大年龄为：',max(year(getdate())-year(出生日期)) as 最大年龄,'平均年龄为：',AVG(year(getdate())-year(出生日期))as 平均年龄
From  学生表
Go
```

（2）单击【执行】按钮，运行结果如图4-11所示。

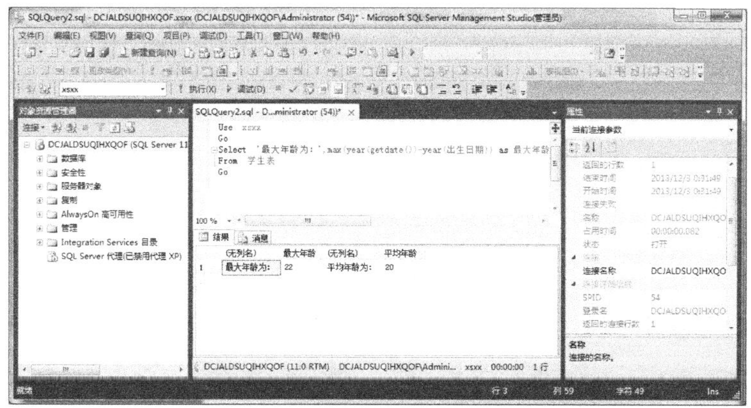

图4-11　学生的平均年龄和最大年龄

【案例4.12】查询学生的平均成绩和最高成绩，并显示“平均成绩为:”和“最高成绩为:”。

【操作步骤】

（1）单击【新建查询】按钮，在光标所在处输入如下T-SQL语句。

```
Use  xsxx
Go
Select  '最高成绩为：',max(成绩),'平均成绩为：',AVG(成绩)
From  成绩
Go
```

（2）单击【执行】按钮，运行结果如图4-12所示。

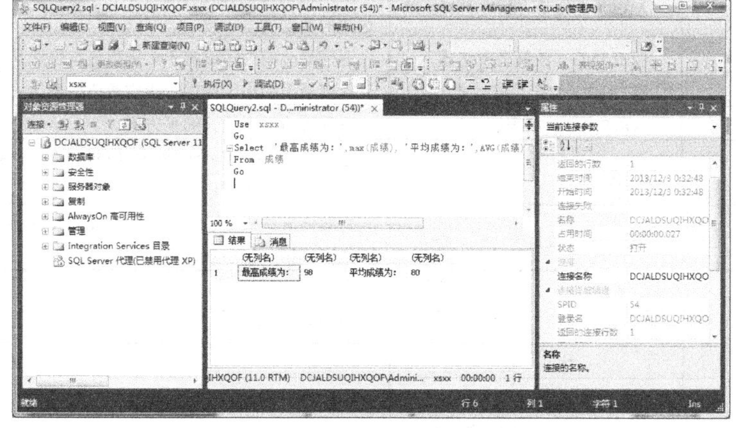

图4-12　学生的平均成绩和最高成绩

【案例 4.13】查询学生的学号、成绩，成绩变为成绩+1，原始成绩如图 4-13 所示。

【操作步骤】

（1）单击【新建查询】按钮，在光标所在处输入如下 T-SQL 语句。

```
Use  xsxx
Go
Select 学号,成绩+1 as '成绩'
From  成绩
Go
```

（2）单击【执行】按钮，运行结果如图 4-14 所示。

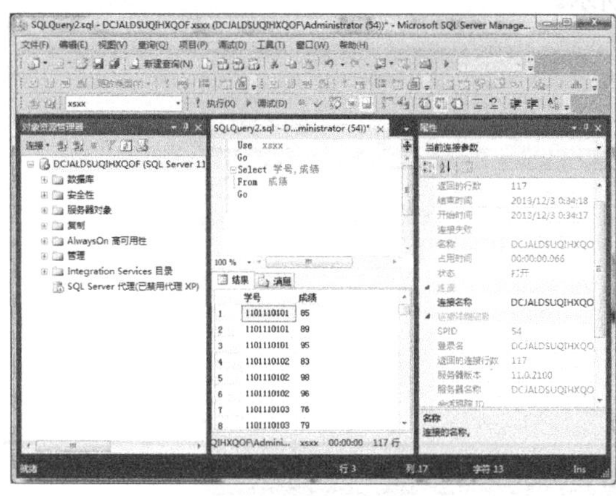

图 4-13　原始成绩

图 4-14　加 1 后的成绩

任务知识点分解

语法格式：

```
SELECT  函数（列名）或表达式
FROM  表名或视图名
```

常用函数见表 4-4～表 4-7。

表 4-4　常用数学函数

名　称	格　式	功　能
求绝对值函数	ABS（数值型表达式）	返回数值型表达式的绝对值，返回的数据类型与输入的参数表达式的数据类型一致
向上取整函数	CEILING（数值型表达式）	返回最小的大于或等于给定数值型表达式的整数值
向下取整函数	FLOOR（数值型表达式）	返回最大的小于或等于给定数值型表达式的整数值
求平方根函数	SQRT（数值型表达式）	返回数值型表达式的平方根
随机函数	RAND()	返回 0～1 中的一个随机数，如要返回 A～B 之间的一个随机数，遵循公式 A+RAND()*（B-A）
四舍五入函数	ROUND（数值表达式，整数）	将数值表达式四舍五入，0 表示只保留整数部分，是否舍入由小数点后第一位小数值决定

表 4-5　常用字符串函数

名　称	格　式	功　能
字符串长度函数	LEN（字符串表达式）	返回字符串表达式的长度
左侧截取字符串函数	LEFT（字符型表达式，整型表达式）	返回字符串型表达式最左边开始给定的整数个字符

续表

名　称	格　式	功　能
右侧截取字符串函数	RIGHT（字符串表达式，整型表达式）	返回字符串型表达式最右边开始的给定的整数个字符
截取字符串函数	SUBSTRING（字符串，开始位置表达式，结束位置表达式）	返回字符串中从开始位置到结束位置之间的字符串子串
替换函数	STUFF（字符型表达式1，开始位置，长度，字符型表达式2）	将字符型表达式1从开始位置截取给定长度的子串，由字符型表达式2代替
删除空格函数	LTRIM（字符型表达式）	删除给定字符串左端的空格
查找字符串函数	CHARINDEX（字符型表达式1，字符型表达式2[，开始位置]）	在字符型表达式2中从指定的开始位置查找字符型表达式1，如找到返回字符型表达式1在字符型表达式2中的开始位置，如未找到返回0。开始位置默认为1

表4-6　常用日期函数

名　称	格　式	功　能
系统时间函数	GETDATE()	返回当前的系统时间
以整数形式返回指定日期部分的函数	DATEPART（datepart,date）	以整数形式返回指定的date类型数据的指定日期部分
实现日期加减的函数	DATEADD（datepart,number,date）	在给定的日期的基础上，加上一个整型值，返回加上整型值后的日期
返回特定日期部分的函数	DAY（date）/MONTH（date）/YEAR（date）	分别返回日期中的day、month和year部分的值

表4-7　常用统计函数

名　称	格　式	功　能
COUNT函数的使用	COUNT（*）	COUNT（*）函数会计算出一个结果集中的所有行数，包括重复的行和空值的行
	COUNT（列名）	COUNT(列名)函数可以用来计算表达式返回的非空值的数目。默认的情况下重复项是都计算在内的，如果想对重复项只统计一次，可使用DISTINCT关键字
SUM函数	SUM（列名）	该函数将数值表达式中所有的非空值相加，然后返回最后得到的总数。 需要说明的是，如果所有行的数值表达式都为空值或者FROM子句和WHERE子句共同返回一个空的结果集，则SUM会返回一个空值
AVG函数	AVG（列名）	另一个用于统计的函数是AVG函数，该函数用来计算一个数值表达式的所有非空值的平均值
MAX函数	MAX（列名）	使用MAX函数可以找到一个值表达式结果中的最大值。MAX函数能够处理任何类型的数据，其返回值取决于所处理的数据
MIN函数	MIN（列名）	MIN函数可以找出一个值表达式返回的最小值

实战演练

查询Stu_info表中的行数（数目）；查询Stu_score表中的GRADE列的总和值、平均值、最大值和最小值；查询Stu_course表中的行数（数目）。

子任务6　删除重复行

任务描述

使用语句删除表中的重复行。

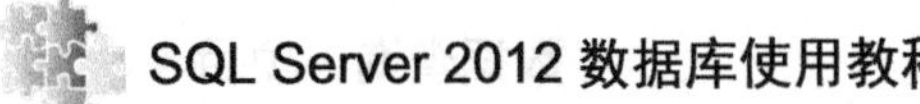

要求：显示成绩表中学号，删除重复行。

任务所用知识点

使用 DISTINCT 语句来删除表中的重复行。

【案例 4 14】 显示成绩表中的“学号”，删除重复行。

【操作步骤】

（1）显示成绩表中的学号。

① 单击【新建查询】按钮，在光标所在处输入如下 T-SQL 语句。

```
Use xsxx
Go
Select  学号
From 成绩
go
```

② 单击【执行】按钮，运行结果如图 4-15 所示，会有重复的学号。

（2）删除重复行。

① 单击【新建查询】按钮，在光标所在处输入如下 T-SQL 语句。

```
Use xsxx
Go
Select  distinct 学号
From 成绩
go
```

② 单击【执行】按钮，运行结果如图 4-16 所示，显示查询数据。

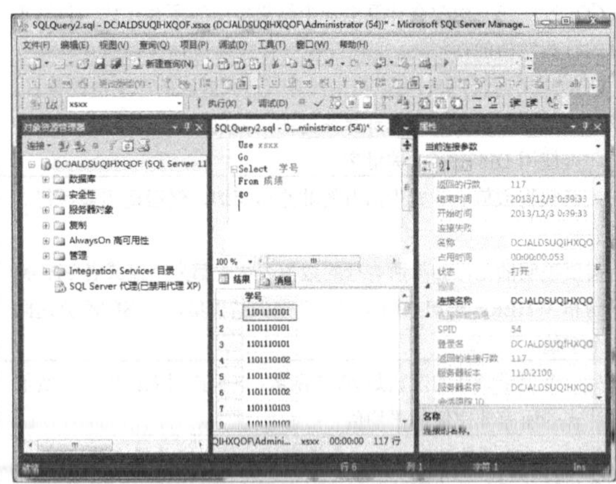

图 4-15　显示学号

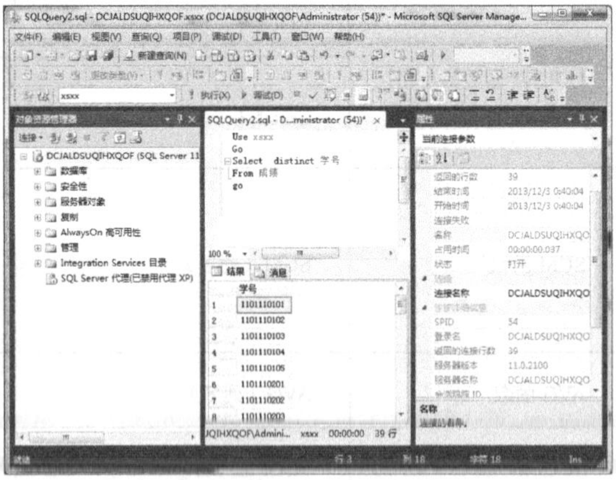

图 4-16　重复学号去掉后的结果

任务知识点分解

语法格式：

```
SELECT  DISTINCT  列名
FROM  表名或视图名
```

提示

这里的删除重复行并不是删除数据表中的重复行，只是删除查询结果中的重复行。

实战演练

查询 Stu_score 表中的 ID 列，并删除 Stu_score 表中的 ID 列的重复值。

子任务 7　限制返回行数

任务描述

使用查询语句返回前 n 行的数据。

要求：查询学生表中学生的学号、姓名和性别，只显示前 5 行；查询学生表中学生的学号、姓名和性别，只显示前 10%。

任务所用知识点

使用 TOP 语句来返回表中前 n 行的数据。

【案例 4.15】只显示学生表中前 5 行学生的学号、姓名和性别。

【操作步骤】

（1）单击【新建查询】按钮，在光标所在处输入如下 T-SQL 语句。

```
Use xsxx
Go
Select  top 5 学号,姓名,性别
From 学生表
go
```

（2）单击【执行】按钮，运行结果如图 4-17 所示，结果中会有重复的学号。

【案例 4.16】只显示学生表中前 10%学生的学号、姓名和性别。

【操作步骤】

（1）单击【新建查询】按钮，在光标所在处输入如下 T-SQL 语句。

```
Use xsxx
Go
Select  top  10  percent 学号,姓名,性别
From 学生表
go
```

（2）单击【执行】按钮，运行结果如图 4-18 所示，其中会有重复的学号。

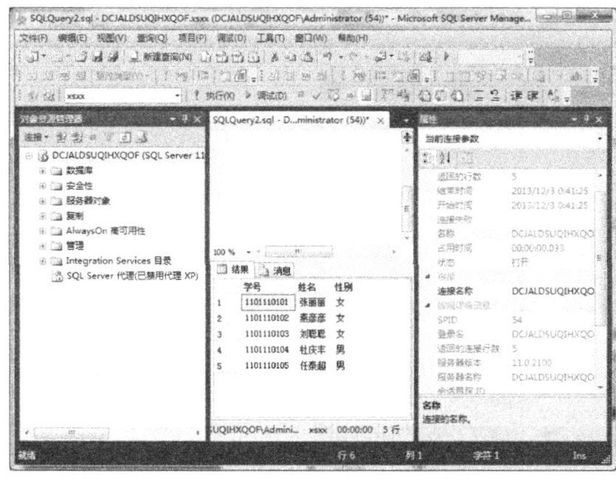

图 4-17　只显示前 5 行的结果

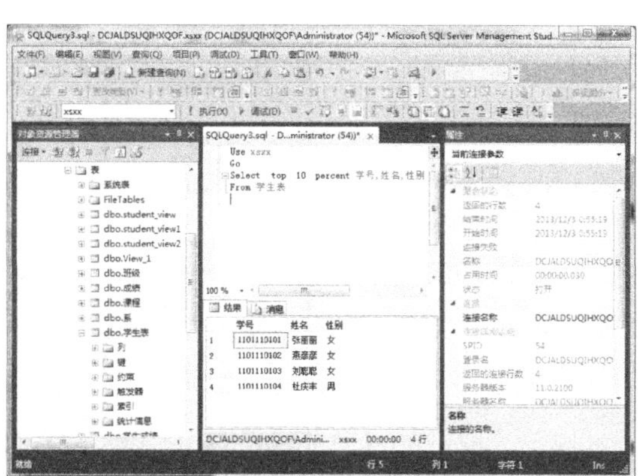

图 4-18　只显示前 10%的结果

任务知识点分解

语法格式：

```
SELECT  TOP  n  目标项列表 --返回前 n 行
SELECT  TOP  n  PERCENT 目标项列表 --返回前 n%行
```

实战演练

查询 Stu_info 表中的 ID、NAME、SEX 列，且只显示前 6 行；查询 Stu_score 表中的 ID、GRADE 列，且只显示前 20%的行；查询 Stu_course 表中的 CNAME，且只显示前 3 行。

任务 3　条件查询

子任务 1　以比较运算为条件

任务描述

使用语句进行以比较运算为条件的查询。

要求：查询学生表中性别男，出生于 1992 年及以后的学生的姓名、出生日期。

任务所用知识点

使用 WHERE 子句进行以比较运算为条件的查询。

【案例 4.17】 查询学生表中性别为男，出生于 1992 年及以后的学生的姓名、出生日期。

【操作步骤】

（1）单击【新建查询】按钮，在光标所在处输入如下 T-SQL 语句。

```
Use xsxx
Go
Select  姓名,出生日期
From 学生表
Where 性别='男'  and  出生日期>=1992-01-01
go
```

（2）单击【执行】按钮，运行结果如图 4-19 所示。

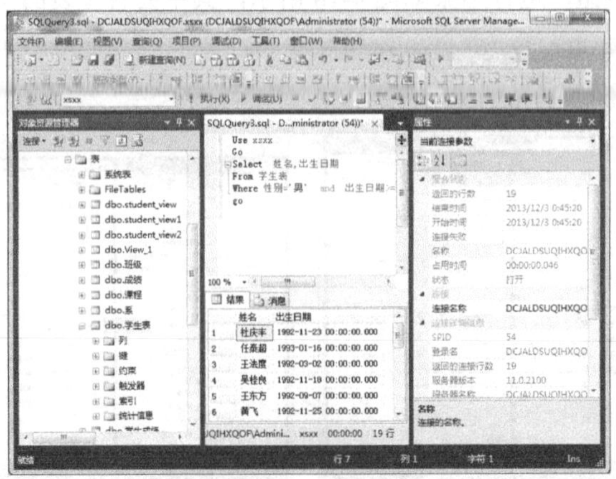

图 4-19　查询结果

任务知识点分解

通过 WHERE 子句可以查询满足指定条件的元组，条件可以是一个也可以是多个。

语法格式：

```
WHERE <条件表达式>
```

以比较运算为条件主要指的是以运算符为条件。运算符是在两个表达式之间指定比较的。运算符可分为比较运算符和逻辑运算符，见表 4-8 和表 4-9。

表 4-8 比较运算符

运 算 符	含 义
=	等于
>	大于
<	小于
>=	大于等于
<=	小于等于
<>	不等于
!=	不等于
!>	不大于
!<	不小于

表 4-9 逻辑运算符

运 算 符	含 义
and	与
or	或
not	非

实战演练

查询 Stu_info 表中的 SEX 为“男”，且班级为 11 级计算机应用技术的学生；查询 Stu_score 表中 GRADE>80 的 ID 和 GRADE。

子任务 2 以确定范围为条件

任务描述

使用语句进行以范围为条件的查询。

要求：查询学生表中于 1990—1992 年出生的学生姓名、出生日期；年龄为 19—21 岁的学生姓名，以及不在此范围内学生的姓名、出生日期。

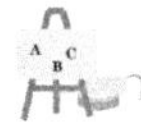

任务所用知识点

使用 BETWEEN…AND…和 NOT BETWEEN…AND…查询满足指定范围的元组。

【案例 4.18】查询学生表中于 1990—1992 年出生的学生姓名、出生日期。

【操作步骤】

（1）单击【新建查询】按钮，在光标所在处输入如下 T-SQL 语句。

```
Use xsxx
```

```
Go
Select  姓名,出生日期
From 学生表
Where  出生日期 between '1990-01-01'  and  '1992-12-31'
Go
```

这里也可以把“Where　出生日期 between '1990-01-01'　and　'1992-12-31'”改为“Where　出生日期>='1990-01-01'　and　出生日期<='1992-12-31'”。

（2）单击【执行】按钮，运行结果如图 4-20 所示。

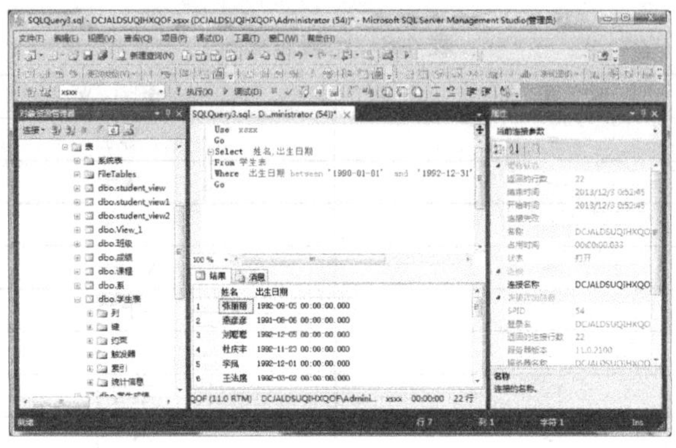

图 4-20　1990—1992 年出生的学生信息

【案例 4.19】查询学生表中年龄为 19～21 岁的学生的姓名、出生日期。

【操作步骤】

（1）单击【新建查询】按钮，在光标所在处输入如下 T-SQL 语句。

```
Use  xsxx
Go
Select  姓名,出生日期
From  学生表
Where  year(getdate())-year(出生日期) between 19  and  21
Go
```

这里也可以把“Where　year(getdate())-year(出生日期) between 19 and 21”改为“Where year(getdate())-year(出生日期)>=19　and　year(getdate())-year(出生日期)<=21”。

（2）单击【执行】按钮，运行结果如图 4-21 所示。

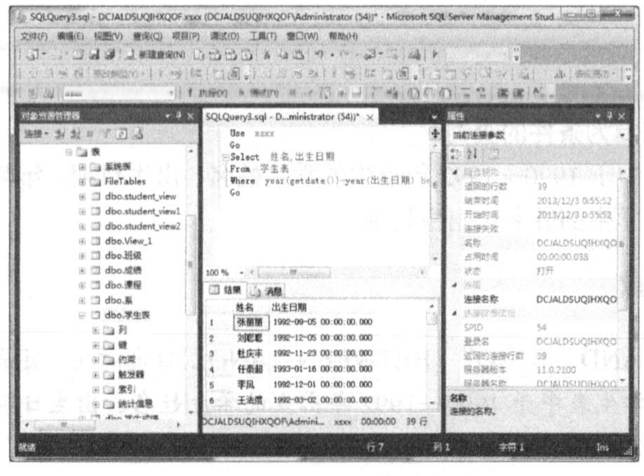

图 4-21　年龄为 19～21 岁的学生信息

【案例 4.20】查询学生表中年龄不为 19～21 岁的学生的姓名、出生日期。

【操作步骤】

（1）单击【新建查询】按钮，在光标所在处输入如下 T-SQL 语句。

```
Use  xsxx
Go
Select  姓名,出生日期
From 学生表
Where  year(getdate())-year(出生日期)  not  between 19 and  21
Go
```

这里也可以把“Where　year(getdate())-year(出生日期) not　between 19 and　21”改为“Where year(getdate())−year(出生日期)<19　or　year(getdate())-year (出生日期)>21”。

（2）单击【执行】按钮，运行结果如图 4-22 所示。

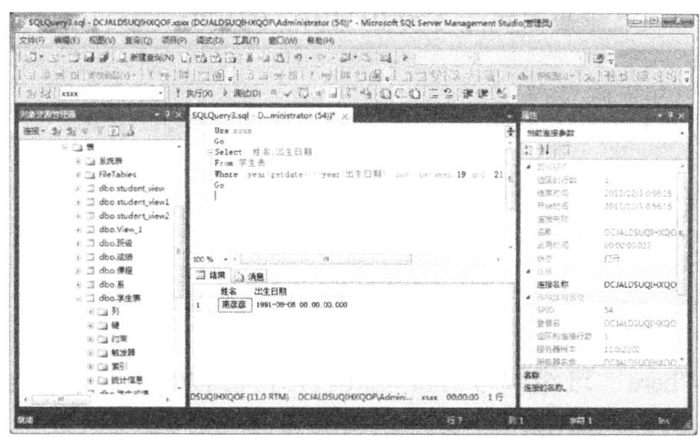

图 4-22　年龄不为 19～21 岁的学生信息

任务知识点分解

通过 BETWEEN…AND…和 NOT　BETWEEN…AND…可以查询满足指定范围的元组。

语法格式：

```
WHERE <...BETWEEN...AND...>
WHERE <...NOT  BETWEEN...AND...>
```

实战演练

查询 Stu_info 表中的 1992-01-01<BIRTHDAY<1993-09-01 的学生；查询 Stu_score 表中 60<GRADE<80 的 ID 和 GRADE。

子任务 3　以确定集合为条件

任务描述

使用语句进行以集合为条件的查询。

要求：查询班级表中班级编号为 011101、021201、031101 的班级名称及系号；查询班级表中班级编号不为 011101、021201、031101 的班级名称及系号。

任务所用知识点

使用 IN(…)和 NOT　IN(…)查询满足指定集合的元组。

【案例 4.21】查询班级表中班级编号为 011101、021201、031101 的班级名称及系号。

【操作步骤】

（1）单击【新建查询】按钮，在光标所在处输入如下 T-SQL 语句。

```
Use  xsxx
Go
Select  班级,系号
From 班级
Where  班级编号 in('011101','021201','031101')
Go
```

这里也可以把“Where 班级编号 in('011101','021201','031101')”改为“Where 班级编号='011101' or 班级编号='021201' or 班级编号='031101'”。

（2）单击【执行】按钮，运行结果如图 4-23 所示。

【案例 4.22】查询班级表中班级编号不为 011101、021201、031101 的班级名称及系号。

【操作步骤】

（1）单击【新建查询】按钮，在光标所在处输入如下 T-SQL 语句。

```
Use  xsxx
Go
Select  班级,系号
From 班级
Where  班级编号 not  in('011101','021201','031101')
Go
```

这里也可以把“Where 班级编号 not in('011101','021201','031101')”改为“Where 班级编号 !='011101' and 班级编号 !='021201' and 班级编号 !='031101'”。

（2）单击【执行】按钮，运行结果如图 4-24 所示。

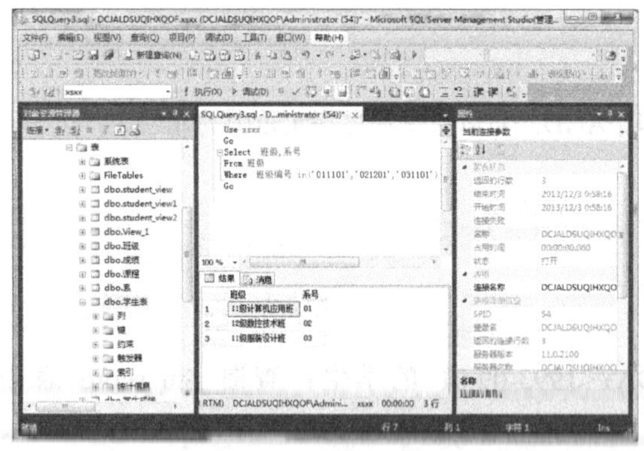

图 4-23 查询结果

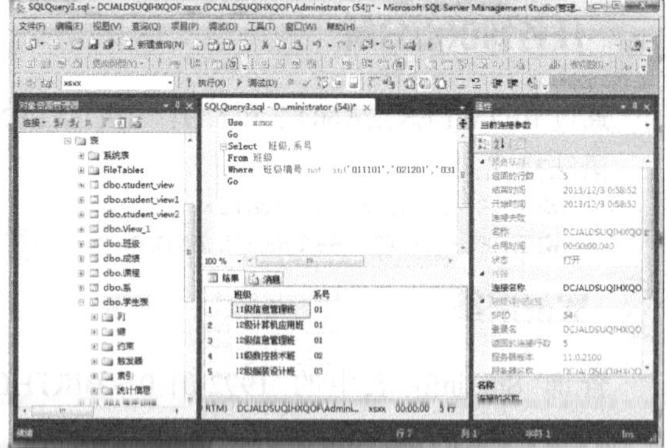

图 4-24 查询结果

任务知识点分解

通过 IN(…)和 NOT IN(…)可以查询满足指定集合的元组。

语法格式：

```
where <…IN  (…)  >
where <…NOT  IN  (…)>
```

实战演练

查询 Stu_score 表中 GRADE 不等于 78、80、95 的 ID 和 GRADE。

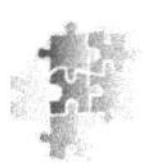

子任务4　以字符匹配为条件

任务描述

使用语句进行以字符匹配为条件的查询。

要求：查询学生表中姓“王”的学生的学号和姓名；查询姓“王”和姓“张”的学生的学号和姓名；查询学生表中不姓“王”的学生的学号和姓名。

任务所用知识点

LIKE 与通配符配合使用进行以字符匹配为条件的查询。

【案例 4.23】查询学生表中姓“王”的学生的学号和姓名。

【操作步骤】

（1）单击【新建查询】按钮，在光标所在处输入如下 T-SQL 语句。

```
Use  xsxx
Go
Select  学号,姓名
From 学生表
Where  姓名 like '王_'
Go
```

（2）单击【执行】按钮，运行结果如图 4-25 所示。

图 4-25　学生表中姓“王”的学生的学号和姓名的查询结果

【案例 4.24】查询姓“王”和姓“张”的学生的学号和姓名。

【操作步骤】

（1）单击【新建查询】按钮，在光标所在处输入如下 T-SQL 语句。

```
Use  xsxx
Go
Select  学号,姓名
From 学生表
Where  姓名 like  ‘[王张]%’
Go
```

（2）单击【执行】按钮，运行结果如图 4-26 所示。

【案例 4.25】查询不姓“王”的学生的学号和姓名。

【操作步骤】

（1）单击【新建查询】按钮，在光标所在处输入如下 T-SQL 语句。

```
Use  xsxx
Go
Select  学号,姓名
From 学生表
Where  姓名 like '[^王]%'
Go
```

这里我们也可以使用如下语句来查询不姓“王”的学生的学号和姓名，得到的结果相同。

```
Use xsxx
```

```
Go
Select  学号,姓名
From 学生表
Where  姓名 not  like  '王%'
Go
```

（2）单击【执行】按钮，运行结果如图 4-27 所示。

图 4-26 姓“王”和姓“张”的学生的学号和姓名的查询结果

图 4-27 不姓“王”的学生的学号和姓名的查询结果

任务知识点分解

LIKE 关键字经常用在需要查找的值类似于一个给定字符串的情况，或者只有一部分的信息作为查询标准的环境中。

LIKE 通常与通配符配合使用。SQL Server 提供了四种通配符，分别如下。

（1）%：表示从 0 个到 n 个任意字符。

（2）_：表示 1 个任意字符。

（3）[]：表示方括号里列出的任意多个字符。

（4）[^]：表示任意一个没有在方括号里列出的字符。

语法格式：

```
WHERE <…LIKE 匹配串>
WHERE <… NOT  LIKE 匹配串>
```

实战演练

查询 Stu_info 表 NAME 列中姓“刘”的 ID、NAME，姓“刘”和姓“赵”的 ID、NAME；查询 Stu_score 表 GRADE 列中 70～79 的 ID、GRADE。

子任务 5 涉及空值的查询

任务描述

使用语句进行以空值为条件的查询。

要求：查询学生表中“手机号码”为空值的学生学号和姓名；查询学生表中“家庭地址”不为

空值的学生学号和姓名。

任务所用知识点

IS　NULL 和 IS　NOT　NULL 可以用于查询空值和非空值。

【案例 4.26】 查询学生表中“手机号码”为空值的学生学号和姓名。

【操作步骤】

（1）单击【新建查询】按钮，在光标所在处输入如下 T-SQL 语句。

```
Use  xsxx
Go
Select  学号,姓名
From 学生表
Where  手机号码 is null
Go
```

（2）单击【执行】按钮，运行结果如图 4-28 所示。

【案例 4.27】 查询学生表中“家庭地址”不为空值的学生学号和姓名。

【操作步骤】

（1）单击【新建查询】按钮，在光标所在处输入如下 T-SQL 语句。

```
Use  xsxx
Go
Select  学号,姓名
From 学生表
Where  家庭地址 is not null
Go
```

（2）单击【执行】按钮，运行结果如图 4-29 所示。

图 4-28　“手机号码”为空值的学生学号和姓名的查询结果

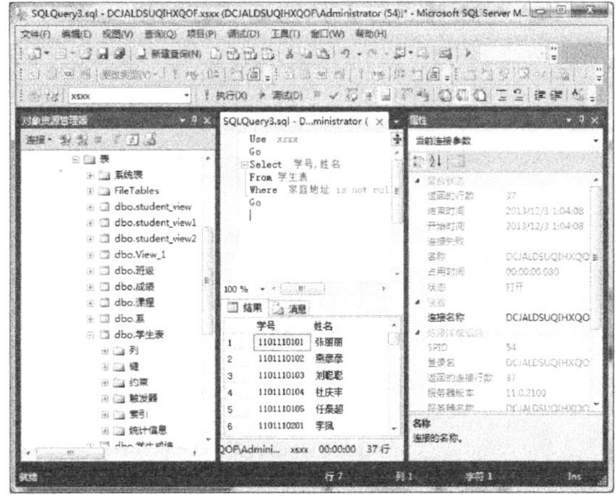

图 4-29　“家庭地址”不为空值的学生学号和姓名的查询结果

任务知识点分解

语法格式：

```
WHERE <…IS  NULL> --是空值
```

```
WHERE <…IS  NOT  NULL> --不是空值
```

实战演练

查询 Stu_info 表 BIRTHDAY 列中为空值的 ID、NAME。

子任务 6　多重条件查询

任务描述

使用语句进行多重条件（或复合）的查询。

要求：查询学生表中系号为 01，性别为男，出生于 1993 年及以后的学生姓名、出生日期；查询系号为 01 或系号为 02，性别为男的学生学号和姓名。

任务所用知识点

用逻辑运算符 AND、OR、NOT 来连接多个查询条件。

【案例 4.28】 查询学生表中系号为 01，性别为男，出生于 1993 年及以后的学生姓名、出生日期。

【操作步骤】

（1）单击【新建查询】按钮，在光标所在处输入如下 T-SQL 语句。

```
Use  xsxx
Go
Select  姓名,出生日期
From 学生表
Where 系号='01' and 性别='男' and 出生日期>=1993-01-01
go
```

（2）单击【执行】按钮，运行结果如图 4-30 所示。

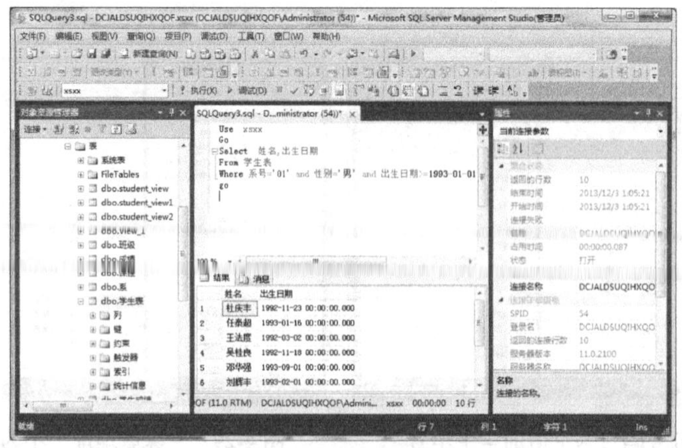

图 4-30　查询结果

【案例 4.29】 查询系号为 01 或系号为 02，性别为男的学生学号和姓名。

【操作步骤】

（1）单击【新建查询】按钮，在光标所在处输入如下 T-SQL 语句。

```
Use  xsxx
Go
```

```
Select  姓名,出生日期
From 学生表
Where 性别='男' and  (系号='01' or 系号='02')
Go
```

这里“Where 性别='男' and (系号='01' or 系号='02')”必须加上()，如果不加，则变为查询“系号为01且性别为男的学生，以及系号为02的学生”，结果会如图4-31所示。

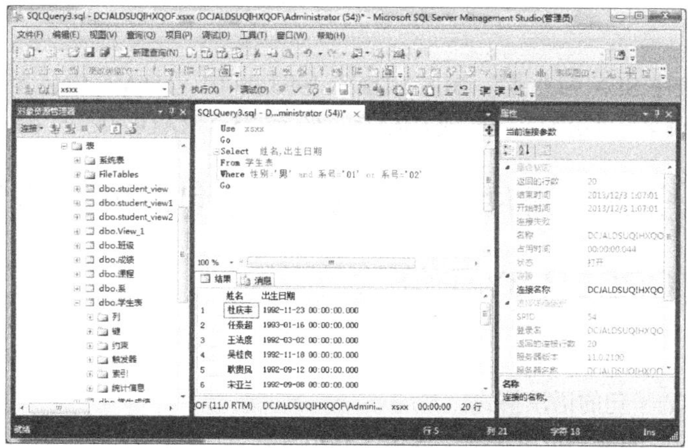

图4-31　错误查询结果

(2) 单击【执行】按钮，运行结果如图4-32所示。

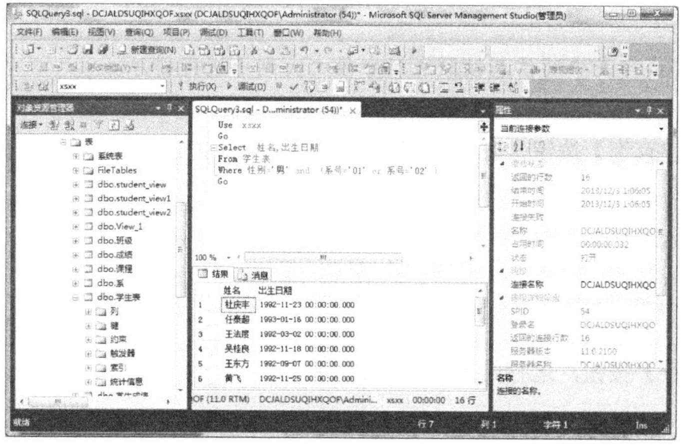

图4-32　正确查询结果

任务知识点分解

多重条件（或复合）查询可用逻辑运算符AND和OR来连接多个查询条件，也可用前面所学的内容加上逻辑运算符NOT来实现。

1. 用逻辑运算符AND和OR来连接多个查询条件

用逻辑运算符AND和OR来连接多个查询条件要注意以下两点。

(1) AND的优先级高于OR。

(2) 可以用括号改变优先级。

2. 使用逻辑运算符 NOT

语法格式：

```
[NOT] IN
[NOT] BETWEEN …  AND  …
[NOT] LIKE
NOT+比较运算符
```

实战演练

查询 Stu_info 表中 SEX 为“男”，BIRTHDAY>1993-09-01，NAME 中包含“王”的学生的所有信息；查询 Stu_score 表中 GRADE>90 或 GRADE<60 或 75<GRADE<85 的 ID、GRADE。

任务 4　排序查询、计算查询、分组查询

子任务 1　ORDER BY 子句

任务描述

掌握 ORDER BY 子句的语法格式。

要求：将成绩表中的信息按照成绩字段由大到小进行排序；在查询中同时施加条件筛选课程编号为 02 的学生的成绩信息。

任务所用知识点

ORDER BY 语句。

【案例 4.30】 将成绩表中的信息按照成绩字段由大到小进行排序。

【操作步骤】

（1）单击【新建查询】按钮，在光标所在处输入如下 T-SQL 语句。

```
use xsxx
go
select *
from 成绩
order by 成绩 desc
go
```

（2）单击【执行】按钮，运行结果如图 4-33 所示。

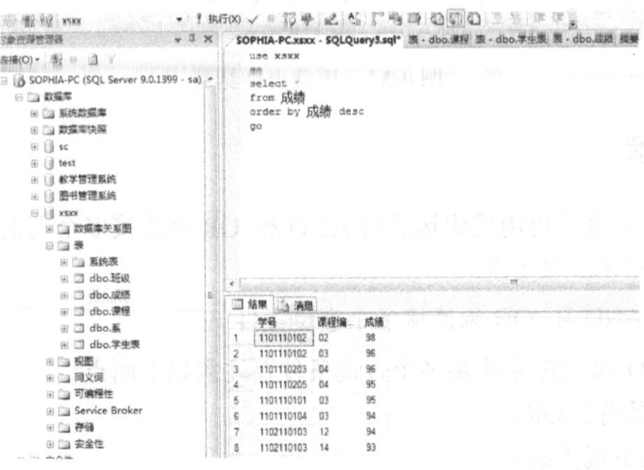

图 4-33　按照成绩字段由大到小进行排序的查询结果

【案例 4.31】 在查询中同时施加条件筛选课程编号为 02 的学生的成绩信息。

【操作步骤】

（1）单击【新建查询】按钮，在光标所在处输入如下 T-SQL 语句。

```
use xsxx
go
select *
from 成绩
where 课程编号='02'
order by 成绩 desc
go
```

（2）单击【执行】按钮，运行结果如图 4-34 所示。

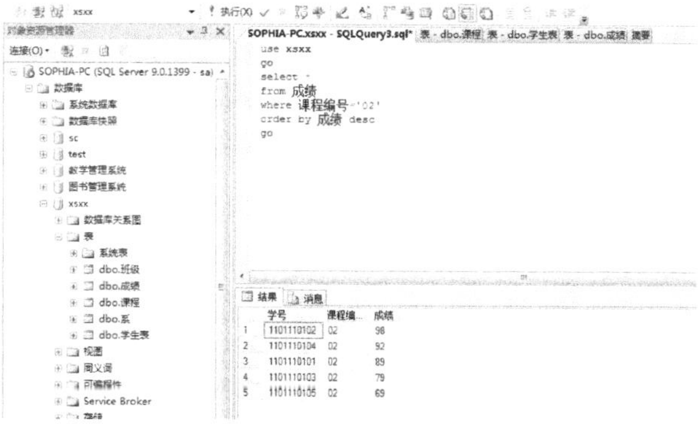

图 4-34　施加条件筛选课程编号为 02 的学生的成绩信息的查询结果

任务知识点分解

ORDER BY 子句语法格式如下：

```
ORDER BY 表达式[ASC|DESC][,…n]
```

其中，表达式用于指定排序的依据，它可以是字段名也可以是字段别名，可以由多个表达式组成。在 ORDER BY 子句中可以指定多个字段作为排序依据，这些字段在该子句中出现的顺序决定了结果集中记录的排列顺序。排序时首先按照最前面的排序表达式的值进行排序，如果多条该字段的值相同，则这些记录应该按照下一个排序表达式的值进行比较，决定记录的排列顺序。

实战演练

将 Stu_score 表中的 GRADE 先按照降序排列，再按照升序排列。

子任务 2　COMPUTE 子句

任务描述

掌握 COMPUTE 子句的语法格式。

要求：查询输出家庭地址为潍坊市昌乐区的学生的学号、姓名和手机号码，并统计出这些学生的数量，将统计的结果作为汇总记录附加到查询结果数据集的末端。

任务所用知识点

COMPUTE 语句。

【案例 4.32】查询学生表中家庭地址为潍坊市昌乐区的学生的学号、姓名和手机号码，并统计出这些学生的数量，将统计的结果作为汇总记录附加到查询结果数据集的末端

【操作步骤】

（1）单击【新建查询】按钮，在光标所在处输入如下 T-SQL 语句。

```
use xsxx
go
select 学号,姓名,手机号码
from 学生表
where 家庭地址='潍坊市昌乐区'
compute count(学号)
go
```

（2）单击【执行】按钮，运行结果如图 4-35 所示。

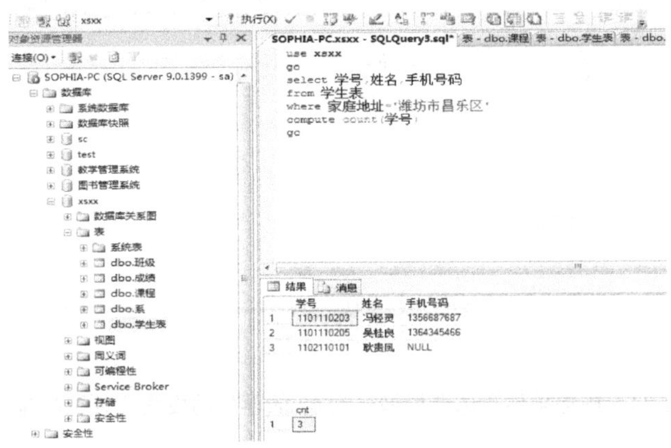

图 4-35　使用 COMPUTE 的查询结果

 任务知识点分解

使用 COMPUTE 子句，允许同时浏览查询所得到的各字段数据的细节以及统计各字段数据所产生的总和。它既可以计算数据分类后的和，又可以计算所有数据的总和。

语法格式：

```
COMPUTE AVG|COUNT|MAX|MIN|SUM(表达式)[,…n]
```

COMPUTE 子句需要下列信息。

（1）可选 BY 关键字，它基于每一列计算指定的行聚合。

（2）行聚合函数名称，包括 SUM、AVG、MIN、MAX 或 COUNT。

（3）要对其执行行聚合函数的列。

统计出 Stu_score 表中 GRADE 字段大于 90 分的学生人数。

子任务 3　COMPUTE BY 子句

掌握 COMPUTE BY 子句的语法格式。

要求：查询成绩表中课程编号为01和03的成绩信息，按照课程编号字段进行升序排序，统计出两门课程的考试人数，考试成绩的最高分、最低分以及平均分。

任务所用知识点

COMPUTE BY 语句。

【案例4.33】查询成绩表中课程编号为01和03的成绩信息，按照课程编号字段进行升序排序，统计出两个课程的考试人数，考试成绩的最高分、最低分及平均分。

【操作步骤】

（1）单击【新建查询】按钮，在光标所在处输入如下T-SQL语句。

```
use xsxx
go
select *
from 成绩
where 课程编号='03' or 课程编号='01'
order by 课程编号
compute count(学号),max(成绩),min(成绩),avg(成绩) by 课程编号
```

（2）单击【执行】按钮，运行结果如图4-36所示。

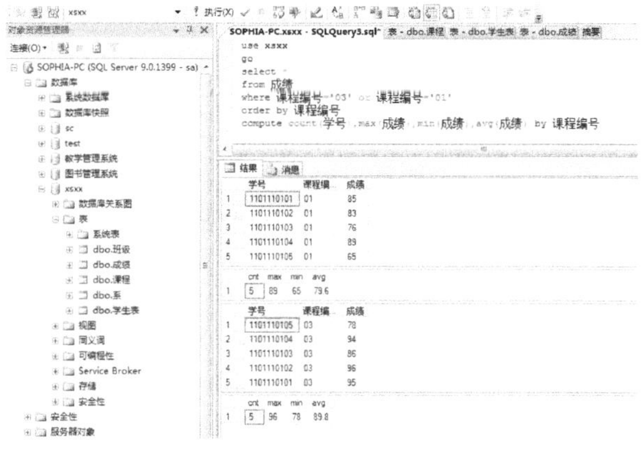

图4-36　使用COMPUTE BY的查询结果

任务知识点分解

COMPUTE BY 子句的语法格式如下：

```
COMPUTE AVG|COUNT|MAX|MIN|SUM(表达式)[,…n]
BY 表达式[,…n]
```

在SELECT语句中，COMPUTE BY子句必须与ORDER BY子句联合使用。COMPUTE BY子句中的统计字段名列表必须与ORDER BY子句中的相同或者为其子集，而且两者从左到右的顺序必须一致。使用COMPUTE BY子句将整个结果分成组，每个组的第一个结果集是明细行集，其中包含该组的选择列表信息。第二个结果集有一行，其中包含该组的COMPUTE子句中所指定的聚合函数的小计。

实战演练

查询Stu_score表中的成绩信息，按照课程编号字段进行升序排序，并统计出Stu_score表中课程的考试人数，考试成绩的最高分、最低分及平均分。

子任务 4 GROUP BY 子句

任务描述

掌握 GROUP BY 子句的语法格式。

要求：对学生表中的记录按照系号和性别两个字段进行分组，统计出每个系的系内记录数、性别和班级编号的最大值，显示这些字段值与聚合函数值，聚合函数用列别名显示。

任务所用知识点

GROUP BY 语句。

【案例 4.34】 对学生表中的记录按照系号和性别两个字段进行分组，统计出每个系的系内记录数、性别和班级编号的最大值，显示这些字段值与聚合函数值，聚合函数用列别名显示。

【操作步骤】

（1）单击【新建查询】按钮，在光标所在处输入如下 T-SQL 语句。

```
use xsxx
go
select 系号,count(*) as 系内记录数,性别,max(班级编号) as 班级编号最大值
from 学生表
group by 系号,性别
go
```

（2）单击【执行】按钮，运行结果如图 4-37 所示。

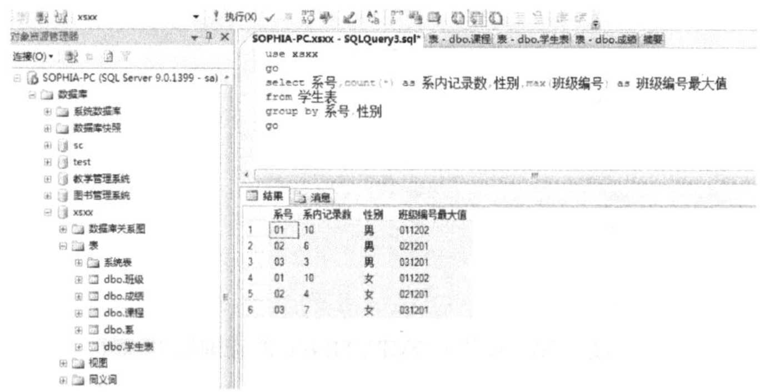

图 4-37　使用 GROUP BY 的查询结果

任务知识点分解

GROUP BY 子句用来为结果集中的每一行产生聚合值。如果聚合函数没有使用 GROUP BY 子句，则只为 SELECT 语句报告一个聚合值。指定 GROUP BY 时，选择列表中任一非聚合表达式内的所有列都应包含在 GROUP BY 列表中，或者 GROUP BY 表达式必须与选择列表表达式完全匹配。

GROUP BY 子句的语法格式如下：

```
GROUP BY 表达式[,…n]
[WITH{CUBE|ROLLUP}]
```

各参数含义如下。

ALL 包含所有组和结果集，甚至包含那些任何行都不满足 WHERE 子句指定的搜索条件的组和结果集。如果指定了 ALL，将对组中不满足搜索条件的汇总列返回空值。不能用 CUBE 或 ROLLUP 运算符指定 ALL。

GROUP BY 表达式是对其执行分组的表达式。GROUP BY 表达式也称为分组列。GROUP BY 表达式可以是列或引用列的非聚合表达式。在选择列表内定义的列的别名不能用于指定分组列。但是 TEXT、NTEXT 和 IMAGE 类型的列不能用于 GROUP BY 表达式。

CUBE 指定在结果集内不仅包含由 GROUP BY 提供的正常行，还包含汇总行。在结果集内返回每个可能的组和子组组合的 GROUP BY 汇总行。GROUP BY 汇总行在结果中显示为 NULL，但可用来表示所有值。使用 GROUPING 函数确定结果集内的空值是否为 GROUP BY 汇总值。

实战演练

将表 Stu_info 按照 SEX 进行分组，统计出学生信息。

子任务 5　HAVING 子句

任务描述

掌握 HAVING 子句的语法格式。

要求：对学生表中的记录按照系号和性别两个字段进行分组，统计出每个系的系内记录数，再使用 HAVING 子句，对每一组数据按照同组记录数大于 5 的条件进行筛选，并列出性别和班级编号的最大值，显示这些字段值与聚合函数值，聚合函数用列别名显示。

任务所用知识点

HAVING 语句。

【案例 4.35】对学生表中的记录按照系号和性别两个字段进行分组，统计出每个系的系内记录数，再使用 HAVING 子句，对每一组数据按照同组记录数大于 5 的条件进行筛选，并列出性别和班级编号的最大值，显示这些字段值与聚合函数值，聚合函数用列别名显示。

【操作步骤】

（1）单击【新建查询】按钮，在光标所在处输入如下 T-SQL 语句。

```
use xsxx
go
select 系号,count(*) as 系内记录数,性别,max(班级编号) as 班级编号最大值
from 学生表
group by 系号,性别
having count(*)>5
go
```

（2）单击【执行】按钮，运行结果如图 4-38 所示。

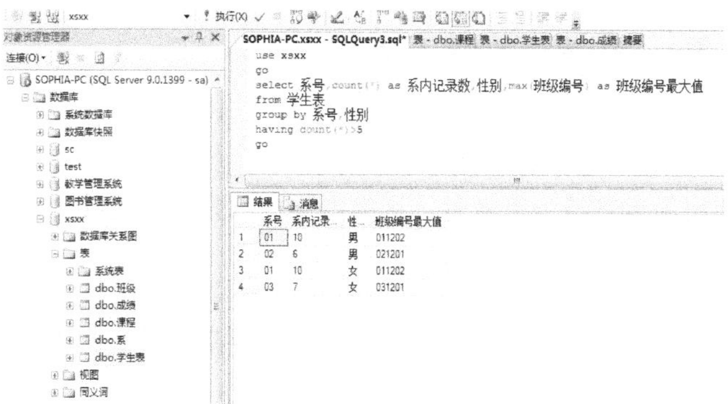

图 4-38　使用 HAVING 的查询结果

任务知识点分解

HAVING 子句指定组或聚合的搜索条件。HAVING 通常与 GROUP BY 子句一起使用。如果不使用 GROUP BY 子句，HAVING 的行为与 WHERE 子句一样。但是聚合函数可以在 HAVING 子句中使用，而不能在 WHERE 子句中使用。

语法格式：

```
HAVING <search_condition>
```

其中，<search_condition>指定组或聚合应满足的搜索条件。当 HAVING 与 GROUP BY ALL 一起使用时，HAVING 子句替代 ALL。

实战演练

将表 Stu_info 按照 SEX 进行分组，再用 HAVING 子句，对每一组数据按照同组记录数大于 3 的条件进行筛选，并列出 SEX 和 CLASS 的最大值。

任务 5　连接查询

子任务 1　等值和非等值连接

任务描述

学会使用等值和非等值连接。

要求：连接学生表与系表，检索系号为 01 的所有学生的学号、姓名、性别、系号和系部；从数据库中查找学生成绩不低于 80 的学生的学号、姓名、课程编号和成绩。

任务所用知识点

等值连接和非等值连接。

【案例 4.36】连接学生表与系表，检索系号为 01 的所有学生的学号、姓名、性别、系号和系部。

【操作步骤】

（1）单击【新建查询】按钮，在光标所在处输入如下 T-SQL 语句。

```
use xsxx
go
select 学号,姓名,性别,系.系号,系.系部
from 学生表
inner join 系 on 学生表.系号=系.系号
where 学生表.系号='01'
go
```

（2）单击【执行】按钮，运行结果如图 4-39 所示。

当连接条件中使用的运算符为等号时，这类内连接称为等值连接。等值连接的连接条件格式如下。

```
[<表名 1>].<列名 1>=[<表名 2>].<列名 2>
```

【案例 4.37】从数据库中查找学生成绩不低于 80 的学生的学号、姓名、课程编号和成绩。

【操作步骤】

（1）单击【新建查询】按钮，在光标所在处输入如下 T-SQL 语句。

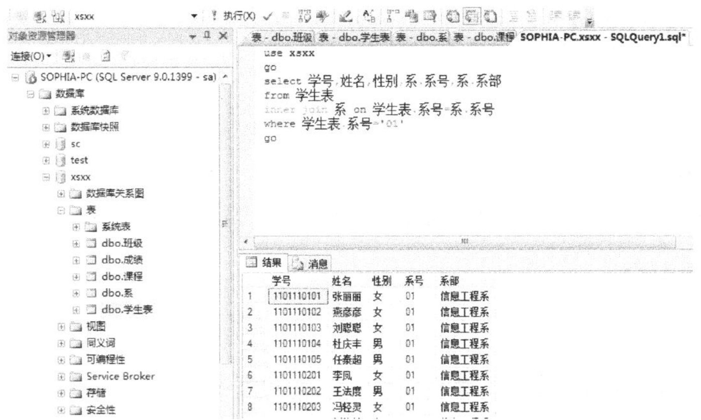

图 4-39　使用等值连接条件的查询结果

```
use xsxx
go
select 学生表.学号,姓名,课程编号,成绩
from 学生表
inner join 成绩 on 成绩.成绩>='80'
where 学生表.学号=成绩.学号
go
```

（2）单击【执行】按钮，运行结果如图 4-40 所示。

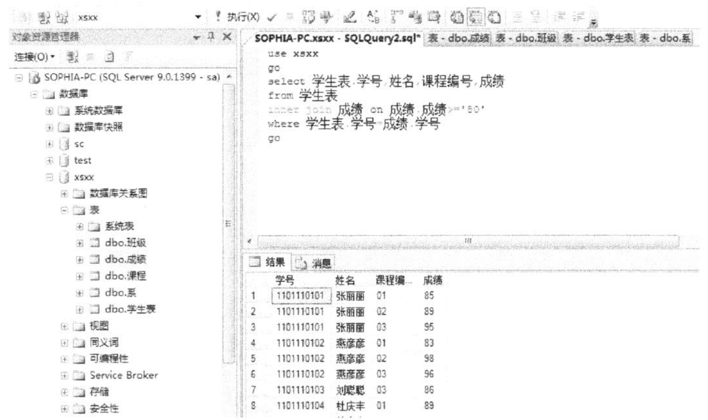

图 4-40　使用非等值连接条件的查询结果

任务知识点分解

当连接条件中使用的运算符为除等号以外的其他字符时，这类内连接称为非等值连接。非等值连接的连接条件格式如下。

```
[<表名 1>].<列名 1> OP[<表名 2>].<列名 2>
```

其中，OP 为!=、>、>=、!>、<、<=、!<等比较运算符，也可以使用其他运算符来构造非等值连接，如使用“BETWEEN AND”运算符，其连接条件格式如下。

```
[<表名 1>].<列名 1> BETWEEN[<表名 2>].<列名 2> AND[<表名 2>].<列名 3>
```

实战演练

从数据库中查找 GRADE 不低于 80 的学生的 ID、NAME、CID 和 GRADE。

子任务 2 内连接

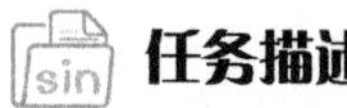

任务描述

学会使用内连接。

要求：不使用 JOIN 关键字实现本任务的子任务 1 中的等值内连接。

任务所用知识点

内连接。

【案例 4.38】连接学生表与系表，检索系号为 01 的所有学生的学号、姓名、性别、系号和系部。

【操作步骤】

（1）单击【新建查询】按钮，在光标所在处输入如下 T-SQL 语句。

```
use xsxx
go
select 学号,姓名,性别,系.系号,系.系部
from 学生表,系
where 学生表.系号='01' and 学生表.系号=系.系号
go
```

（2）单击【执行】按钮，运行结果如图 4-41 所示。

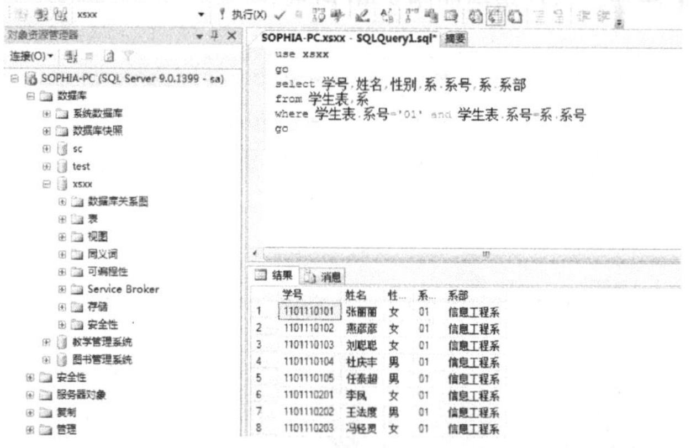

图 4-41 内连接查询结果

任务知识点分解

内连接是用来组合两个表的最常见步骤。内连接需要构造一个称为连接条件的表达式，该表达式包含两个表共有的字段列与比较运算符。进行内连接查询时，根据查询条件和连接条件，对两个表中的记录进行筛选，将所有满足条件的数据行组合起来，生成查询结果数据集，查询结果集中仅包含那些满足连接条件的数据行。可用以下两种方法实现内连接的查询。

（1）使用[INNER]JOIN 关键字实现内连接，并用 ON 关键字指定连接条件；使用 JOIN 关键字实现内连接的命令格式如下。

```
SELECT <目标项列表> FROM <表名1>[INNER] JOIN <表名2> ON <连接条件>[WHERE <查询条件表达式>][GROUP BY <分组表达式>[HAVING <条件表达式>]][ORDER BY <排序表达式>[ASC|DESC]][;]
```

（2）不使用 JOIN 关键字实现内连接。不使用 JOIN 关键字实现内连接的命令格式如下。

```
    SELECT <目标项列表> FROM <表名 1>,<表名 2> WHERE[<表名 1>.]<字段列名 1> <运算符>[<表名 2>.]<字段列名 2>
```

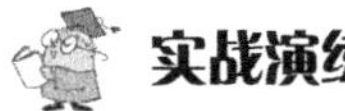

不使用 JOIN 关键字从数据库中查找 GRADE 不低于 80 的学生的 ID、NAME、CID 和 GRADE。

子任务 3　自连接

任务描述

学会使用自连接。

要求：对学生表进行自连接，查询学生的姓名、性别、系号、班级编号和家庭地址。

任务所用知识点

自连接。

【案例 4.39】 对学生表进行自连接，查询学生的姓名、性别、系号、班级编号和家庭地址。

【操作步骤】

（1）单击【新建查询】按钮，在光标所在处输入如下 T-SQL 语句。

```
use xsxx
go
select one.姓名,one.性别,one.系号,two.班级编号,two.家庭地址
from 学生表 as one,学生表 as two
where one.学号=two.学号
go
```

（2）单击【执行】按钮，运行结果如图 4-42 所示。

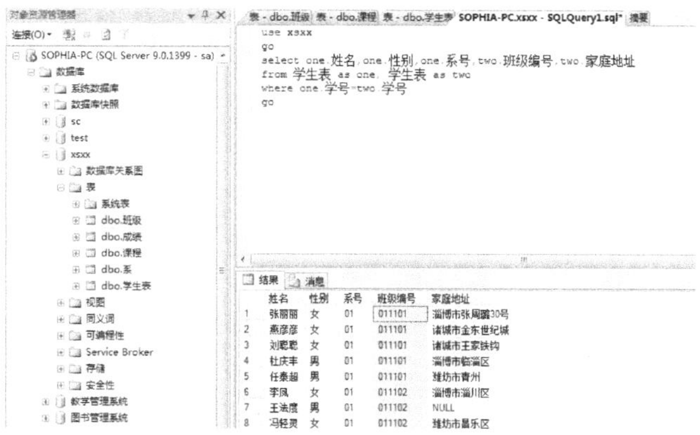

图 4-42　自连接的查询结果

任务知识点分解

一个表与自身进行连接，这种连接称为自连接。自连接中，对于执行不同引用对象的同一个表，为避免使用相同表名而导致错误，必须为表命名别名，以示区别，使该表在逻辑上表现为两个表。自连接能够同时作用于同一个表的不同行，可以被看作内连接的一种特例。

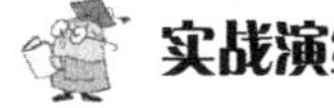

实战演练

将 Stu_info 表进行自连接，查询学生的 NAME、SEX、BIRTHDAY、CLASS。

子任务 4　外连接

任务描述

学会使用外连接。

要求：将学生表和成绩表进行左外连接，以学生表为主表，查询学生的学号、姓名、课程编号和成绩；将成绩表和课程表进行右外连接，以课程表为主表，查询学生的学号、课程编号、课程名称和成绩；对进行了右外连接的任务进行完全外连接，查看查询结果。

任务所用知识点

外连接。

【案例 4.40】将学生表和成绩表进行左外连接，以学生表为主表，查询学生的学号、姓名、课程编号和成绩。

【操作步骤】

（1）单击【新建查询】按钮，在光标所在处输入如下 T-SQL 语句。

```
use xsxx
go
select 学生表.学号,学生表.姓名,成绩.课程编号,成绩.成绩
from 学生表
left outer join 成绩
on 学生表.学号=成绩.学号
```

（2）单击【执行】按钮，运行结果如图 4-43 所示。

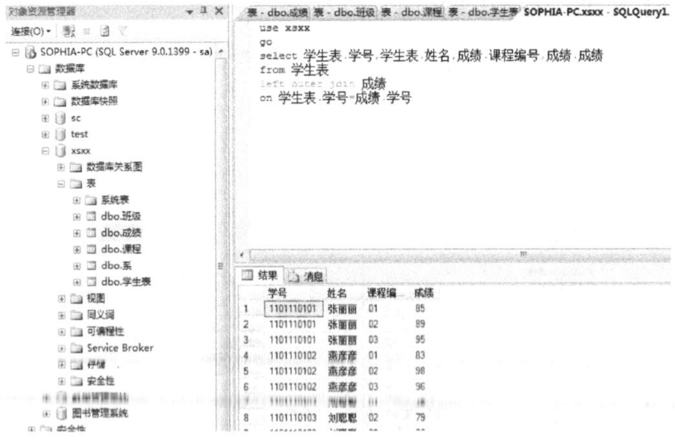

图 4-43　左外连接查询结果

【案例 4.41】将成绩表和课程表进行右外连接，以课程表为主表，查询学生的学号、课程编号、课程名称和成绩。

【操作步骤】

（1）单击【新建查询】按钮，在光标所在处输入如下 T-SQL 语句。

```
use xsxx
go
select 成绩.学号,成绩.课程编号,课程.课程名称,成绩.成绩
from 成绩
right outer join 课程
```

```
on 成绩.课程编号=课程.课程编号
```

（2）单击【执行】按钮，运行结果如图 4-44 所示。

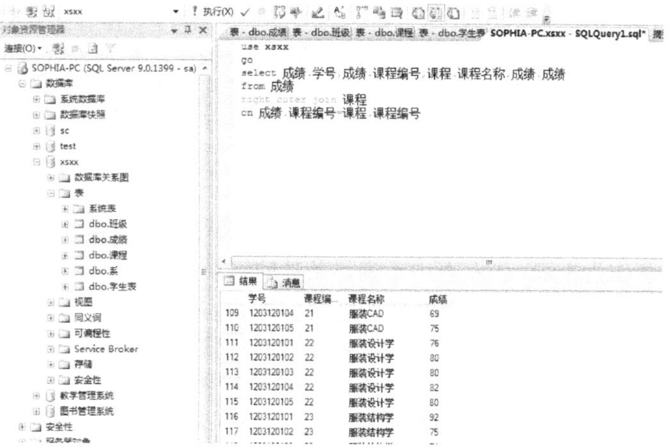

图 4-44 右外连接查询结果

【案例 4.42】对进行了右外连接的任务进行完全外连接，查看查询结果。

【操作步骤】

（1）单击【新建查询】按钮，在光标所在处输入如下 T-SQL 语句。

```
use xsxx
go
select 成绩.学号,成绩.课程编号,课程.课程名称,成绩.成绩
from 成绩
full outer join 课程
on 成绩.课程编号=课程.课程编号
```

（2）单击【执行】按钮，运行结果如图 4-45 所示。

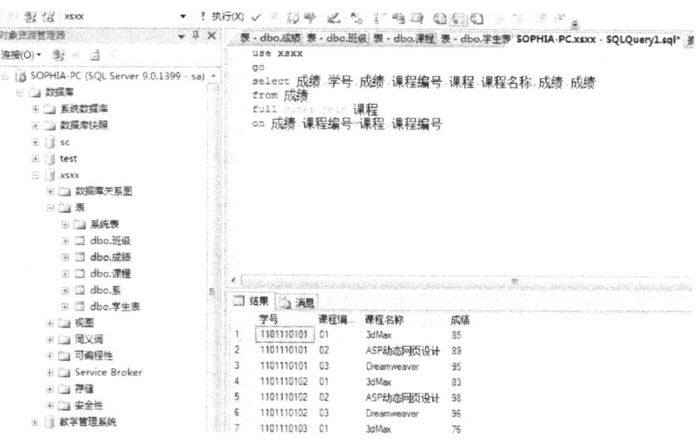

图 4-45 完全外连接查询结果

任务知识点分解

（1）当在应用中需要显示某个特定表的全部记录行时，若这些记录行并不满足查询条件与连接条件，则要用到外连接。外连接操纵的两个表有主从之分，主表需要遵循一定的约束限制，而从表却可以不进行任何限制。外连接的执行过程如下：以主表的每行记录去匹配从表的记录行，符合查

询条件与连接条件的数据将被添加到查询结果集中；若主表的记录行在从表中没有与之相匹配的记录行，则保留主表的记录行，将从表中相应记录行对应的列值填充为 NULL 值，并将主从表的行数据连接起来，追加到查询结果集中。

（2）外连接需在 SELECT 语句中使用 OUTER JOIN 关键字。实现外连接的语法格式如下。

```
    SELECT <目标项列表> FROM <表名 1> <外连接类型>[OUTER] JOIN <表名 2> ON <连接条件>[WHERE <查询条件表达式>][GROUP BY <分组表达式>[HAVING <条件表达式>]][ORDER BY <排序表达式>[ASC|DESC]]
```

根据<外连接类型>值的不同，外连接可分为以下三种：左外连接、右外连接、完全外连接。

① 左外连接用于查询结果集中除包含满足条件的记录行外，还包含左表中不满足条件的记录行。左外连接中以左表作为主表，当左表中不满足条件的记录行与右边从表记录行进行拼接组合时，右表相应列值被填充为 NULL 值。实现左外连接的主要语法格式如下。

```
    SELECT <目标项列表> FROM <表名 1> LEFT[OUTER] JOIN <表名 2>  ON <连接条件>
```

② 右外连接与左外连接正好相反，用于查询结果集中除包含满足条件的记录行外，还包含右表中不满足条件的记录行。右外连接以右表作为主表，当右表中不满足条件的记录行与左边从表记录行进行拼接组合时，左表相应列值被填充为 NULL 值。实现右外连接的主要语法格式如下。

```
    SELECT <目标项列表> FROM <表名 1> RIGHT[OUTER] JOIN <表名 2>  ON <连接条件>
```

③ 完全外连接用于查询结果集中除包含满足条件的记录行外，还包含左表与右表中不满足条件的记录行。当左(右)表中不满足条件的记录行与右(左)表中的记录行进行拼接时，右(左)表相应列值被填充为 NULL 值。完全外连接能够获取左、右表中都不满足条件的记录行，并对这些不满足条件的列值填充空值。完全外连接的功能可由左外连接与右外连接共同完成。实现完全外连接的主要语法格式如下。

```
    SELECT <目标项列表> FROM <表名 1> FULL[OUTER] JOIN <表名 2>  ON <连接条件>
```

实战演练

对 Stu_course 和 Stu_score 进行右外连接，以 Stu_course 为主表，查询学生的 ID、CID、CNAME 和 GRADE。

任务 6　子查询

任务描述

学会使用子查询。

要求：使用 IN 谓词查询与“李凤”在同一个系的学生的学号、姓名和系号；使用比较运算符找出每个学生超过其选修课程平均成绩的课程编号；使用 ALL 谓词查询所有小于学号为“1101110101”的学生成绩的成绩信息；使用 EXISTS 谓词查询所有选修了课程编号为 01 的学生的姓名。

任务所用知识点

子查询。

【案例 4.43】查询与“李凤”在同一个系的学生的学号、姓名和系号。

【操作步骤】

（1）单击【新建查询】按钮，在光标所在处输入如下 T-SQL 语句。

```
use xsxx
go
```

```
select 学号,姓名,系号
from 学生表
where 系号 in
        (
            select 系号
            from 学生表
            where 姓名='李凤'
        )
```

（2）单击【执行】按钮，运行结果如图4-46所示。

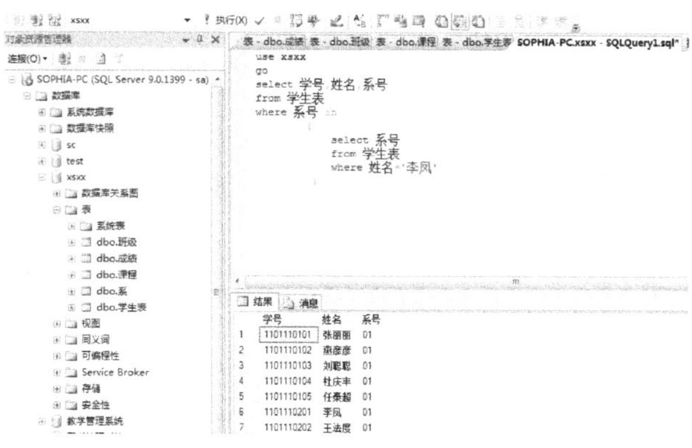

图4-46　使用IN谓词的查询结果

【案例4.44】使用比较运算符找出每个学生超过其选修课程平均成绩的课程编号。

【操作步骤】

（1）单击【新建查询】按钮，在光标所在处输入如下T-SQL语句。

```
use xsxx
go
select 学号,课程编号
from 成绩 x
where 成绩>=(
            select avg(成绩)
            from 成绩 y
            where y.学号=x.学号
           )
```

（2）单击【执行】按钮，运行结果如图4-47所示。

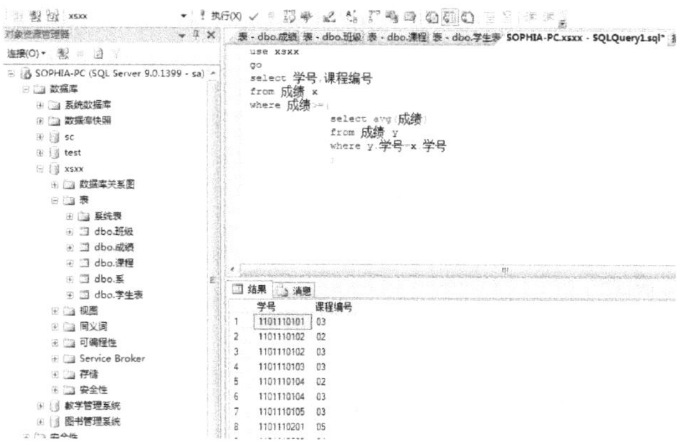

图4-47　使用比较运算符的查询结果

【案例 4.45】使用 ALL 谓词查询所有小于学号为“1101110101”的学生成绩的成绩信息。

【操作步骤】

（1）单击【新建查询】按钮，在光标所在处输入如下 T-SQL 语句。

```
use xsxx
go
select 学号,课程编号,成绩
from 成绩
where 成绩<all (
                select 成绩
                from 成绩
                where 学号='1101110101'
                )
```

（2）单击【执行】按钮，运行结果如图 4-48 所示。

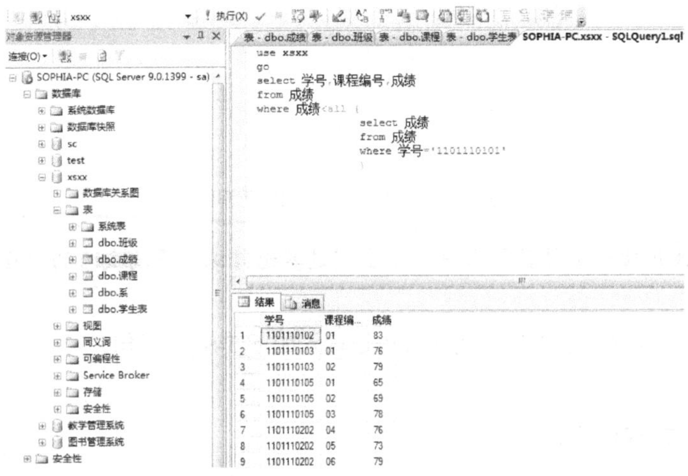

图 4-48　使用 ALL 谓词的查询结果

【案例 4.46】使用 EXISTS 谓词查询所有选修了课程编号为 01 的学生的姓名。

【操作步骤】

（1）单击【新建查询】按钮，在光标所在处输入如下 T-SQL 语句。

```
use xsxx
go
select 姓名
from 学生表
where exists
      (
       select *
       from 成绩
       where 学号=学生表.学号 and 课程编号='01'
      )
```

（2）单击【执行】按钮，运行结果如图 4-49 所示。

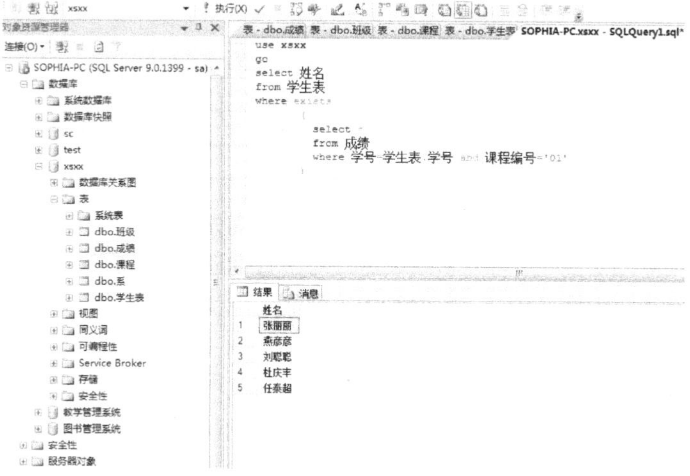

图 4-49　使用 EXISTS 谓词的查询结果

任务知识点分解

子查询是多个 SELECT 语句的一种嵌套包含结构，即在一个查询块的 WHERE 子句或 HAVING 子句中允许包含另一个查询块。子查询是 T-SQL 语句的扩展，能够将多个简单查询语句通过嵌套关系关联起来，创建出更为复杂的查询结果。在子查询结构中，外部的 SELECT 语句称为父查询或外层查询，内部的 SELECT 语句称为子查询或内层查询。子查询中还可以嵌套更深一级的子查询，因此子查询的嵌套级别可以达到多级。

（1）在构造的子查询中，当子查询的返回结果为集合类型时，常用 IN 或 NOT IN 关键字作为关联内、外层查询块的谓词，[NOT] IN 关键字用法如下。

```
SELECT-FROM WHERE <列名或表达式>[NOT] IN （内层/子查询）[;]
```

[NOT] IN 谓词构成的子查询的处理逻辑如下：内层查询先求解，以此解作为构建外层查询的条件基础；外层查询通过集合谓词将一个列名或表达式与内层查询返回的结果集进行比较，根据列值或表达式的值是否等于内层查询的结果集中的某个值来决定外层查询的条件返回值是 TRUE 还是 FALSE，从而进一步决定哪些记录能够被放入最终的查询结果集。

（2）当子查询的返回结果为某一单值类型时，常用比较运算符来关联内、外层查询块。通过比较运算符关联内、外层查询块的子查询用法如下。

```
SELECT-FROM WHERE <列名或表达式> OP （子查询）[;]
```

其中，OP 为=、!=、<>、>、>=、<、<=、!>、!<等比较运算符。

（3）ANY 或 ALL 关键字必须与比较运算符联合使用，用来对比较运算符的运算范围进行特定的语义修饰。ANY 或 ALL 关键字用法如下。

```
SELECT-FROM WHERE <列名或表达式> <比较运算符>[ANY|ALL] （子查询）[;]
```

ANY/ALL 与比较运算符的组合见表 4-10。

表 4-10　ANY/ALL 与比较运算符的组合

运算符+ALL	语义	运算符+ANY	语义
=ALL	等于子查询结果集中的所有值	=ANY	等于子查询结果集中的某个值
！=ALL 或<>ALL	不等于子查询结果集中的所有值	！=ANY 或<>ANY	不等于子查询结果集中的某个值
>ALL	大于子查询结果集中的所有值	>ANY	大于子查询结果集中的某个值
>=ALL	大于等于子查询结果集中的所有值	>=ANY	大于等于子查询结果集中的某个值
<ALL	小于子查询结果集中的所有值	<ANY	小于子查询结果集中的某个值

续表

运算符+ALL	语义	运算符+ANY	语义
<=ALL	小于等于子查询结果集中的所有值	<=ANY	小于等于子查询结果集中的某个值
!>ALL	不大于子查询结果集中的所有值	!>ANY	不大于子查询结果集中的某个值
!<ALL	不小于子查询结果集中的所有值	!<ANY	不小于子查询结果集中的某个值

ANY/ALL 谓词构成的子查询的处理逻辑如下：子查询先求解，得到单值数据集；父查询通过比较运算符与 ANY 或 ALL 谓词，将列名或表达式与子查询返回的数据集中的某个或所有元素进行比较；根据比较的结果，返回 TRUE 或 FALSE，从而进一步决定哪些记录能够被放入最终的查询结果集。

（4）[NOT] EXISTS 关键字通常用在子查询块的前面，用来构造一种条件判断。这种条件判断的实质是进行一次存在测试，外层查询的 WHERE 子句测试内层查询返回的数据集是否存在行记录。带有 EXISTS 或 NOT EXISTS 谓词的子查询用法如下。

```
SELECT-FROM WHERE <列名或表达式>[NOT] EXISTS (子查询)[;]
```

实战演练

使用比较运算符找出每个学生超过其选修课程平均成绩的课程编号（CID）。

任务 7　联合查询

联合查询也称集合查询，是一种以两个或多个 SELECT 查询结果数据集为步骤对象，通过对这些查询结果集实施并、交、差等集合运算，获取更加复杂、更加综合的数据结果的一种查询方法。

联合查询的运算符主要包括以下三种：求并(UNION)、求交(INTERSECT)、求差(EXCEPT)。

实现联合查询的语法格式如下。

```
<SELECT 语句 1>{{UNION|INTERSECT|EXCEPT}<SELECT 语句 2>}[,...n]
```

子任务 1　求并联合查询

任务描述

掌握求并联合查询的使用方法。

要求：将课程表中的课程名称为 3dMax 和 C 语言的课程信息合并输出。

任务所用知识点

求并联合查询。

【案例 4.47】 将课程表中的课程名称为 3dMax 和 C 语言的课程信息合并输出。

【操作步骤】

（1）单击【新建查询】按钮，在光标所在处输入如下 T-SQL 语句。

```
use xsxx
go
select * from 课程 where 课程名称='3dMax'
union
select * from 课程 where 课程名称='C 语言'
```

（2）单击【执行】按钮，运行结果如图 4-50 所示。

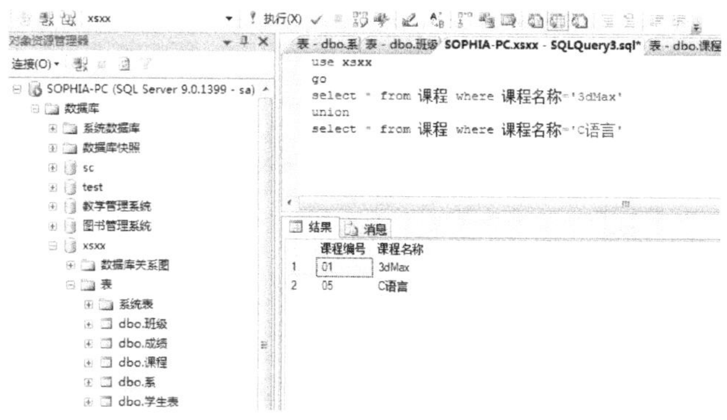

图 4-50　求并联合查询结果

任务知识点分解

UNION(并)运算符能够将两个或两个以上的查询数据集顺序连接起来，合并为一个结果数据集并显示输出。实现求并联合查询的语法格式如下。

```
<SELECT 语句 1>{UNION[ALL] <SELECT 语句 2>}[,...n]
```

实战演练

将 Stu_course 表中的任意两门课程信息合并输出。

子任务 2　求交联合查询

任务描述

掌握求交联合查询的使用方法。

要求：在学生表中求取性别为“女”的学生记录与班级编号为“011101”的学生记录的交集记录集，并显示交集记录集的学号、姓名、系号和手机号码。

任务所用知识点

求交联合查询。

【案例 4.48】在学生表中求取性别为“女”的学生记录与班级编号为“011101”的学生记录的交集记录集，并显示交集记录集的学号、姓名、系号和手机号码。

【操作步骤】

（1）单击【新建查询】按钮，在光标所在处输入如下 T-SQL 语句。

```
use xsxx
go
select 学号,姓名,系号,手机号码
from 学生表
where 性别='女'
intersect
select 学号,姓名,系号,手机号码
from 学生表
where 班级编号='011101'
go
```

（2）单击【执行】按钮，运行结果如图 4-51 所示。

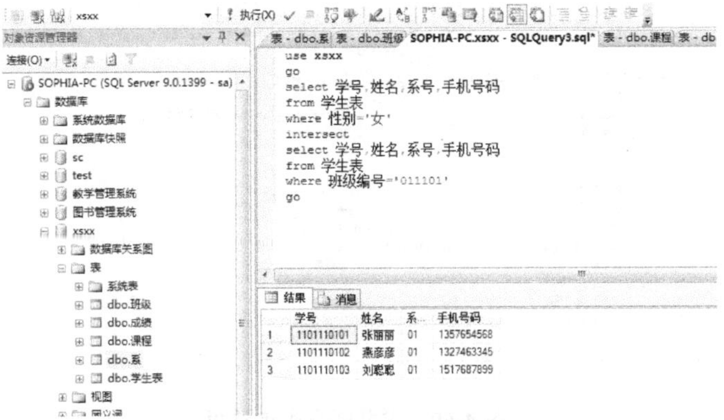

图 4-51　求交联合查询结果

任务知识点分解

INTERSECT(交)用于将两个或多个查询结果集的交集作为联合查询的结果集并返回输出。实现求交联合查询的语法格式如下。

```
<SELECT 语句 1>{INTERSECT <SELECT 语句 2>}[,...n]
```

实战演练

在 Stu_info 表中求取 SEX 为“男”并且 NAME 中姓“张”的学生的交集。

子任务 3　求差联合查询

任务描述

掌握求差联合查询的使用方法。

要求：在成绩表中查询成绩大于 70 分的学生的成绩记录，并从这些记录中去掉课程编号大于 03 的成绩记录，最后显示所求取的差集记录集的学号、课程编号和成绩。

任务所用知识点

求差联合查询。

【案例 4.49】在成绩表中查询成绩大于 70 分的学生的成绩记录，并从这些记录中去掉课程编号大于 03 的成绩记录，最后显示所求取的差集记录集的学号、课程编号和成绩。

【操作步骤】

（1）单击【新建查询】按钮，在光标所在处输入如下 T-SQL 语句。

```
use xsxx
go
select 学号,课程编号,成绩
from 成绩
where 成绩>'70'
except
select 学号,课程编号,成绩
from 成绩
where 课程编号>'03'
go
```

（2）单击【执行】按钮，运行结果如图 4-52 所示。

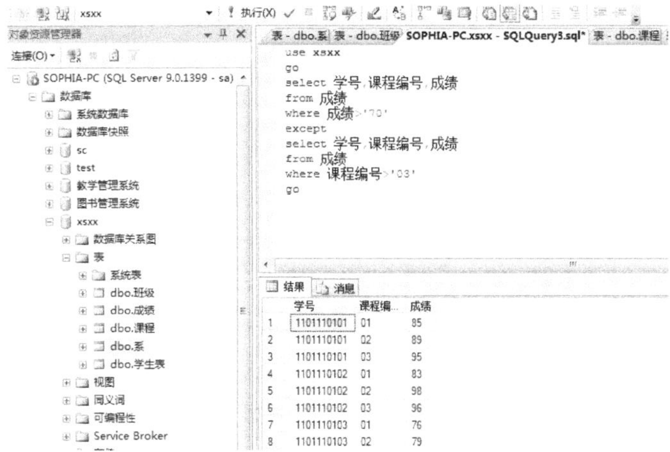

图 4-52　求差联合查询结果

任务知识点分解

EXCEPT(差)用于对左右两个查询语句的结果数据集求差集，并将求取的结果数据集作为联合查询的结果数据集返回并输出。实现求差联合查询的语法格式如下。

```
<SELECT 语句 1> EXCEPT <SELECT 语句 2>
```

实战演练

在 Stu_score 中查询成绩大于 60 分的学生信息，但不包含 CID 大于“04”的课程信息。

任务 8　更改数据库中的数据

子任务 1　使用 SELECT 和 TOP 子句向表中添加数据

任务描述

学会使用 SELECT 和 TOP 子句向表中添加数据。

要求：将“dbo.系 2”表中的前两行数据添加到“dbo.系”表中。

任务所用知识点

SELECT 和 TOP 语句。

【案例 4.50】将系 2 表中的前两行数据添加到系表中。

【操作步骤】

（1）单击【新建查询】按钮，在光标所在处输入如下 T-SQL 语句。

```
INSERT TOP （2）INTO 系
SELECT 系号,系部 FROM 系 2
```

（2）单击【执行】按钮，运行结果如图 4-53 所示。

（3）单击【新建查询】按钮，在光标所在处输入如下 T-SQL 语句。

```
select *
from 系
```

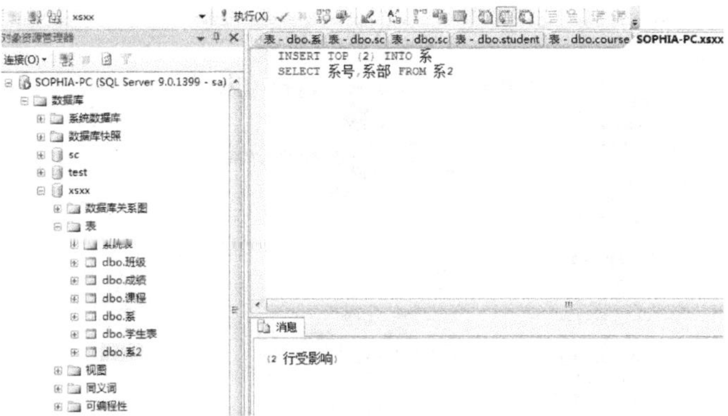

图 4-53　添加数据

(4) 单击【执行】按钮，运行结果如图 4-54 所示。

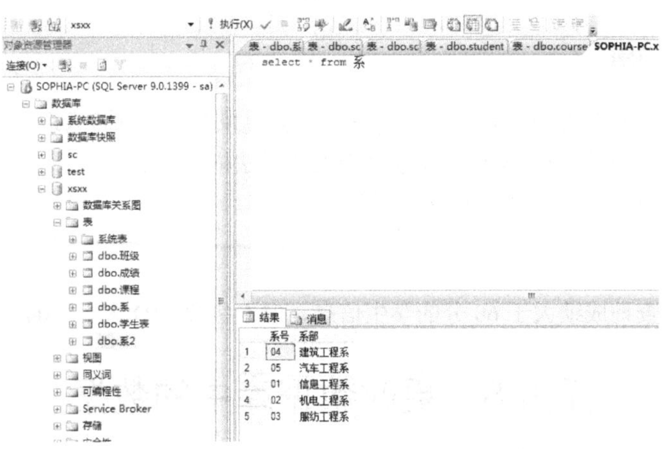

图 4-54　添加后的系表

将此案例在 SQL Server 2012 上实现。

子任务 2　使用 FROM 和 TOP 子句更改数据

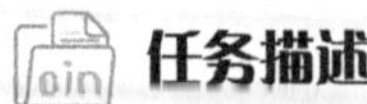

学会使用 FROM 和 TOP 子句更改数据。

要求：使用 TOP 和 FROM 将系表中的第一个系部改为“人文与生物工程系”。

FROM 和 TOP 语句。

【案例 4.51】 使用 TOP 和 FROM 将系表中的第一个系部改为“人文与生物工程系”。

【操作步骤】

(1) 单击【新建查询】按钮，在光标所在处输入如下 T-SQL 语句。

```
UPDATE TOP (1) 系
SET 系部='人文与生物工程系'
```

```
WHERE 系部=
   (select 系部
   from 系
   where 系号='04')
```

（2）单击【执行】按钮，运行结果如图 4-55 所示。

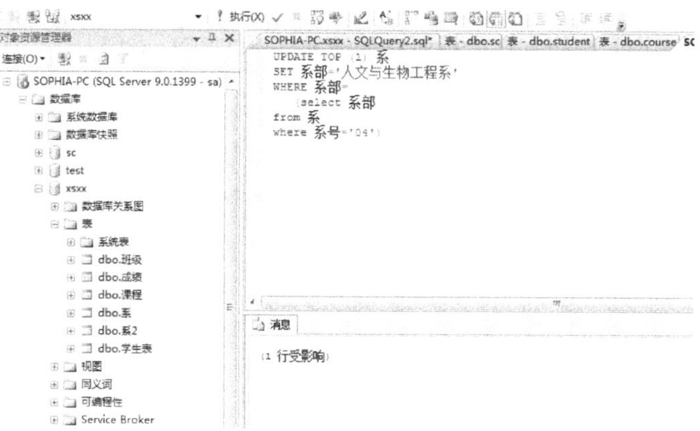

图 4-55　更改数据

（3）单击【新建查询】按钮，在光标所在处输入如下 T-SQL 语句。

```
select *
from 系
```

（4）单击【执行】按钮，运行结果如图 4-56 所示。

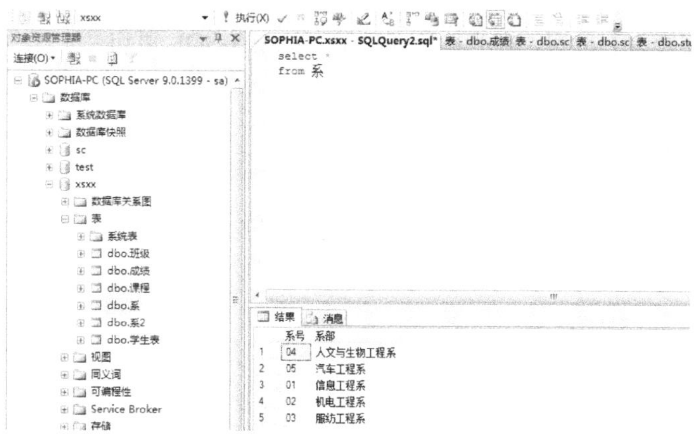

图 4-56　更改数据后的系表

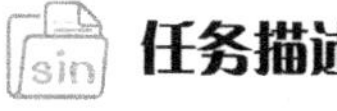

实战演练

将此案例在 SQL Server 2012 上实现。

子任务 3　使用 TOP 和附加的 FROM 子句删除数据

任务描述

学会使用 TOP 和附加的 FROM 子句删除数据。

要求：删除系表中的前两条记录。

 任务所用知识点

TOP 和 FROM 语句。

【案例 4.52】删除系表中的前两条记录。

【操作步骤】

（1）单击【新建查询】按钮，在光标所在处输入如下 T-SQL 语句。

```
DELETE top (2) FROM 系
```

（2）单击【执行】按钮，运行结果如图 4-57 所示。

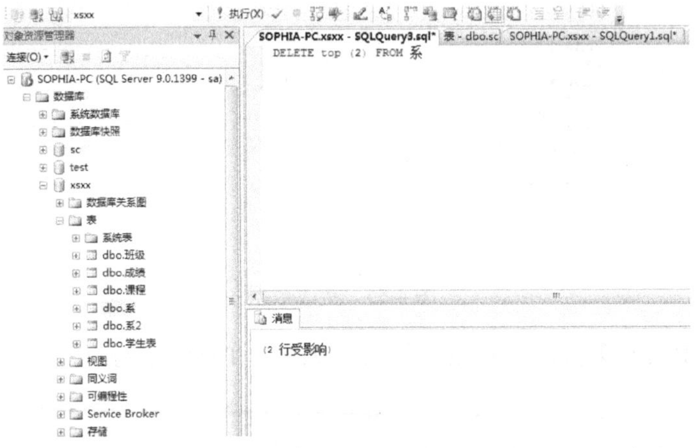

图 4-57　删除数据

（3）单击【新建查询】按钮，在光标所在处输入如下 T-SQL 语句。

```
select *
from 系
```

（4）单击【执行】按钮，运行结果如图 4-58 所示。

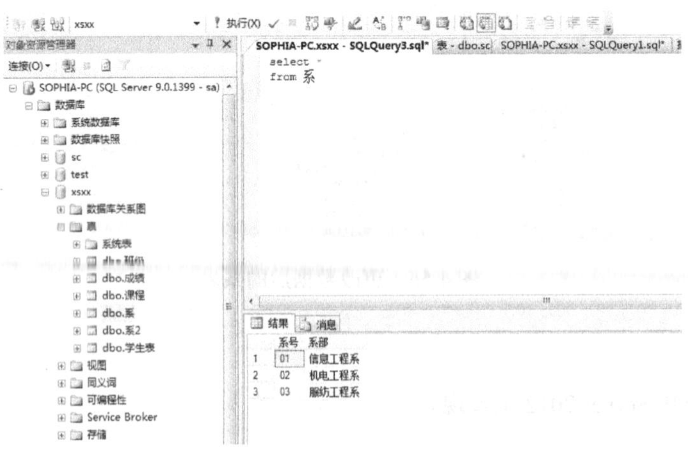

图 4-58　删除数据后的系表

 任务知识点分解

通过本项目任务 8 可以看出，TOP 除了一般的用法以外，还可以结合其他关键词来进行添加、更改和删除数据等操作。

实战演练

将此案例在 SQL Server 2012 上实现。

知识串联

1. SELECT 语句

（1）SELECT 语句的通用格式。

（2）目标项列表的定义。

2. 简单查询

（1）查询表中指定的列。

（2）查询表中全部的列。

（3）在目标项列表中使用常量。

（4）表别名的使用。

（5）为表达式列定义别名。

（6）在目标项列表中使用函数或表达式。

（7）删除重复行。

（8）限制返回行数。

3. 条件查询

（1）以比较运算为条件。

（2）以确定范围为条件。

（3）以确定集合为条件。

（4）以字符匹配为条件。

（5）涉及空值的查询。

（6）多重条件（或复合）查询。

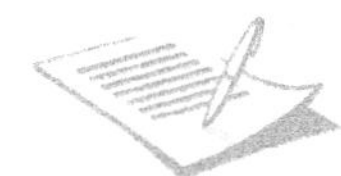

基础练习

填空题

1. 用来实现查询的指令是________________。

2. 用来实现条件查询的子句是________________。

3. 在 T-SQL 语法中，SELECT 查询语句的完整语法较复杂，但至少包括的部分是_____________，使用关键字________________可以把重复行屏蔽，将多个查询结果返回一个结果集的运算符是________________，如果在 SELECT 语句中使用聚合函数(列函数)进行分组统计或汇总时，一定要在后面使用________________。

4. 在 SQL 中，与 NOT IN 等价的是________________。

5. 在 T-SQL 语句中，________________语句使用频率最高。

6. 左外连接返回连接中左表的________________数据行，返回右表中______________数据行。

7. SELECT 查询语句中两个必不可少的子句是____________和____________。

8. 使用_____________子句，允许同时浏览查询所得到的各字段数据的细节以及统计各字段数据所产生的总和。

9．一个表与自身进行连接，这种连接称为__________。

10．外连接需在 SELECT 语句中使用___________关键字。

11．当子查询的返回结果为某一单值类型时，常用________________来关联内、外层查询块。

12．联合查询的运算符主要包括以下三种：_________，_________，_________。

技 能 实 训

第一部分　上机任务

本实训主要练习：

本实训主要练习使用各种查询语句来查询数据。

训练技能点：

（1）简单查询。

（2）条件查询。

（3）排序查询、计算查询、分组查询。

（4）连接查询。

（5）子查询。

（6）联合查询。

（7）更改数据库中的数据。

第二部分　任务实现

任务　使用 ddm 数据库进行查询

掌握要点：

（1）掌握查询数据的步骤。

（2）掌握常用查询语句。

任务说明：

（1）定义“产品信息表”的别名为“product”，查询“产品信息表”中产品编号和品名的信息，其别名定义为 pnumber、pname，并把它的显示方式设为

```
pnumber                        pname
********    该产品名称为：*************
```

（2）把“产品信息表”中的单价加上 5，同时查询最高单价和最低单价，并显示“最高单价为：”和“最低单价为：”。

（3）删除“客户信息表”和“职工信息表”中的重复行。

（4）查询“订单信息表”中产品编号为“01”且客户编号为“03”的订单信息（这里的产品编号和客户编号请选择自己数据表中的数据）。

（5）查询“订单信息表”中前 10 个订单的信息。

（6）查询“职工信息表”中姓“王”和姓“张”的职工的信息。

（7）查询“订单信息表”中产品编号为“01”、“03”的订单信息（这里的产品编号请选择自己数据表中的数据）。

（8）查询“订单信息表”中产品编号为“01”且 50<数量<100 的订单信息（这里的产品编号请选择自己数据表中的数据）。

（9）查询所有订单信息的客户姓名。

（10）用求差方法查询产品编号为“03”的订单信息，并去除其中客户编号为“01”的订单信息。

实现思路：

（1）单击【新建查询】按钮，在光标所在处输入正确的T-SQL语句。

（2）输入完语句后，单击【执行】按钮。

（3）查看查询结果。

提示：

在确定查询内容后，请选择合适的T-SQL语句输入。

项目 5

索引与视图

教学聚集

- 索引是以表中列字段为基础的数据库对象，可以实现表中数据的逻辑排序，能提高 SQL Server 的系统性能，加快数据的查询速度，减少系统的响应时间。
- 视图是从一个或多个基本表中导出的虚拟表。视图是面向普通用户的数据库对象，并为用户提供了一个可以检索数据表中数据的方式。视图由查询数据产生，通过视图能限制用户所看到和修改的数据，只显示用户所需的数据。

知识目标

- 了解索引的分类和作用；
- 掌握索引的创建和管理；
- 了解视图的概念和作用；
- 掌握创建视图的方法；
- 学会管理视图。

技能目标

- 掌握索引的创建和管理；
- 学会视图的创建、管理和应用。

课时建议

8 课时。

课前预习

- 数据查询分为哪几类？
- 如何进行条件查询？
- 如何利用查询更改数据库中的数据？

项目描述

某学院教务处想废除用纸张管理学生信息而改用数据库来管理。小李承担该学院系统数据库的设计任务。小李选择 SQL Server 2012 作为开发数据库的平台；他首先在计算机上安装了 SQL Server 2012 数据库管理系统，然后创建了数据库和数据表进行管理，并且对数据进行查询，那么他如何进行辅助查询和组织数据呢？

项目分析

通过使用索引和视图，可以大大地提高查询数据的效率。根据小李的需求，可以将该项目分为两个任务：创建和管理索引；创建和管理视图。

导读：

在 SQL Server 2012 中，索引和视图主要起到辅助查询和组织数据的功能，通过使用它们，可以大大地提高查询数据的效率。两者的区别如下：视图将查询语句压缩，使大部分查询语句放在服务端，而客户端只输入要查询的信息，而不用写出大量的查询代码，这也是一个封装的过程。而索引类似目录，使得查询更快速、更高效，适用于访问大型数据库。在项目中将针对索引和视图的内容进行详细的讲解。

任务1　索引的分类及作用

索引是数据库规划和系统维护的一个关键部分。可以为 SQL Server（以及其他的数据库系统）提供查找数据和定位数据物理位置的快捷方法。通过添加正确的索引可以大大减少查询执行时间。

子任务1　认识索引

任务描述

掌握索引的概念。

任务所用知识点

- 索引；
- 排序规则。

任务知识点分解

索引通常是以字母顺序安排的一些特定数据的清单。索引是与表或视图关联的磁盘上的结构，可以加快从表或视图中检索行的速度。索引包含由表或视图中的一列或多列生成的键。这些键存储在一个结构中，使 SQL Server 可以快速有效地查找与键值关联的行。

SQL Server 有以下几种排序规则选项。

（1）二进制：按字母顺序排列（例如，在 ASCII 中，空格是用数字 32 代表的，而字母“D”是 68，但字母“d”是 100）。

（2）字典顺序：这种排序与在字典中看到的和所期望的顺序一样，可以使用一系列选项设置是否区分大小写、区分重音和字符集。

需要指出的是，在索引中发生的事件取决于建立的数据排序规则信息。从 SQL Server 2000 开始可以在数据库和列上改变排序规则，但在早期版本上排序规则都是在服务器上设置的。

子任务 2　索引类型

任务描述

掌握索引的类型以及各种类型的特点。

任务所用知识点

- 聚集索引；
- 非聚集索引。

任务知识点分解

在 SQL Server 中只有两种类型的索引（聚集索引和非聚集索引），但从内部角度上来说，有以下三种不同的类型：聚集索引、堆上的非聚集索引、聚集索引上的非聚集索引。

SQL Server 遍历 B-树得到最终结果的方法就是在三种索引之间变动的。所有的 SQL Server 索引都有叶层页和非叶层页。叶层拥有定义记录的关键，而非叶层页引导到叶层。

索引在聚集表或者堆上创建。

除了从内部角度考虑之外，在 SQL Server 2012 中，还有以下两种特殊的索引：全文索引和 XML 索引。下面对其进行详细介绍。

1．聚集表

聚集表是具有聚集索引的表。聚集表中的数据以指定顺序存储。独立行通过簇-键唯一定义——簇-键指定义了聚集索引的列。

2．堆

堆是不含有任何聚集索引的表。它基于组合该行的扩展盘区、页和行偏移（放置在最顶端）而建立唯一标识或行 ID。只在没有可用簇-键的情况下（非聚集索引）才需要行 ID。

1）聚集索引

聚集索引对于特定表是唯一的，一张表只能有一个聚集索引。聚集索引基于数据行的键值在表内排序和存储这些数据行。每个表只能有一个聚集索引，因为数据行本身只能按一个顺序存储。

聚集索引的特殊之处在于叶层聚集索引就是实际数据，也就是说，数据根据索引排序标准重新排序，然后以相同物理顺序存储。

如果需要在索引结构的中间插入记录，就会发生标准页拆分。原有页的最后一半记录被移至一新页上，并在新页或原有页的合适位置插入新记录。如果新记录逻辑上处于索引结构的末尾，则创建新页，但只有新记录被添加到新页中，如图 5-1 所示。

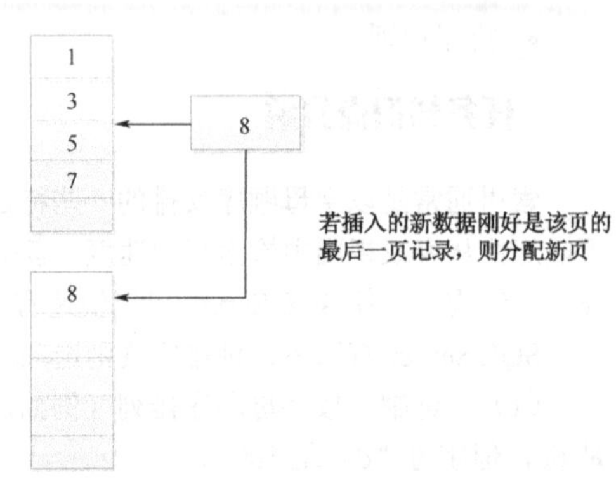

图 5-1　新记录被添加到新页中

2）堆上的非聚集索引

堆上的非聚集索引与聚集索引的工作方式相似。但是，它们之间存在一些明显的区别。叶级不是数据，相反，它是一个可从中获得指向该数据的指针的级别。该指针以RID的形式出现，RID由索引指向的特定行的区段、页以及行偏移量构成。即使叶级不是实际数据，使用叶级也仅仅比使用群集索引多了一个步骤。因为RID具有行的位置的全部信息，所以可以直接到达数据。

但是不要误解“只多一步”意味着只存在细微差别，堆上的非聚集索引运行的速度与聚集索引的速度一样快。就聚集索引而言，数据以索引的物理存放。这意味着对于一定范围内的数据，当发现该行拥有数据头时，就有好机会，因为该页的其他行也有数据头（这不是说，因为数据和数据头存储在一起，所以从物理上已经得到了下一条记录）。就堆而言，数据除了以索引的方式链接以外，不再以其他方式链接。从物理角度看，这绝对不是一种排序。这意味着，从物理的角度看，系统已经从所有的文件中提取了记录。实际上，极有可能要从相同页上分多次提取数据。

注意：

堆上的非群集索引和群集索引一样，通常任何已读取一次的页将仍然在内存缓存中，而且同样将非常快地被检索。此外，它添加了一些额外的逻辑操作来检索数据。

3．聚集表上的非聚集索引

聚集表上的非聚集索引仍然有许多相似性，但也有差别。就像堆上的非聚集索引，索引的非叶层看上去与聚集索引相似。只有等到了叶层，才能看见差别。

在叶层上，聚集表上的非聚集索引与其他两种索引结构相比，差别十分大。还需要了解另一种索引结构。对于聚集索引，当到达叶层时，就可以找到实际数据。对堆上的非聚集索引，我们还没有找到真实数据，但找到了直接访问数据的标识符。对于聚集表上的非聚集索引，我们找到了簇键。也就是说，已经找到了足够的信息，并且可以利用聚集索引。

这里有两种完全不同的查找方法。

在关系表的例子中，我们从一定范围的查询开始，在索引中进行了单个查询，而且浏览非聚集索引并能找到满足标准的数据连续范围（LIKE 'T%'）。对于这种形式的查找，能立即进入索引中的特定场所，这种查找方法称为搜索。

第二种查询利用了聚集索引。第二种形式的查询速度非常快，问题是必须多次发生。可以看到，SQL Server从第一个查询的索引中提取清单（所有名称都以“T”字开头的清单），但这个清单与连续模式的簇键在逻辑上并不匹配，需要单独查找每条记录。

4．全文索引

全文索引是一种特殊类型的基于标记的功能性索引，由Microsoft SQL Server全文引擎（MSFTESQL）服务创建和维护。全文索引是基于索引文本中的各个标记来创建倒排、堆积且压缩的索引结构的。

创建和维护全文索引的过程称为“索引填充”。Microsoft支持下列全文索引填充，见表5-1。

表5-1　全文索引填充

名　称	功　能
完全填充	完全填充一般发生在首次填充全文目录或全文索引时。随后可以使用更改跟踪填充或增量填充来维护这些索引

续表

名　称	功　能
基于更改跟踪的填充	对基于更改跟踪的填充，SQL Server 会记录在设置了全文索引的表中修改过的行。这些更改会被传播到全文索引。 更改跟踪填充要求对相应的全文进行初步填充。 若要自动将更改传播到全文索引，则应在 CREATE FULLTEXT INDEX 语句中使用 AUTO 选项。 通过指定 MANUAL 选项，可以按计划手动传播更改或通过使用 SQL Server 代理来传播更改，也可以自动手动传播更改。 更改跟踪需要少量的开销。如果不希望 SQL Server 跟踪更改，则应使用 CHANGE TRACKING OFF 选项
基于增量时间戳的填充	对基于增量时间戳的填充，增量填充会在全文索引中更新上次填充的当时或之后添加、删除或修改的行。增量填充要求索引表必须具有 timestamp 数据类型的列。如果时间戳列不存在，则无法执行增量填充。对不含时间戳列的表请求增量填充会导致完全填充操作。 如果影响表全文索引的任意元数据自上次填充以来发生了变化，增量填充请求将作为完全填充来执行。这包括更改任意列、索引或全文索引的定义。 填充结束时，SQL 收集器会记录一个新的时间戳值。此值等于 SQL 收集器所观察到的最大时间戳值。以后再启动增量填充时，就会使用此值

5．XML 索引

XML 索引是 SQL Server 2005 中的新增功能。XML 是相对非结构化的数据。它利用标记来标识数据，并且可以与模式关联，给基于 XML 的数据提供类型或验证信息。XML 的非结构化特性需要“导航”或者“路径”信息的概念，以在 XML 文档中查找数据“节点”。另一方面，索引尝试提供数据的特定结构和顺序，这存在一定冲突。XML 索引分为主 XML 索引和辅助 XML 索引，见表 5-2。

表 5-2　XML 索引

名　称	功　能
主 XML 索引	在 XML 索引上创建的第一个索引必须声明为“主”索引。当创建主索引时，SQL Server 创建一个新的群集索引，这个群集索引将基表的群集索引和来自任何指定的 XML 节点的数据组合在一起
辅助 XML 索引	这里没有任何特别之处，非常类似于指向群集索引的群集键的非群集索引，辅助 XML 索引以很相似的方法指向主 XML 索引。一旦创建了主 XML 索引，就能在 XML 列上创建多达 248 个以上的 XML 索引

在 SQL Server 中，可以在类型为 XML 的列上创建索引。这样做的主要要求如下。

（1）在包含需要索引的 XML 表上必须具有群集索引。

（2）在创建“辅助”索引之前（稍后将有更多介绍），必须先在 XML 数据列上创建“主” XML 索引

（3）XML 索引只能在 XML 类型的列上创建（而且 XML 索引是可以在该类型的列上创建的唯一一种索引）。

（4）XML 列必须是基表的一部分，不能在视图上创建索引。

扫一扫，学一学

任务 2　索引的创建和管理

索引是一种物理结构，它能够提供一种以一列或多列的值为基础迅速查找表中行的能力。通过

索引，可以大大提高数据库的检索速度，改善数据库性能。

在 Microsoft SQL Server 2012 中创建索引的方法主要有两种:一种在 SQL Server Management Studio 中使用现有命令和功能，通过方便的图形化工具来创建；二是通过书写 T-SQL 语句创建。

在创建索引之前，首先了解一下创建索引的规则。

（1）避免在一个表上创建大量的索引，因为这样不但会影响插入、删除、更新数据的性能，还会在更改表中的数据时增加所有进行调整的操作，进而降低系统的维护速度。

（2）对于经常需要搜索的列可以创建索引，包括主键列和频繁使用的外键列。

（3）在经常需要根据范围进行查询的列上或经常需要排序的列上创建索引时，因为索引已经排序，因此其指定的范围是连续的，所以可以利用索引的排序从而节省查询时间。

子任务 1　使用图形化工具创建索引

任务描述

掌握使用图形化工具创建索引的方法。

任务所用知识点

- 图形化工具；
- 非聚集索引。

任务知识点分解

在了解了创建索引的规则后，开始创建索引，首先介绍如何使用图形化工具来创建索引。下面为数据库“xsxx”中的学生表创建一个不唯一的非聚集索引“学号索引”。

【操作步骤】

（1）在【对象资源管理器】中，展开【服务器】|【数据库】|【xsxx】|【表】|【dbo.学生表】节点，右击【索引】节点，在打开的快捷菜单中选择【新建索引】命令。

（2）打开【新建索引】对话框，在【常规】选项卡中，可以配置索引的名称、选择索引的类型、是否是唯一索引等，如图 5-2 所示。

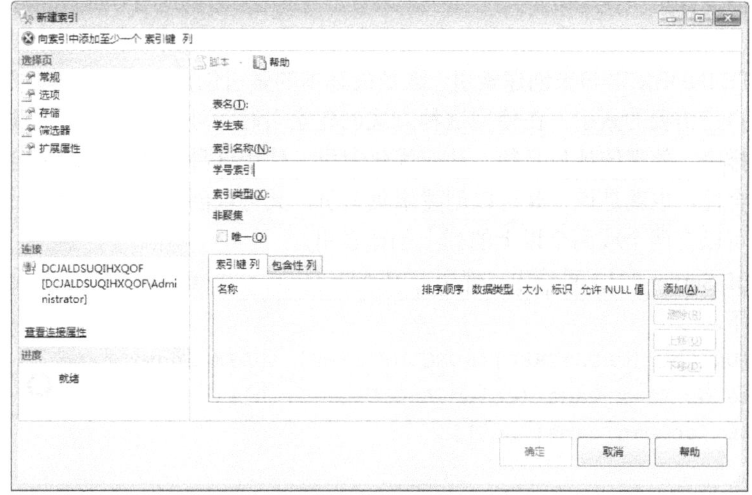

图 5-2　新建索引

（3）单击【添加】按钮，打开【从“dbo.学生表”中选择列】窗口，在窗口中选中【学号】复选框，如图 5-3 所示。

（4）单击【确定】按钮，返回【新建索引】对话框，单击【新建索引】对话框中的【确定】按钮，【索引】节点下便生成了一个名为“学号索引”的索引，说明该索引创建成功，如图 5-4 所示。

图 5-3 选择列

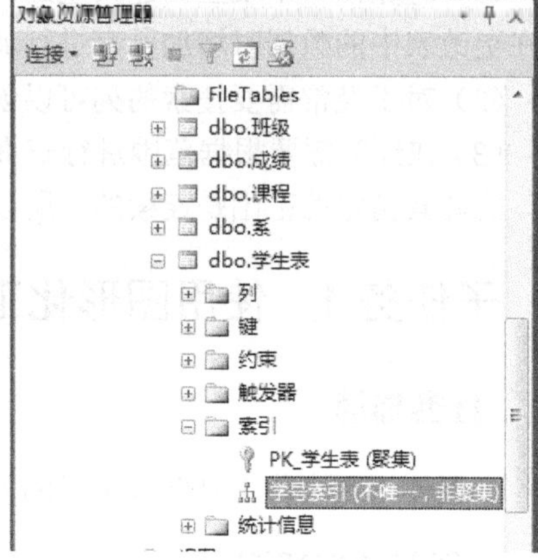

图 5-4 成功创建索引

子任务 2 使用 CREATE INDEX 创建索引

任务描述

掌握使用 CREAT INDEX 语句创建索引的方法。

任务所用知识点

- CREATE INDEX 语句；
- 聚集索引；
- 非聚集索引。

任务知识点分解

使用 CREATE INDEX 语句来创建索引，这是最基本的索引创建方式，这种方法最具有适应性，可以创建出符合自己需要的索引。在使用这种方式创建索引时，可以使用许多选项，如指定数据页的充满度、进行排序、整理统计信息等，从而优化索引。使用这种方法，可以指定索引类型、唯一性、包含性和复合性，也就是说，既可以创建聚集索引，又可以创建非聚集索引；既可以在一个列上创建索引，又可以在两个或两个以上的列上创建索引。

Microsoft SQL Server 2012 系统中，使用 CREATE INDEX 语句可以在关系表上创建索引，其基本的语法形式如下。

```
CREATE[UNIQUE][CLUSTERED][NONCLUSTERED] INDEX index_name
ON table_or_view_name (colum[ASC|DESC][,…n])
[INCLUDE (column_name[,…n])]
[WITH
(   PAD_INDEX ={ON|OFF}
```

```
| FILLFACTOR = fillfactor
| SORT_IN_TEMPDB ={ON|OFF}
| IGNORE_DUP_KEY ={ON|OFF}
| STATISTICS_NORECOMPUTE ={ON|OFF}
| DROP_EXISTING ={ON|OFF}
| ONLINE ={ON|OFF}
| ALLOW_ROW_LOCKS ={ON|OFF}
| ALLOW_PAGE_LOCKS ={ON|OFF}
| MAXDOP = max_degree_of_parallelism)[,…n]]
ON{partition_schema_name(column_name)|filegroup_name|default}
```

下面逐一解释上述语法清单中的各个项目。

（1）UNIQUE：该选项表示创建唯一性的索引，在索引列中不能有相同的两个列值存在。

（2）CLUSTERED：该选项表示创建聚集索引。

（3）NONCLUSTERED：该选项表示创建非聚集索引。这是 CREATE INDEX 语句的默认值。

（4）第一个 ON 关键字：表示索引所属的表或视图，这里用于指定表或视图的名称和相应的列名称。列名称后面可以使用 ASC 或 DESC 关键字，指定是升序还是降序排列，默认值是 ASC。

（5）INCLUDE：该选项用于指定将要包含到非聚集索引的页级中的非键列。

（6）PAD_INDEX：该选项用于指定索引的中间页级，即为非叶级索引指定填充度。这时的填充度由 FILLFACTOR 选项指定。

（7）FILLFACTOR：该选项用于指定叶级索引页的填充度。

（8）SORT_IN_TEMPDB：该选项为 ON 时，用于指定创建索引时产生的中间结果，在 tempdb 数据库中进行排序；为 OFF 时，在当前数据库中排序。

（9）IGNORE_DUP_KEY：该选项用于指定唯一性索引键冗余数据的系统行为。当该值为 ON 时，系统发出警告信息，违反唯一性的数据插入失败；为 OFF 时，取消整个 INSERT 语句，并且发出错误信息。

（10）STATISTICS_NORECOMPUTE：该选项用于指定是否重新计算分发统计数据。该值为 ON 时，不自动计算过期的索引统计信息；该值为 OFF 时，启动自动计算功能。

（11）DROP_EXISTING：该选项用于是否可以删除指定的索引，并且重建该索引。该值为 ON 时，可以删除并且重建已有的索引；为 OFF 时，不能删除重建。

（12）ONLINE：该选项用于指定索引操作期间基础表和关联索引是否可用于查询。该值为 ON 时，不持有表锁，允许用于查询；为 OFF 时，持有表锁，索引操作期间不能执行查询。

（13）ALLOW_ROW_LOCKS：该选项用于指定是否使用行锁，为 ON 时，表示使用行锁。

（14）ALLOW_PAGE_LOCKS：该选项用于指定是否使用页锁，为 ON 时，表示使用页锁。

（15）MAXDOP：该选项用于指定索引操作期间覆盖最大并行度的配置选项。其主要目的是限制执行并行计划过程中使用的处理器数量。

【案例 5.1】下面通过一个具体案例，来说明怎样使用 CREATE INDEX 创建索引。如果要创建名称为“学号索引”的唯一非聚集索引，则可通过如下代码进行创建。

【操作命令】

```
USE  xsxx
GO
CREATE  UNIQUE  NONCLUSTERED  INDEX  学号索引
ON 学号(学生表)
/*注意 on 后面是表名学生表，表名有一个空格索引的字段一定要放在括号中*/
```

子任务 3　管理索引

在用户创建了索引以后，由于数据的增加、删除、更新等操作会使索引页出现碎块，为了提高系统的性能，必须对索引进行维护管理。这些维护包括查看碎片信息、维护统计信息、分析索引性能、删除重建索引等。

子任务 3.1　修改和删除索引

 **任务描述**

掌握修改和删除索引的方法。

 **任务所用知识点**

- 修改索引；
- 删除索引。

 **任务知识点分解**

和创建索引一样，管理索引的方法也有两种，即使用方便的图形化工具和使用 T-SQL 语句。在本任务中，将主要使用 T-SQL 语句管理索引。

1. 使用 ALTER INDEX 修改索引

ALTER INDEX 语句的基本语法格式如下所示。

（1）重新生成索引：

```
ALTER  INDEX  index_name  ON  table_or_view_name  REBUILD
```

（2）重新组织索引：

```
ALTER INDEX index_name ON table_or_view_name RGORGANIZE
```

（3）禁用索引：

```
ALTER INDEX index_name ON table_or_view_name DISABLE
```

上述语句中 index_name 表示所要修改的索引名称，table_or_view_name 表示当前索引基于的表或视图名。

【案例 5.2】下面看一个具体案例，使用 ALTER INDEX 语句将“学生表”中的“学号索引”修改为禁止访问，可以使用如下语句。

```
ALTER INDEX 学号索引 ON 学生表 Disable
```

2. 使用 DROP　INDEX 删除索引

删除索引的语法类似于删除表的语法，如下所示。

```
DROP  INDEX  <table or view name>.<index name>
```

也可以使用如下语法格式：

```
DROP  INDEX  <index name>  ON  <table or view name>
```

下面使用 DROP INDEX 将“学生表”中的“学号索引”删除，可以使用如下两条语句：

```
DROP  INDEX 学生表.学号索引
DROP  INDEX 学号索引  ON 学生表
```

在删除索引时，要注意以下情况。

（1）当执行 DROP INDEX 语句时，SQL Server 释放被该索引所占的磁盘空间。

（2）不能使用 DROP INDEX 语句删除由主键约束或唯一性约束创建的索引。要想删除这些索引，必须先删除这些约束。

（3）当删除表时，该表全部索引都将被删除。

（4）当删除一个聚集索引时，该表的全部非聚集索引重新自动创建。

（5）不能在系统表上使用 DROP　INDEX 语句。

子任务 3.2　查看索引信息

任务描述

掌握查看索引的方法。

任务所用知识点

- 查看索引统计信息；
- 查看索引信息；
- 使用系统存储过程查看索引信息。

任务知识点分解

索引信息包括索引统计信息和索引碎片信息，通过查询这些信息分析索引性能，可以更好地维护索引。

1．查看索引统计信息

索引统计信息是查询优化器用来分析和评估查询、确定最优查询计划的基础数据。用户可以使用 DBCC SHOW_STATISTICS 命令来查看指定索引的信息。也可以使用图形化工具来查看索引的信息。DBCC SHOW_STATISTICS 命令可以用来返回指定表或视图中特定对象的统计信息，这些特定对象可以是索引、列等。

【案例 5.3】下面使用该命令查看【xsxx】系统中【学生表】中的【学号索引】的统计信息，返回结果如图 5-5 所示。

【操作命令】

```
USE  xsxx
GO
DBCC  SHOW_STATISTICS('xsxx.dbo.学生表','学号索引')
```

通过图 5-5 可以看出这些统计信息包括三部分，即统计标题信息、统计密度信息和统计直方信息。统计标题信息主要包括表中的行数、统计的抽样行数、所有索引列的平均长度等。统计密度信息主要包括索引列前缀集的选择性、平均长度等信息。统计直方图信息即为显示直方略图时的信息。

【案例 5.4】除了使用上面的方式查看索引统计信息外，还可以使用 SQL Server Management Studio 图形化工具查看统计信息。在对象资源管理器中，展开【xsxx】|【dbo.学生表】节点，右击所要查看的索引（如学号索引），在打开的快捷中选择【属性】命令，打开【索引属性-学号索引】窗口，在【选择页】中选择【常规】选项卡，就能看到当前索引的统计信息，如图 5-6 所示。

2．查看索引信息

可以使用 SQL Server Management Studio 图形化工具查看索引信息。

【案例 5.5】在对象资源管理器中，右击所要查看信息的索引（如“学号索引”），在打开的快捷菜单中选择【属性】命令，打开索引属性窗口，从【选择页】中选择【碎片】选项卡，就能看到当前索引的碎片信息，如图 5-7 所示。

图 5-5　查看“学号索引”的统计信息

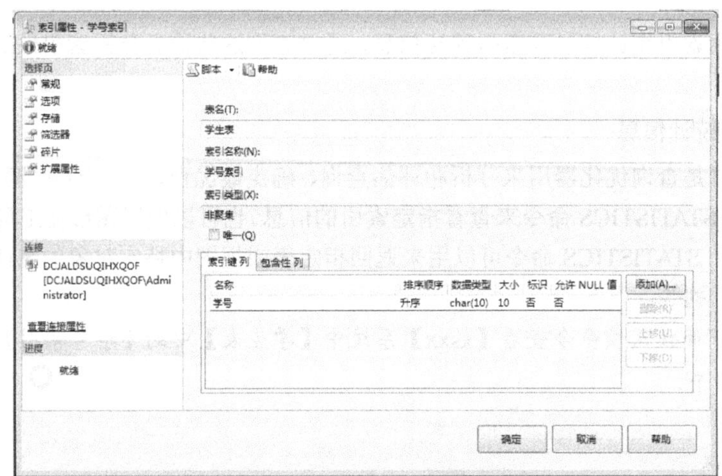

图 5-6　学号索引的索引属性窗口

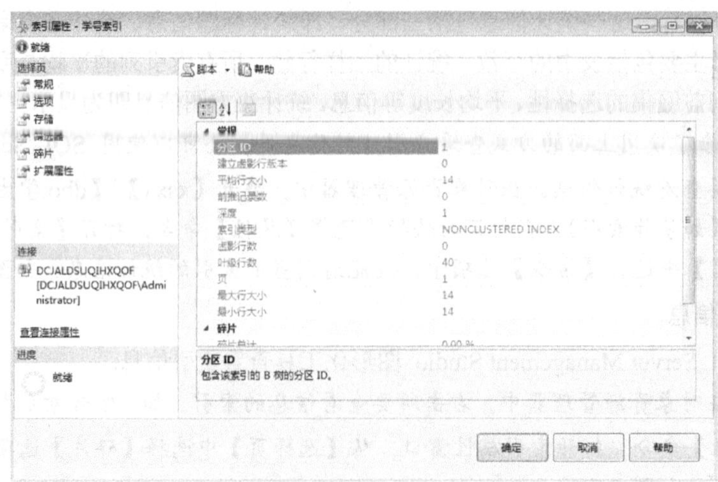

图 5-7　索引属性窗口碎片信息

3．使用系统存储过程查看索引信息

使用系统存储过程 sp_helpindex 可以查看特定表上的索引信息。

【案例 5.6】例如，查看数据库【xsxx】中【学生表】的索引信息，可以使用如下语句。

```
EXEC  SP_HELPINDEX  学生表
```

执行上面语句后，可以看到返回结果如图 5-8 所示。结果显示了【学生表】表上的所有索引的名称、类型和建立索引的列。

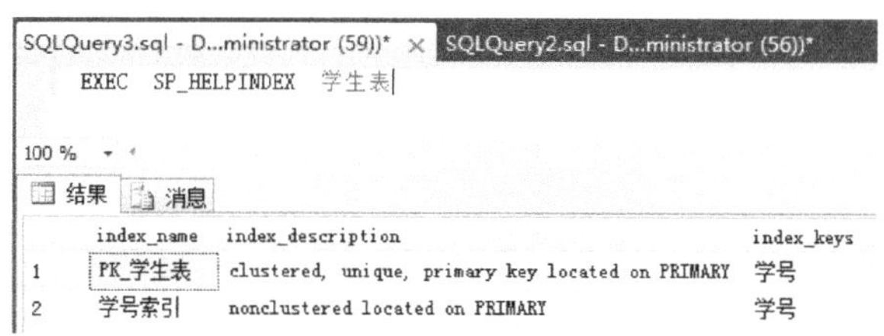

图 5-8　查看“学生表”中的索引信息

任务 3　视图概述

子任务 1　视图的概念

任务描述

掌握视图的概念。

任务所用知识点

- 视图的概念；
- 虚表。

任务知识点分解

视图是一种数据库对象，是从一个或多个基表（或视图）导出的虚表。视图的结构和数据是对数据表进行查询的结果。

视图被定义后便存储在数据库中，通过视图看到的数据只是存放在基表中的数据。当对通过视图看到的数据进行修改时，相应的基表的数据也会发生变化，同时，若基表的数据发生变化，这种变化也会自动地反映到视图中。

视图可以是一个数据表的一部分，也可以是多个基表的联合；视图也可以由一个或多个其他视图产生。

视图上的操作和基表类似，但是 DBMS 对视图的更新操作（INSERT、DELETE、UPDATE）往往存在一定的限制。DBMS 对视图进行的权限管理和基表也有所不同。

视图可以提高数据的逻辑独立性，也可以增加一定的安全性。DBMS 在处理视图时和基表存在很多不同的地方，表现在以下方面。

（1）定义：基于基表或视图。

（2）数据：一般不单独存放。

（3）查询：允许，和基表类似。

（4）插入：有限制。
（5）删除：有限制。
（6）更新：有限制。
（7）权限：有所不同。

子任务 2　视图的作用

任务描述

掌握视图的作用。

任务所用知识点

- 数据保护；
- 数据定制；
- 数据交互。

任务知识点分解

由于视图是定义在基本表之上的，因此对视图的操作本质是转变为对基本表的操作。为什么要引入视图呢？这是因为视图能为用户对数据库的查询提供很大的帮助。

1．简化用户的操作

用户需要处理的数据可能存放在不同的基本表中，而查询这些数据可能涉及不同约束下的多张基本表操作。开发人员通过定义视图将注意力集中在数据上，而不必过多的关心虚拟表基本表的结构，简化开发人员的数据查询操作。

2．提供数据保护功能

基本表中存放了全部的数据，通常用户只需要部分有实际价值的数据，而对基本表的检索操作可以看到全部数据和机密数据，通过视图可以限制用户对数据的访问，使无应用价值和机密数据不出现在用户视图上，用户只能检索和修改视图里的数据，而对基本表和其他数据不能访问和操作，从而有效地提高了数据的安全性。

3．提供数据定制服务。

通过视图，用户可以从不同的角度，用不同的方式访问相同或不同的数据集，为不同层次、不同水平的数据库用户提供非常灵活的访问机制。

4．提供便利的数据交互操作

数据库中的数据常常需要与其他数据库系统或应用程序进行数据交互，因此需要保持数据的逻辑独立性，使数据库中字段或关系有变化时，用户和程序不受影响。通常，数据存放于多张数据表或多个数据库中，实现数据交互比较麻烦，通过视图可以将需要进行关联交互的数据统一到一张虚拟表中，大大简化了数据交互操作。

5．易于数据的关系运算

由于数据库中的数据量非常庞大，通过视图可以重新组织数据，而不需要改变基本表的结构，不会影响应用程序，应用程序可以通过视图来重新读取数据。

任务 4　创建视图

视图提供在一个或多个表中查看数据的替代方法。通过创建视图，可以对各种用户想要查看的信息进行限制。创建视图有两种方式：使用 T-SQL 语句创建视图和图形化工具创建视图。使用 SQL Server Management Studio 设计视图创建视图的过程简单、直观，而使用 T-SQL 语句编写视图的方式比较灵活。

子任务 1　使用 T-SQL 语句创建视图

任务描述

掌握使用 T-SQL 语句创建视图的方法。

任务所用知识点

- CREATE VIEW 语句；
- 参数。

任务知识点分解

在 SQL Server 2012 中，使用 CREATE VIEW 语句创建视图。

语法格式：

```
CREATE VIEW[schema_name .] view_name [(column[,...n])]
  [WITH <view_attribute>[,...n]]
AS
  select_statement
[WITH CHECK OPTION]
<view_attribute> ::=
{[ENCRYPTION]   [SCHEMABINDING] [VIEW_METADATA]   }
```

其中，相关参数的含义见表 5-3。

表 5-3　相关参数的含义

参 数 名	含　义
schema_name	视图所属架构名
view_name	视图名
column	视图中所使用的列名，一般只有列是从算术表达式、函数或常量派生出来的或者当列的指定名称不同于来源列的名称时，才需要使用
select_statement	搜索语句
WITH CHECK OPTION	强制针对视图执行的所有数据修改语句都必须符合在 select_ statement 中设置的条件
ENCRYPTION	加密视图
SCHEMABINDING	将视图绑定到基础表的架构
VIEW_METADATA	指定为引用视图的查询请求浏览模式的元数据时，SQL Server 实例将向 DB-Library、ODBC 和 OLE DB API 返回有关视图的元数据信息，而不返回基表的元数据信息

【案例 5.7】下面使用 CREATE VIEW 语句，创建一个基于“学生表”的视图 student_view2。该视图要求包含列：学号、姓名、性别、手机号码、出生日期。要求只显示出生日期“1992-05-01”

以前的学生相关信息。另外，还要对该视图进行加密，不允许查看该视图的定义语句。创建这个视图可以使用如下语句。

```
Use xsxx
go
CREATE VIEW student_view2(学号,姓名,性别,手机号码,出生日期)
with encryption
as
select 学号,姓名,性别,手机号码,出生日期 from 学生表
where 出生日期<=1992-05-01
go
select * from student_view2
```

执行上面语句后，可以看到结果如图 5-9 所示。

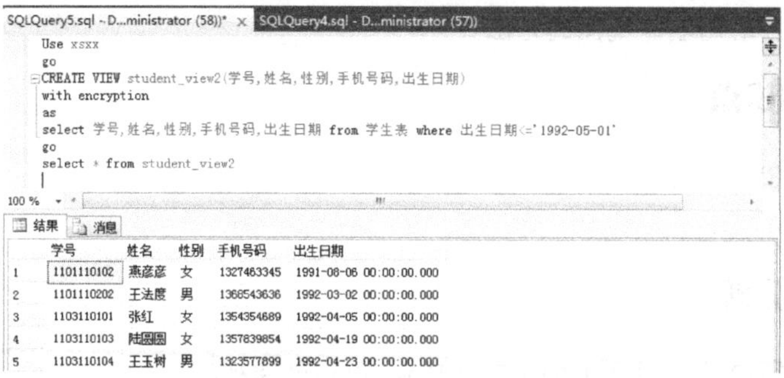

图 5-9　查询创建好的 student_view2 视图

子任务 2　使用图形化工具创建视图

任务描述

掌握使用图形化工具创建视图的方法。

任务所用知识点

- 图形化工具；
- 视图设计器。

【案例 5.8】例如，通过图形化工具在【学生表】、【课程】表和【成绩】表中创建一个“学生课程成绩”视图，要求包含学号、姓名、课程名称和成绩字段。

【操作步骤】

（1）在 SQL Server Management Studio 中，展开数据库【xsxx】|【视图】节点并右击，在打开的快捷菜单中选择【新建视图】命令，打开【添加表】对话框，其中有【表】、【视图】、【函数】和【同义词】四个选项卡。选择【表】选项卡，如图 5-10 所示。

（2）选择【学生表】、【课程】表、【成绩】表，单击【添加】按钮，所选对象在视图设计器中以图形窗口的方式显示。视图设计器从上到下分为四个部分：第一部分为【关系图】窗口，以图形化的方式显示数据表、视图及表间关系；第二部分为【网格】窗口，对列、视图以及查询条件等进行设置；第三部分为【SQL】窗口，通过操作界面自动生成 T-SQL 语句，也可直接通过手工编写 T-SQL 语句；第四部分为【结果】窗口，显示视图的运行结果，如图 5-11 所示。

（3）视图设计器的【关系图】窗口显示了【学生表】、【课程】表和【成绩】表，以及它们之间的

关联关系。依次单击表的学号、姓名、课程名称、成绩列，筛选视图中所要显示的数据列，如图 5-11 所示。

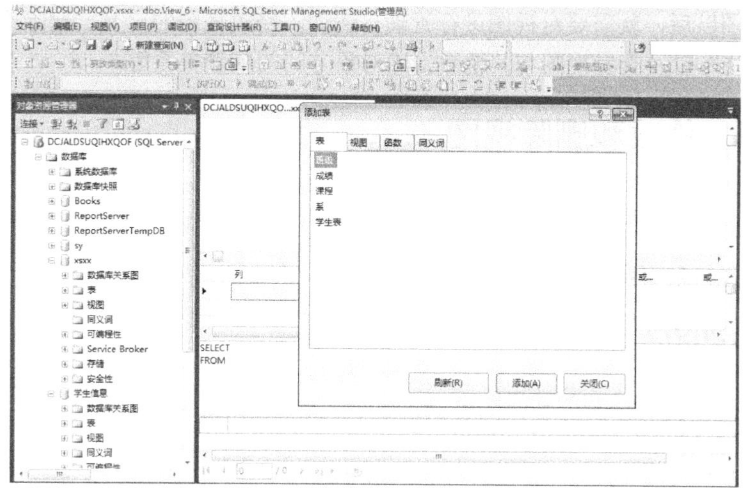

图 5-10　添加表

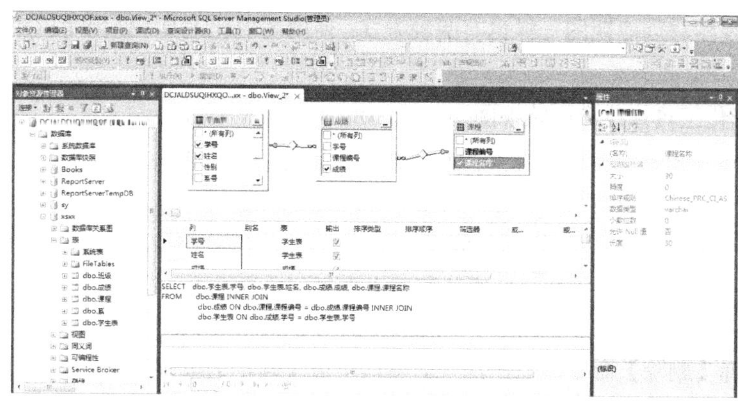

图 5-11　视图设计窗口

（4）单击工具栏中的【保存】按钮，打开【选择名称】对话框，输入视图名称【学生课程成绩】，单击【确定】按钮，这样就创建了一个简单的视图，如图 5-12 所示。

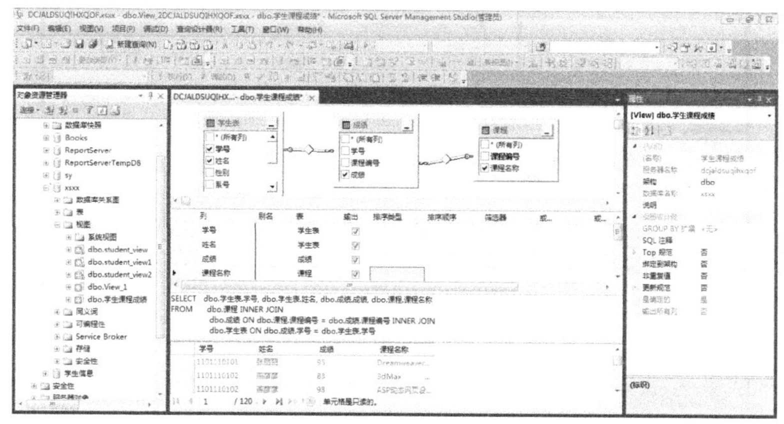

图 5-12　“学生课程成绩”视图

任务 5　管理视图

在创建了视图以后，就需要对视图进行管理。例如，修改视图的定义、删除不再需要的视图、查看视图的定义文本以及查看视图与其他数据库对象之间的依赖关系等。

子任务 1　修改和删除视图

任务描述

掌握如何修改和删除视图。

任务所用知识点

- 使用图形化工具修改和删除视图；
- 使用 T-SQL 语句修改和删除视图。

任务知识点分解

修改和删除视图与创建视图一样也有两种方式：使用图形化工具、使用 T-SQL 语句修改和删除视图。

1．使用图形化工具修改和删除视图

【案例 5.9】使用图形化工具修改和删除视图数据库【xsxx】中的一个视图 chengji。

【操作步骤】

（1）在 SQL Server Management Studio 中，展开数据库【xsxx】|【视图】节点。

（2）右击 chengji 视图，在打开的快捷菜单中选择相应的命令。这里可以选择【设计】和【删除】命令。

（3）如果选择【删除】命令，则在打开的窗口单击【确定】按钮，即可完成删除操作。如果选择【设计】命令，则会打开一个与创建视图一样的窗口，如图 5-13 所示，用户可以在该窗口中修改视图的定义，例如，可以重新添加表或删除一个表，还可以重新选择表中的列。修改完毕之后，单击【保存】按钮即可。

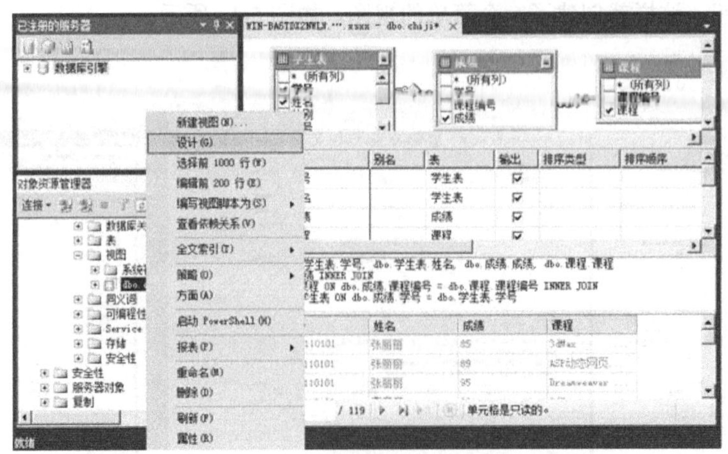

图 5-13　修改视图窗口

2．使用 T-SQL 语句修改和删除视图

1）使用 ALTER VIEW 语句修改视图

使用 T-SQL 语句修改视图的定义时需要使用 ALTER VIEW 语句，ALTER VIEW 语句的语法与 CREATE VIEW 的语法类似，其语法格式如下。

```
ALTER  VIEW[schema_name .] view_name  [(column[,...n])]
  [WITH <view_attribute>[,...n]]
AS
  select_statement
[WITH CHECK OPTION]
<view_attribute> ::=
{[ENCRYPTION]   [SCHEMABINDING] [VIEW_METADATA]    }
```

【案例 5.10】 例如，需要修改所建视图“学生课程成绩”，使其只显示“性别”为“女”的学生信息，并且不显示成绩，可以使用如下语句。

```
alter view 学生课程成绩
as
SELECT dbo.学生表.学号,dbo.学生表.姓名,dbo.课程.课程名称
FROM dbo.课程 INNER JION
     dbo.成绩 ON dbo.课程.课程编号=dbo.成绩.课程编号 INNER JOIN
     dbo.学生表 ON dbo.成绩.学号=dbo.学生表.学号
where dbo.学生表.性别='女'
go
select * from 学生课程成绩
go
```

执行语句后，显示结果如图 5-14 所示。可以发现该视图只显示性别为“女”的学生信息，并且不再显示“成绩”信息。

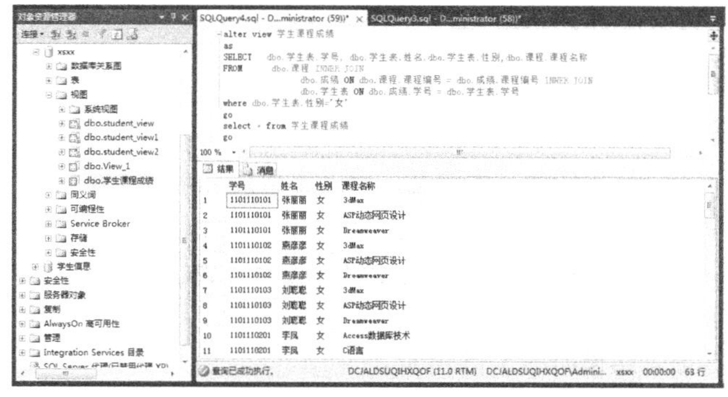

图 5-14　修改后的“学生课程成绩”视图显示结果

2）使用 DROP VIEW 语句删除视图

如果视图不再需要了，通过执行 DROP VIEW 语句，可以把视图的定义从数据库中删除。删除一个视图，就是删除其定义和赋予它的全部权限。删除一个表并不能自动删除引用该表的视图，因此，视图必须明确地删除。在 DROP VIEW 语句中，可以同时删除多个不再需要的视图。

语法格式：

```
DROP VIEW view_1
```

【案例 5.11】 下面使用 DROP VIEW 语句删除视图 student_view，可以使用如下语句。

```
DROP VIEW student_view
```

删除一个视图后，虽然它所基于的表和数据不会受到任何影响，但是依赖于该视图的其他对象或查询将会在执行时出现错误。

注意：

删除视图后重建视图与修改视图不一样。删除一个视图，然后重建该视图，那么必须重新指定视图的权限。但是，当使用 ALTER VIEW 语句修改视图时，视图原来的权限不会发生变化。

子任务 2　查看视图信息

任务描述

掌握如何查看视图信息。

任务所用知识点

- 查看视图的基本信息；
- 查看视图的文本信息；
- 看视图的依赖关系。

任务知识点分解

SQL Server 允许用户获得视图的一些有关信息，如视图的名称、视图的所有者、创建时间、视图的定义文本等。视图的信息存放在以下几个 SQL Server 系统表中。

（1）Sysobjects：存放视图名称等基本信息。

（2）Syscolumns：存放视图中定义的列。

（3）Sysdepends：存放视图的依赖关系。

（4）Syscomments：存放定义视图的文本。

1. 查看视图的基本信息

在企业管理器中可以查询视图的基本信息。可以使用系统存储过程 SP_HELP 来显示视图的名称、拥有者的创建时间等信息。

【案例 5.12】 例如，查看视图“student_view2”的基本信息，可以使用如下语句。

```
SP_HELP student_view2
```

执行上述语句后，显示结果如图 5-15 所示。

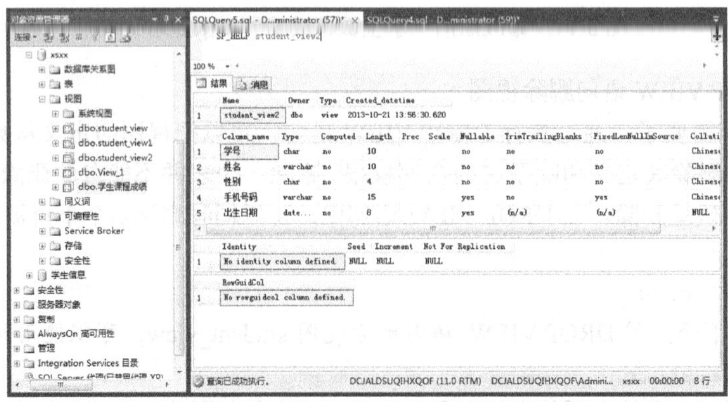

图 5-15　student_view2 的基本信息

2. 查看视图的文本信息

如果视图在创建或修改时没有被加密，那么可以使用系统存储过程 SP_HELPTEXT 来显示视图定义的语句，否则，如果视图被加密，那么即便是视图的拥有者和系统管理员都无法看到它的定义。

【案例 5.13】 例如，查看视图“学生课程成绩”的文本信息，可以使用如下语句。

```
SP_HELPTEXT 学生课程成绩
```

执行上述语句后，显示“学生课程成绩”视图的文本信息，如图 5-16 所示。

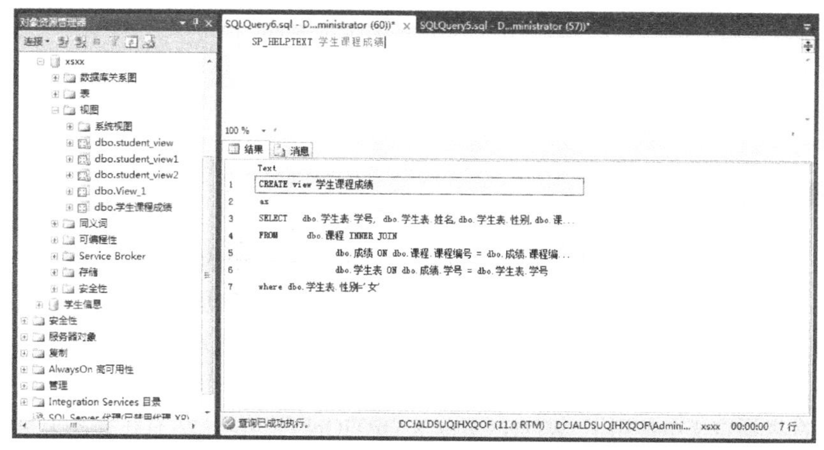

图 5-16　“学生课程成绩”视图的文本信息

如果查看的视图已被加密，则会返回该视图被加密的信息。例如，查看被加密的视图 student_view2，会返回如下信息。

```
对象‘student_view2’的文本已加密。
```

3. 查看视图的依赖关系

有时候需要查看视图与其他数据库对象之间的依赖关系，如视图在哪些表的基础上创建、哪些数据库对象的定义引用了该视图等。可以使用系统存储过程 sp_depends 来查看。

【案例 5.14】 例如，查看 student_view2 视图的依赖关系可以使用如下语句。

```
SP_depends student_view2
```

执行上述语句后，返回结果如图 5-17 所示。

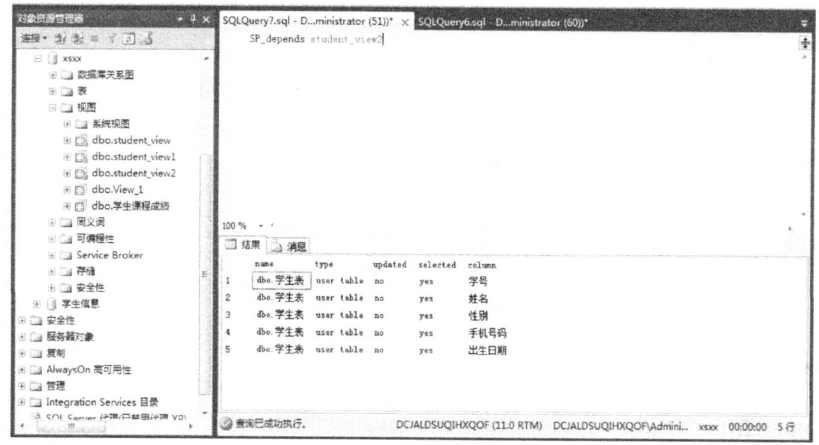

图 5-17　视图 student_view2 的依赖关系

子任务 3　通过视图修改数据

任务描述

掌握通过视图修改数据的方法。

任务所用知识点

- 插入；
- 删除；
- 更新。

任务知识点分解

无论什么时候修改视图的数据，实际上都是修改视图的基表中的数据。如果满足一些限制条件，则可以通过视图自由地插入、删除和更新数据。一般的，如果希望通过视图修改数据，视图必须定义在一个表上并且不包括合计函数或在 SELECT 语句中不包括 GROUP　BY 子句。在修改视图时，需要注意通过视图修改数据的以下准则。

（1）如果在视图定义中使用了 WITH CHECK OPTION 子句，则所有在视图上执行的数据修改语句都必须符合定义视图的 SELECT 语句中所设置的条件。如果使用了 WITH CHECK OPTION 子句，修改行时需注意不让它们在修改完成后从视图中消失。任何可能导致行消失的修改都会被取消，并显示错误。

（2）INSERT 语句必须为不允许空值并且没有 DEFAULT 定义的基础表中的所有列指定值。

（3）在基础表的列中修改的数据必须符合对这些列的约束，如为 NULL 值、约束及 DEFAULT 定义等。例如，如果要删除一行，则相关表中的所有基础 FOREIGN KEY 约束必须得到满足，删除操作才能成功。

（4）不能使用由键值驱动的游标更新分布式分区视图（远程视图）。此项限制可通过在基础表上而不是在视图本身上声明游标得到解决。

（5）BULK INSERT 和 INSERT ...SELECT * FROM OPENROWSET(BULK...) 语句不支持将数据大容量导入分区视图。但是，可以使用 INSERT 语句在分区视图中插入多行。有关信息请参阅从视图大容量导出数据或将数据大容量导入视图。

（6）不能对视图中的 text、ntext 或 image 列使用 READTEXT 语句和 WRITETEXT 语句。

子任务 4　使用 INSERT 插入数据

任务描述

掌握使用 INSERT 语句插入数据的方法。

任务所用知识点

- INSERT 语句；
- 限制条件。

任务知识点分解

使用视图插入数据与在基表中插入数据一样，都可以通过 INSERT 语句来实现。插入数据的操作是针对视图中的列的插入操作，而不是针对基表中的所有列的插入操作。由于进行插入操作的视图不同于基表，所以使用视图插入数据要满足一定的限制条件。

（1）使用 INSERT 语句进行插入操作的视图必须能够在基表中插入数据，否则插入操作会失败。

（2）如果视图上没有包括基表中所有属性为 NOT NULL 的行，那么插入操作会因那些列的 NULL 值而失败。

（3）如果在视图中包含使用统计函数的结果，或者包含多个列值的组合，则插入操作不成功。

（4）不能在使用了 DISTINGCT、GROUP BY 或 HAVING 语句的视图中插入数据。

（5）如果创建视图的 CREATE VIEW 语句中使用了 WITH CHECK OPTION ，那么所有对视图进行修改的语句必须符合 WITH CHECK OPTION 中的限定条件。

（6）对于由多个基表连接而成的视图来说，一个插入操作只能作用于一个基表。

【案例 5.15】例如，先建立一个视图“学生信息”，包括“学生表”中的“学号、姓名、性别、系号、班级编号、出生日期”字段。下面向“学生信息”视图中插入一条数据，该数据信息的“学号”为“1101110106”，“姓名”为“张丽”，性别为“女”，“系号”为“01”，“班级编号”为“011101”，“出生日期”为“1993-10-9”。实现上述操作，可以使用以下 INSERT 语句。

【操作命令】

```
Use xsxx
go
select * from 学生信息
Insert into 学生信息
Values('1101110101',
'张丽'女','01','011101','1993-10-09')
go
select * from 学生信息
go
```

执行上述语句后，结果如图 5-18 所示。

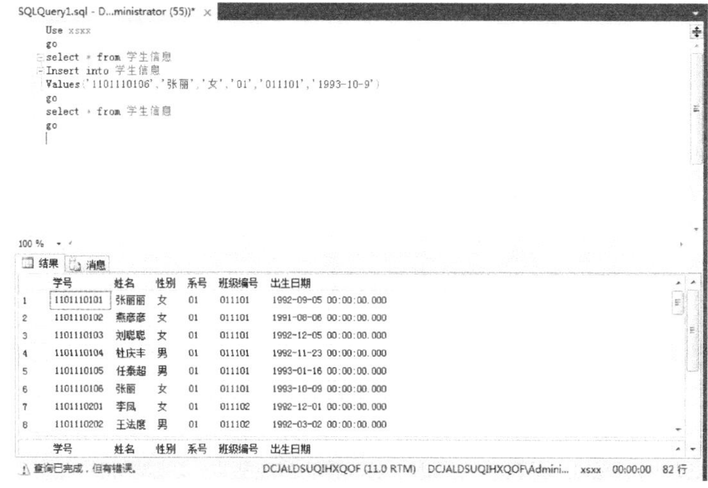

	学号	姓名	性别	系号	班级编号	出生日期
1	1101110101	张丽丽	女	01	011101	1992-09-05 00:00:00.000
2	1101110102	燕彦彦	女	01	011101	1991-08-06 00:00:00.000
3	1101110103	刘聪聪	女	01	011101	1992-12-05 00:00:00.000
4	1101110104	杜庆丰	男	01	011101	1992-11-23 00:00:00.000
5	1101110105	任泰超	男	01	011101	1993-01-16 00:00:00.000
6	1101110106	张丽	女	01	011101	1993-10-09 00:00:00.000
7	1101110201	李凤	女	01	011102	1992-12-01 00:00:00.000
8	1101110202	王法度	男	01	011102	1992-03-02 00:00:00.000

图 5-18　插入视图记录

子任务 5　使用 UPDATE 更新数据

任务描述

掌握使用 UPDATE 语句更新数据的方法。

任务所用知识点

- UPDATE 语句；
- 限制条件。

任务知识点分解

在视图中更新数据也与在基表中更新数据一样，但是当视图基于多个基表中的数据时，与插入操作一样，每次更新操作只能更新一个基表中的数据。在视图中同样使用 UPDATE 语句进行更新操作，而且更新操作也受到与插入操作一样的限制条件。

【案例 5.16】 例如，将前面视图 student_view2 中的姓名“张红”改为“张三”，则更新语句如下所示。

```
use xsxx
go
select * from student_view2
Update student_view2
Set 姓名='张三'
Where 姓名='张红'
go
Select * from student_view2
Go
```

执行上述语句后，结果如 5-19 所示。

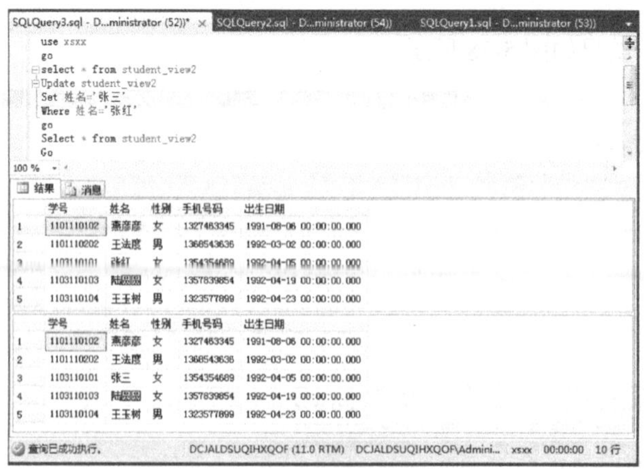

图 5-19　更新后的视图及基表信息

注意：

如果通过视图修改多于一个基表的数据，则对不同的基表要分别使用 UPDATE 语句来实现，这是因为每次只能对一个基表中的数据进行更新。

子任务 6　使用 DELETE 删除数据

任务描述

掌握使用 DELETE 语句删除数据的方法。

任务所用知识点

- DELETE 语句；
- 限制条件。

任务知识点分解

通过视图删除数据与通过基表删除数据的方式一样，在视图中删除的数据同时在基表中被删除。当一个视图连接了两个以上的基表时，对数据的删除操作不被允许。

【案例 5.17】 例如，先建立一个视图“学生成绩”，包括成绩表中的所有列。删除“学生成绩”视图中“学号”为“1102110101”的信息，可以使用如下语句。

```
Use xsxx
go
select * from 学生成绩
DELETE 学生成绩
Where 学号= ‘1102110101’
go
select * from 学生成绩
go
```

执行上述语句，结果如图 5-20 所示。

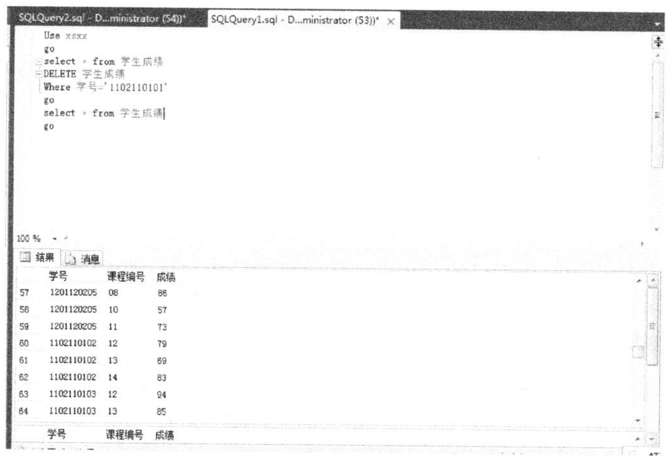

图 5-20　执行删除操作后的视图

知识串联

1. 索引的作用和分类

（1）索引的概念：以表中列字段为基础的数据库对象，可以实现表中数据的逻辑排序，能提高 SQL Server 的系统性能，加快数据的查询速度，减少系统的响应时间。

（2）索引分类：聚集索引、堆上的非聚集索引、聚集索引上的非聚集索引。

2．索引的创建和管理

（1）创建索引的方法：使用图形化工具创建、使用 CREATE INDEX 语句创建。

（2）查看索引：包括查看索引统计信息、查看索引信息、使用系统存储过程查看索引信息。

（3）修改索引：ALTER INDEX。

（4）删除索引：DROP INDEX。

3．视图的概念和作用

视图是一种数据库对象，是从一个或多个基表（或视图）导出的虚表。视图的结构和数据是对数据表进行查询的结果。

4．创建视图

使用 T-SQL 语句创建视图、使用图形化工具创建视图。

5．视图的管理

（1）查看视图：查看视图的基本信息、查看视图的文本信息、查看视图的依赖关系。

（2）修改和删除视图：使用图形化工具修改和删除视图、使用 T-SQL 语句修改和删除视图。

（3）视图数据的修改：通过视图修改数据、使用 INSERT 语句插入数据、使用 UPDATE 语句更新数据、使用 DELETE 语句删除数据。

基础练习

一、选择题

1．在（　　）索引中，表中各行的物理顺序与键值的逻辑（索引）顺序相同。

A．聚集索引　　B．非聚集索引
C．A 和 B　　D．以上都不正确

2．下列的（　　）总是要对数据进行索引。

A．聚集索引　　B．非聚集索引
C．组合索引　　D．唯一索引

3．可以用来查看数据库中某个表的索引的语句是（　　）。

A．sp_help　　B．sp_helpdb
C．sp_helpindex　　D．sp_rename

4．可以用（　　）命令来创建视图。

A．creat table　　B．creat view
C．alter table　　D．alter view

5．下列不属于视图的作用的是（　　）。

A．简化用户的操作　　B．提供数据保护功能
C．提供数据定制服务　　D．存储原数据

6．加密 create view 语句文本，建立视图应使用（　　）选项。

A．with check option　　B．with schemabinding
C．with encryption　　D．with read only

二、填空题

1．从理论上说，一个数据表可以创建__________个聚集索引，最多可以创建__________个非聚集索引。

2．假定有数据表 book1，为该表创建一个基于“图书 ID”列的唯一聚集索引 IX_图书 ID，完善下面的语句。

```
Use book
Go
Creat______________clustered
Index ix_图书ID
On_______(      )
Go
```

3．视图是从一个或多个数据表（基本表）或视图导出的___________。

4．同数据表一样，视图结构也是由_________和__________组成的。

三、简答题

1．简述索引的优点和缺点。

2．什么是聚集索引？什么是非聚集索引？分别叙述这两种索引的特点。

3．什么是视图？视图可以实现哪些作用？

4．如何使用 T-SQL 语句在视图中插入、修改和删除数据？

技 能 实 训

任务 1　创建和删除索引

（1）用 SQL Server Management Studio 为课程表中的课程编号列创建 primary key，则系统在主键上按照升序创建聚集索引。

(2)用 SQL Server Management Studio 为课程表中的课程名称列降序创建唯一的非聚集索引 IX_课程名称。

（3）用 SQL Server Management Studio 删除索引 IX_课程名称。

（4）用 T-SQL 语句为学生表中的学号列创建聚集索引。

（5）用 T-SQL 语句为学生表中的专业列创建非聚集索引 IX_专业，并按照升序排序。

（6）用 T-SQL 语句为学生表中的姓名列创建唯一索引 IX_姓名，并按照降序排序。

（7）用 T-SQL 语句删除学生表中的索引 IX_专业。

任务 2　显示索引信息

（1）用 SQL Server Management Studio 显示学生表中唯一索引 IX_姓名的属性信息。

（2）用 SQL Server Management Studio 将学生表中唯一索引 IX_姓名重命名为 index_ stuname。

（3）使用系统存储过程 sp_helpindex 查看学生表中的索引信息。

（4）使用系统存储过程 sp_rename 将学生表中的索引 index_stuname 重命名为 IX_姓名。

任务 3　创建和管理视图

（1）在“student”数据库中，创建名为“V_学生”的视图，显示学生表中的姓名和年龄。

（2）创建名为“V_课程”的视图，显示课程表中的课程编号和课程名称。

（3）创建名为“V_成绩”的视图，显示成绩表中的学号和成绩。

（4）创建名为“学生信息”的视图，内容为学生的学号、姓名、专业、课程名称和成绩。

（5）查看“学生信息”视图。

（6）将“学生信息”视图更改为“学生信息表”视图。

（7）删除“V_学生”视图。

任务 4　视图的应用

（1）在“学生信息表”视图中插入数据（“105110655”，“李玉”，“计算机”，“85”）。

（2）将“学生信息表”视图中学号为“105110655”的专业修改为“会计”。

（3）删除“学生信息表”视图中姓名为“李玉”的数据。

项目 6

存储过程和触发器

教学聚集

在 SQL Server 数据库系统中，存储过程具有很重要的作用。存储过程是 T-SQL 语句的集合，它提供了一种高效和安全的访问数据库方法，用来访问数据和管理被修改的数据。触发器本质也是一种存储过程，但是一种特殊类型的存储过程。触发器只要满足一定的条件，就可以触发完成各种简单和复杂的任务，也可以更好地维护数据库中数据的完整性。本项目重点理解存储过程的概念、存储过程的创建和管理，以及触发器的特点和作用，掌握创建和管理触发器的方法。

知识目标

- 理解存储过程的概念、存储过程的类型；
- 触发器的概念、触发器的类型。

技能目标

- 学习存储过程、执行存储过程、管理存储过程；
- 触发器的创建、修改、删除、重命名、查看等基本操作。

课时建议

6 课时。

课前预习

建议课前了解存储过程和触发器的概念。

任务1 存储过程

任务描述

存储过程存放在服务器端的数据库中，是编译过的能完成特定功能的T-SQL语句的集合，作为一个单元来处理。存储过程可以对数据进行修改、新建、删除、数据库设置等操作。

任务分析

SQL Server 2012 中存储过程分为以下三类。

1. 用户自定义存储过程

用户自定义存储过程包括TRANSACT-SQL和CLR两种。

（1）TRANSACT-SQL存储过程是指保存的TRANSACT-SQL语句集合，可以接收和返回用户提供的参数。

（2）CLR存储过程是指对Microsoft .NET Framework公共语言运行时方法的引用，用于接收返回用户参数。它们在.NET Framework程序集中是作为类的公共静态方法实现的。它集成了更可靠的安全替代方法来编写和扩充存储过程。

2. 系统存储过程

系统存储过程主要从系统表中查询信息或完成与更新数据库表相关的管理任务或其他的系统管理任务。其存储在master数据库中，可以在其他数据库中进行任意调用，由前缀sp-标识。

3. 扩展存储过程

扩展存储过程以在SQL Server环境外执行动态链接库来实现，由前缀xp-标识。扩展存储过程直接在SQL Server的实例地址空间中运行，可以使用SQL Server扩展存储过程API来完成编程。

子任务1 创建存储过程

任务描述

使用图形化工具创建存储过程和使用T-SQL语句创建存储过程。

任务所用知识点

- 存储过程；
- 图形化工具的使用；
- PROCEDURE语句使用。

知识点分解

1. 使用SQL Server Management Studio创建存储过程

在SQL Server Management Studio中，通过补充有提示的CREATE PROCEDURE语句来创建存

储过程。

【操作步骤】

（1）打开 SQL Server Management Studio 窗口。

（2）在“对象资源管理器”中选择要创建存储过程的数据库中的【可编程性】节点，如图 6-1 所示。

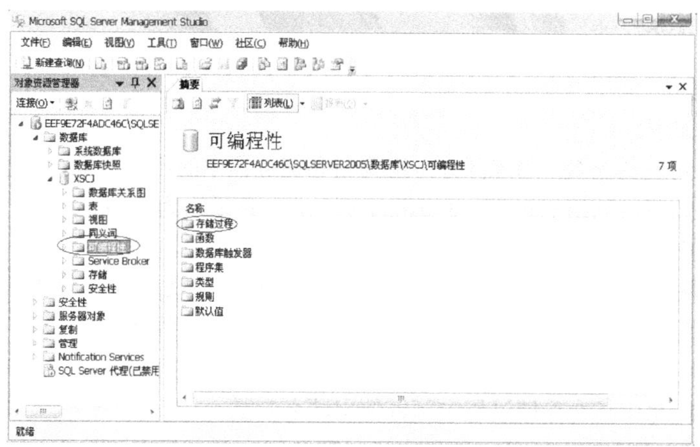

图 6-1　创建存储过程的 SSMS 窗口

（3）在对象窗口中右击【存储过程】对象，在打开的快捷菜单中选择【新建存储过程】命令，打开创建存储过程的查询编辑器窗口，如图 6-2 所示。

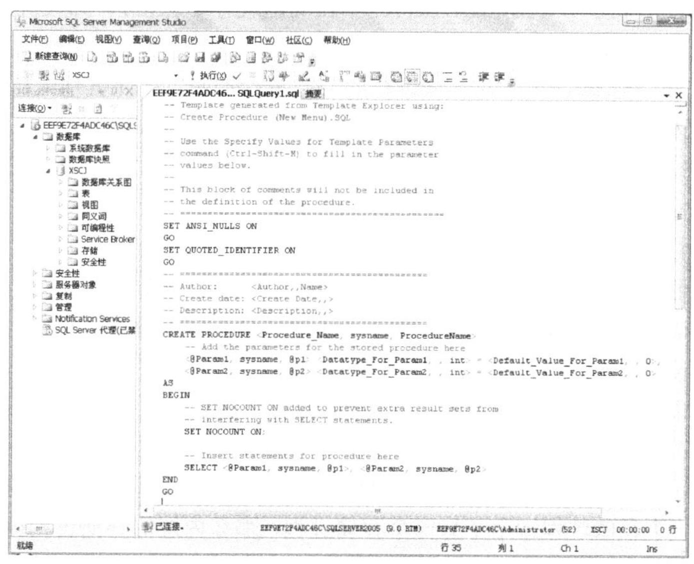

图 6-2　创建存储过程的查询编辑器窗口

（4）在窗口中，系统已经自动生成了有提示的 CREATE PROCEDURE 语句。用户只需根据提示补充相应语句即可。

（5）单击“SQL 编辑器”工具栏中的“分析”按钮，检查输入的 T-SQL 语句是否有语法错误。如果有语法错误，则进行修改，直到没有语法错误为止。

（6）确保无语法错误后，单击“SQL 编辑器”工具栏中的“执行”按钮，完成存储过程的创建。

2. 使用 T-SQL 语句创建存储过程

SQL Server 使用 CREATE PROCEDURE 语句创建存储过程，语法格式如下。

```
CREATE PROC[EDURE] 存储过程名[; 分组号]
[{@参数 数据类型}[= 默认值][OUTPUT]][,… n]
[WITH{RECOMPILE|ENCRYPTION
| RECOMPILE ,ENCRYPTION}]
[FOR REPLICATION]
AS
T-SQL 语句[,… n]
```

各参数的说明如下。

① ；分组号：可选的整数，用来区分一组同名存储过程中的不同对象，以便将来用一条 DROP PROCEDURE 语句即可将同组的过程一起删除。例如，创建了名为 MyProc;1 和 MyProc;2 的存储过程，可以使用 DROP PROCEDURE MyProc 语句将它们一起删除。

②@ 参数：存储过程中的参数。参数包括输入参数和输出参数，其中输入参数用于提供执行存储过程所必需的参量值，输出参数用于返回执行存储过程后的一些结果值。用户必须在执行存储过程时提供每个所声明参数的值，除非定义了该参数的默认值。参数其实是局部变量，只在声明它的存储过程内有效，因此在其他存储过程中可以使用同名参数。

③ 默认值：输入参数的默认值。如果定义了默认值，不必指定该参数的值即可执行过程。默认值必须是常量或 NULL，但是如果存储过程对输入参数使用了 LIKE 关键字，那么默认值中可以包含通配符（%、_、[] 和[^]）。

④ OUTPUT：表明参数是输出参数。使用输出参数可将执行结果返回给过程的调用方。

⑤ WITH RECOMPILE ：表示 SQL Server 不在高速缓存中保留该存储过程的执行计划，而在每次执行时都对它进行重新编译。

⑥ WITH ENCRYPTION：表示对存储过程的文本进行加密，防止其他人查看或修改。

⑦ FOR REPLICATION：表示创建的存储过程只能在复制过程中执行而不能在订阅服务器上执行。

⑧ T-SQL 语句：用于定义存储过程执行的各种操作。

创建存储过程的时候要考虑以下几个因素。

（1）存储过程可以参考表、视图或其他存储过程。

（2）如果在存储过程中创建了临时表，那么该临时表只在该存储过程执行时有效，当存储过程执行完毕后，临时表就消失。

（3）在一个批命令中，CREATE PROCEDURE 语句不能与其他的 T-SQL 语句混合使用，需要在它们之间加入 GO 命令。

（4）存储过程可以嵌套调用，但最多不能超过 32 层，当前嵌套层的数据值存储在全局变量@@nestlevel 中。如果一个存储过程调用了另一个存储过程，那么内层的存储过程可以使用外层存储过程所创建的全部对象，包括临时表。

【案例 6.1】创建一个不包含任何参数的简单存储过程 proc_KC，查询所有课程的信息。

【操作命令】

```
CREATE  PROCEDURE  proc_KC
AS
SELECT  课程号,课程名 ,授课教师 ,开课学期 ,学时 ,学分
FROM  KC
```

【案例 6.2】创建一个带有输入参数的存储过程 proc_XS_KC，查询指定课程的学生成绩信息。

其中，输入参数用于接收课程号值，设有默认值“101”。

【操作命令】

```
CREATE  PROCEDURE  proc_XS_KC
@课程号 char(3) = ' 101 '
AS
SELECT  学号 ,课程号 ,成绩  FROM  XS_KC
WHERE  课程号 =@课程号
CREATE  PROCEDURE  proc_课程号
@授课教师 char(8) ,
@课程号 char(3) OUTPUT
AS
SELECT @课程号 = 课程号  FROM  KC
WHERE  授课教师 =@授课教师
```

子任务 2　执行存储过程

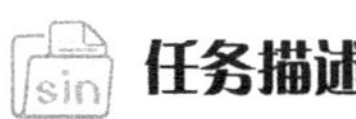

任务描述

存储过程创建完成后，要产生效果，必须要执行存储过程，可以用 EXECUTE 语句来执行存储过程，也可以使用图形化工具执行存储过程。

任务所用知识点

- 使用图形化工具执行存储过程；
- 使用 PROCEDURE 语句执行存储过程。

【知识点分解】

1. 使用图形化工具来执行存储过程

举例说明在 SSMS 中执行存储过程的步骤。

【操作步骤】

（1）启动 SSMS，连接到数据库实例，在“对象资源管理器”窗口里，展开数据库实例。

（2）依次选择“数据库”→存放存储过程的数据库选项，这里选择“数据库名”|“可编程性”|“存储过程”|“存储过程名”并右击，在打开的快捷菜单中选择“执行存储过程”命令，这时打开了“执行过程”窗口。

（3）单击“确定”按钮，执行存储过程，在结果窗口中就可以看到执行的结果。

2. 使用 EXECUTE 语句执行存储过程

语法格式：

```
[EXEC[UTE]]
{[@状态值=]
{存储过程名[; 分组号]|@存储过程变量}
[[@参数=]{参量值|@变量[OUTPUT]|[DEFAULT]}]
[,… n]
[WITH RECOMPILE]
}
```

各参数说明如下：

① @状态值：一个可选的整型变量，用于保存存储过程的返回状态。这个变量在用于 EXECUTE 语句时，必须已在批处理、存储过程或函数中声明。

② @存储过程变量：局部定义的变量名，代表存储过程名称。

③ @参数：在创建存储过程时定义的参数。当使用该选项时，各参数的枚举顺序可以与创建存储过程时的定义顺序不一致，否则两者顺序必须一致。

④ 参量值：存储过程中输入参数的值。如果参数名称没有指定，则参量值必须按创建存储过程时的定义顺序给出。如果在创建存储过程时指定了参数的默认值，则执行时可以不再指定。

⑤ @变量：用来存储参数或返回参数的变量。当存储过程中有输出参数时，只能用变量来接收输出参数的值，并在变量后加上 OUTPUT 关键字。

⑥ OUTPUT：用来指定参数是输出参数。该关键字必须与@变量连用，表示输出参数的值由变量接收。

⑦ DEFAULT：表示参数使用定义时指定的默认值。

⑧ WITH RECOMPILE：表示执行存储过程时强制重新编译。

【案例 6.3】执行案例 6.1 中创建的不包含任何参数的简单存储过程 proc_KC，查询所有课程的信息。

【操作命令】

```
EXECUTE  proc_KC
```

【案例 6.4】执行案例 6.2 中创建的带有输入参数的存储过程 proc_XS_KC，查询指定课程的成绩信息，参量值为“102”。

【操作命令】

```
EXECUTE  proc_XS_KC
@课程号 = ' 102 '
```

【案例 6.5】执行案例 6.3 中创建的带有输入参数和输出参数的存储过程 proc_课程号，查询指定教师所授课程的课程号，输入参数的值由变量 @授课教师给出，输出参数的值保存在变量@课程号中，执行结果如图 6-3 所示。

【操作命令】

```
DECLARE @授课教师 char （8）,@课程号 char（6）                    --声明变量
SET @授课教师 = ' 王颐 '
--设置变量
EXEC  proc_课程号 @授课教师 ,@课程号 OUTPUT
-- 执行存储过程
-- 显示存储过程 proc_课程号的执行结果
PRINT @授课教师+ ' 教师所授课程的课程号为： ' +@课程号
```

下面来看一下嵌套调用存储过程的创建和执行。

【案例 6.6】创建并执行一个带有输入参数的嵌套调用的存储过程 proc_嵌套_授课教师，返回指定教师所授课程的学生成绩信息，执行结果如图 6-4 所示。

分析：该存储过程带有一个输入参数@授课教师，用来接收用户输入的授课教师姓名，然后嵌套调用案例 6.3 中创建的存储过程 proc_课程号，以找到该教师所授课程的课程号，最后查询该门课程的学生成绩信息。

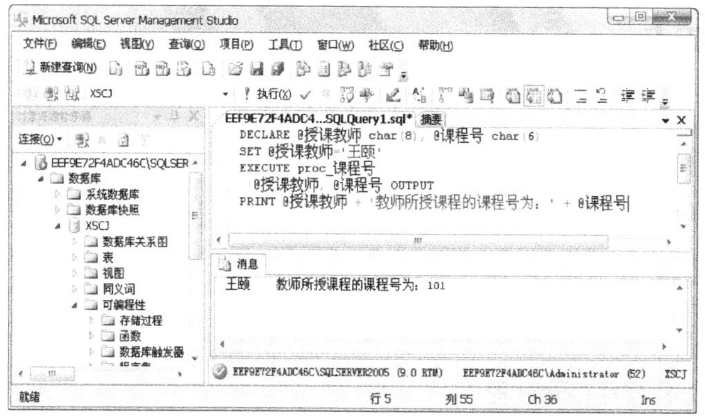

图 6-3 存储过程“proc_课程号”的执行结果

【操作命令】

```
CREATE  PROCEDURE  proc_嵌套_授课教师              -- 创建存储过程
@授课教师 char(8)                                  --定义输入形式变量
AS
DECLARE @课程号 char(3)                            -- 声明变量
@课程号
EXECUTE  proc_课程号                               -- 嵌套调用存储过程
proc_课程号
@授课教师 ,@课程号 OUTPUT
SELECT  学号,课程号,成绩  FROM  XS_KC              -- 查询“课程号”的学生成绩信息
WHERE  课程号 =@课程号
GO
EXEC  proc_嵌套_授课教师  '王颐'                   --执行存储过程
```

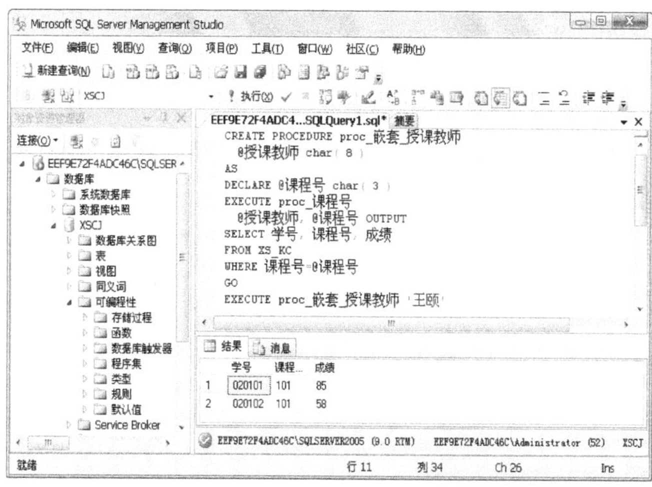

图 6-4 存储过程“proc_嵌套_授课教师”的执行结果

子任务 3 管理存储过程

任务描述

了解如何管理存储过程。

任务所用知识点

- 查看存储过程；
- 修改存储过程；
- 删除存储过程。

任务知识点分解

1. 查看存储过程

1）使用图形化工具查看存储过程

可以在 SQL Server Management Studio 中查看存储过程。

【操作步骤】

（1）打开 SQL Server Management Studio 窗口。

（2）在“对象资源管理器”中选择目标数据库中的“存储过程”节点，如图 6-5 所示。

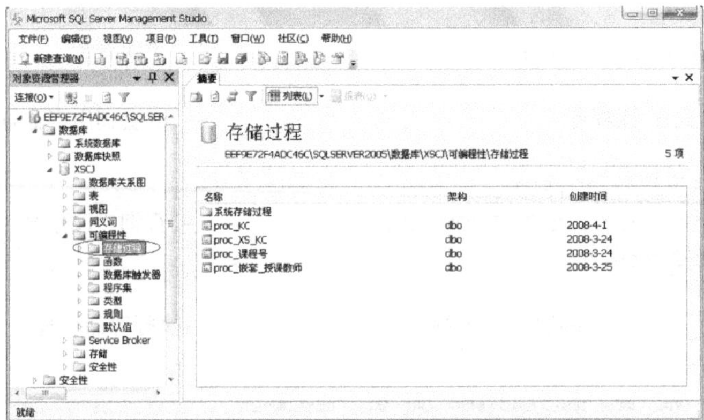

图 6-5 查看存储过程的 SSMS 窗口

（3）在右侧窗口中右击目标存储过程，在打开的快捷菜单中选择“属性”命令，打开存储过程属性窗口，如图 6-6 所示。

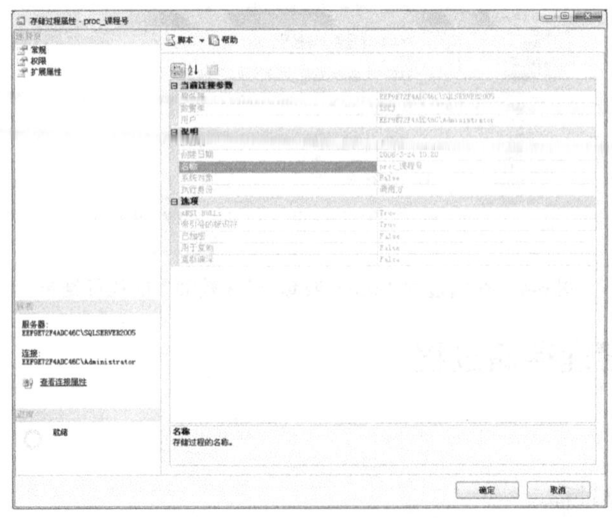

图 6-6 存储过程属性窗口

2）使用命令方式查看存储过程

可以用命令的方式来查看有关存储过程的信息。

（1）查看存储过程的定义，即查看用于创建存储过程的 T-SQL 语句。这对于没有创建存储过程的 T-SQL 脚本文件的用户是很有用的。

语法格式：

```
EXEC[UTE]  sp_helptext  存储过程名
```

（2）获得有关存储过程的信息，如存储过程的架构、创建时间及其参数等。

语法格式：

```
EXEC[UTE]  sp_help  存储过程名
```

（3）查看存储过程的依赖关系，即列出存储过程所使用的对象和调用该存储过程的其他过程。

语法格式：

```
EXEC[UTE]  sp_depends  存储过程名
```

【案例 6.7】 查看有关存储过程“proc_课程号”的所有者、创建时间和各个参数的信息，执行结果如图 6-7 所示。

【操作命令】

```
EXEC  sp_help  proc_课程号
```

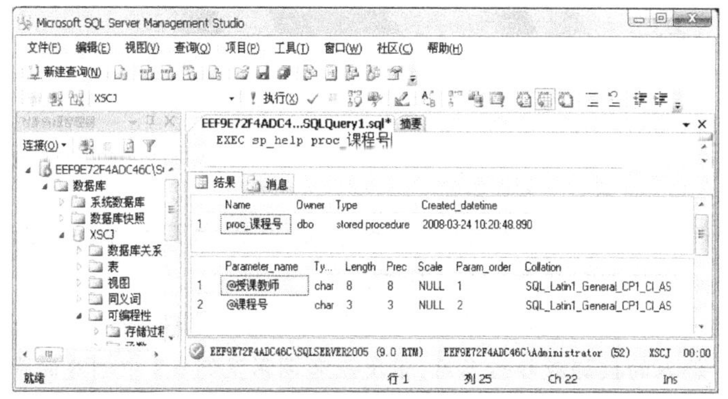

图 6-7　查看存储过程“proc_课程号”相关信息的执行结果

【案例 6.8】 查看存储过程“proc_课程号”的依赖关系，即该存储过程使用了哪些表、列等对象，执行结果如图 6-8 所示。

【操作命令】

```
EXEC  sp_depends  proc_课程号
```

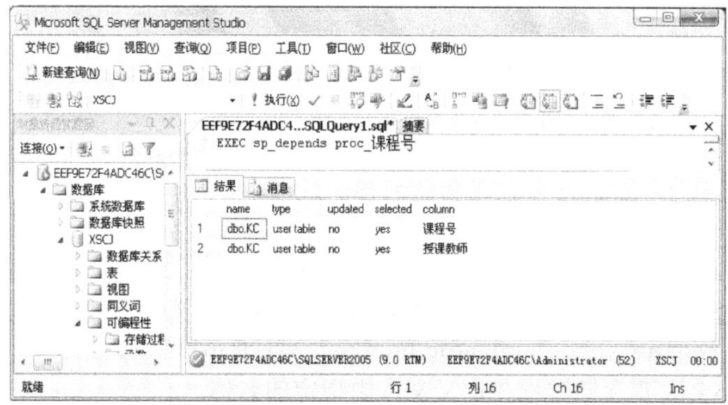

图 6-8　查看存储过程“proc_课程号”依赖关系的执行结果

2. 修改存储过程

一个创建好的存储过程可以根随用户的要求或者基表、视图等定义的改变而改变。SQL Server 中修改存储过程使用 ALTER PROCEDURE 语句以命令方式实现。

语法格式：

```
ALTER PROC[EDURE] 存储过程名[; 分组号]
[{@参数 数据类型}[= 默认值][OUTPUT]][,… n]
[WITH{RECOMPILE|ENCRYPTION|RECOMPILE ,ENCRYPTION}]
[FOR REPLICATION]
AS
T-SQL 语句[,… n]
```

其中，各参数的含义与创建存储过程时对应参数的含义相同，此处不再赘述。修改存储过程的时候要考虑以下几个因素。

（1）ALTER PROCEDURE 语句不会更改原存储过程的权限，也不会影响相关的存储过程或触发器。

（2）在一个批命令中，ALTER PROCEDURE 语句不能与其他的 T-SQL 语句混合使用，需要在它们之间加入 GO 命令。

【案例 6.9】 修改案例 6.1 中创建的简单存储过程 proc_KC，使它只查询课程信息中的课程号、课程名和授课教师三列信息。

【操作命令】

```
ALTER  PROCEDURE  proc_KC
AS
SELECT  课程号 ,课程名 ,授课教师  FROM  KC
```

【案例 6.10】 修改并执行嵌套调用的存储过程 proc_嵌套_授课教师，使它两次嵌套调用其他存储过程，返回指定教师所授课程的学生成绩信息。

分析： 本例修改并执行案例 6.9 中创建的嵌套调用的存储过程 proc_嵌套_授课教师。修改后的存储过程在接收用户输入的授课教师姓名后，依次嵌套调用案例 6.3 中创建的存储过程 proc_课程号和案例 6.2 中创建的存储过程 proc_XS_KC，查询指定教师所授课程的学生成绩信息。

【操作命令】

```
ALTER  PROCEDURE  proc_嵌套_授课教师        -- 修改存储过程
@授课教师 char(8)
AS
DECLARE@课程号 char(3)                    -- 声明变量
EXECUTE  proc_课程号                      -- 嵌套调用存储过程
proc_课程号
@授课教师 ,@课程号 OUTPUT
EXECUTE  proc_XS_KC  @课程号              -- 嵌套调用存储过程
GO
EXECUTE  proc_嵌套_授课教师  '王颐'        -- 执行存储过程
```

使用系统存储过程 sp_rename 可以重新命名存储过程。

语法格式：

```
EXEC   sp_rename   存储过程原名，存储过程新名
```

例如，将存储过程 ProcSumByGoods 重命名为 proc_单月总销售量的命令如下。

```
EXEC   sp_rename  ProcSumByGoods,proc_单月总销售量
```

说明：重命名不会改变存储过程在定义文本中指定的名称。

使用语句修改存储过程的语法格式如下。

```
ALTER PROC[EDURE][所有者.]存储过程名[; 整数]
[{@参数 数据类型}][VARYING][=默认值][OUTPUT][,…n]
[WITH{RECOMPILE|ENCRYPTION|RECOMPILE,ENCRYPTION}]
[FOR REPLICATION]
AS SQL语句[,…n]
```

说明：参数含义与 CREATE PROCEDURE 命令相同，只有存储过程的创建者才可以修改存储过程。

例如，修改存储过程，要求加密存储过程的定义文本，不指定参数默认值，只查询员工进货的商品名称、生产厂商、数量。

```
USE Sales
GO
CREATE PROC proc_goods
@员工编号 char (6)
WITH ENCRYPTION
AS
SELECT 商品名称，生产厂商，数量
FROM Goods
WHERE 进货员工编号=@员工编号
GO
```

3．删除存储过程

删除存储过程既可以使用 DROP PROCEDURE 语句以命令方式实现，又可以在 SQL Server Management Studio 中用图形化工具的方式来实现。

1）使用图形化工具删除存储过程

在 SQL Server Management Studio 中用图形化工具的方式删除存储过程的步骤如下。

（1）打开 SQL Server Management Studio 窗口。

（2）在“对象资源管理器”中选择目标数据库中的“存储过程”节点，如图 6-5 所示。

（3）在对象窗口中右击目标存储过程，在打开的快捷菜单中选择“删除”命令，打开“删除对象”对话框，如图 6-9 所示。

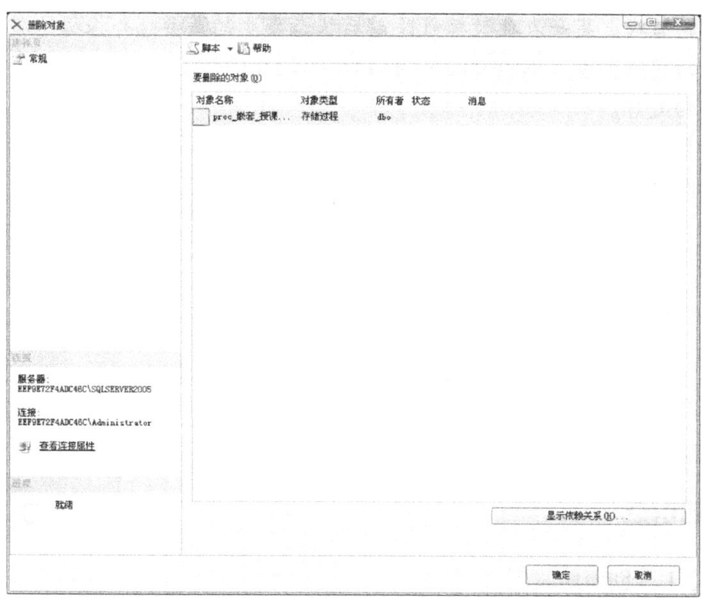

图 6-9　“删除对象”对话框

（4）单击“全部除去”按钮，完成存储过程的删除。

2）使用命令方式删除存储过程

使用 Drop procedure 语句可以从当前数据库中删除一个或者多个用户定义的存储过程或存储过程组。

语法格式：

```
Drop procedure[EDURE][所有者.]存储过程（组）名[,…n]
```

说明：不能在存储过程名的前面指定服务器或数据库名称。

任务 2　触发器

任务描述

触发器是一种特殊类型的存储过程，它不同于前面介绍过的存储过程。触发器主要是通过事件触发而被执行的，而存储过程可以通过存储过程名称而被直接调用。当对某一表进行诸如 UPDATE、INSERT、DELETE 等操作时，SQL Server 就会自动执行触发器所定义的 SQL 语句，从而确保对数据的处理必须符合由这些 SQL 语句所定义的规则。触发器的主要作用就是其能够实现由主键和外键所不能保证的复杂的参照完整性和数据的一致性。

任务分析

触发器可分为 DML 触发器或 DDL 触发器，当执行数据操纵语句时触发 DML，当执行数据定义语句的时候触发 DDL，前者主要是在数据库中的数据发生插入、修改、删除操作时使用，后者多用于执行管理操作，如审核系统、控制数据库操作等。

为了响应数据库更新，触发器可以调用一个或多个存储过程，甚至可以通过外部过程的调用而在 DBMS 本身之外进行操作。

由此可见，触发器可以解决高级形式的业务规则或复杂行为限制以及实现定制记录等方面的问题。例如，触发器能够找出某一表在数据修改前后状态发生的差异，并根据这种差异执行一定的处理。此外，一个表的同一类型（INSERT、 UPDATE、 DELETE）的多个触发器能够对同一种数据操作采取多种不同的处理。

总体而言，触发器性能通常比较低。当运行触发器时，系统处理的大部分时间花费在参照其他表的处理上，因为这些表既不在内存中也不在数据库设备上，而删除表和插入表总是位于内存。可见触发器所参照的其他表的位置决定了操作要花费的时间长短。

子任务 1　创建触发器

任务描述

练习使用语句创建 DML 触发器或 DDL 触发器。

任务所用知识点

- 使用图形化工具创建触发器；
- 使用语句创建触发器。

任务知识点分解

以下主要从创建 DML 触发器和 DDL 触发器来学习创建触发器的方法。

在 SQL Server Management Studio 中，通过补充有提示的 CREATE TRIGGER 语句，创建触发器。

【操作步骤】

（1）打开 SQL Server Management Studio 窗口。

（2）在“对象资源管理器”中选择要创建 DML 触发器的数据库中的表节点，如图 6-10 所示。

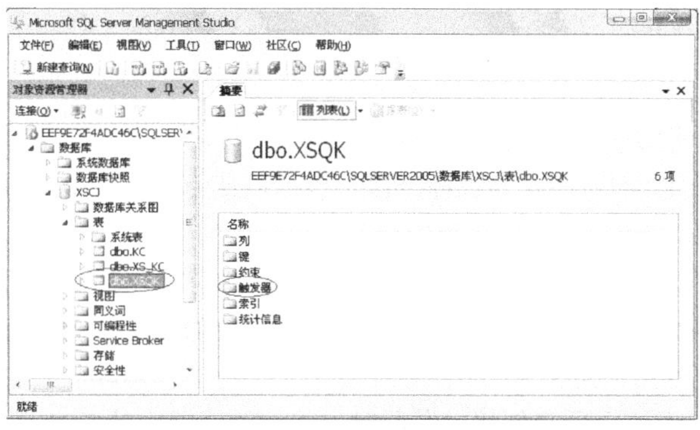

图 6-10　创建 DML 触发器的 SSMS 窗口

（3）在对象窗口中右击“触发器”对象，在打开的快捷菜单中选择“新建触发器”命令，打开创建触发器的查询编辑器窗口，如图 6-11 所示。

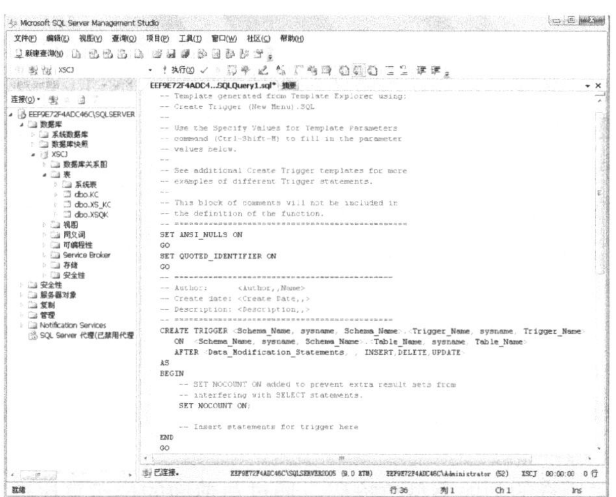

图 6-11　创建 DML 触发器的查询编辑器窗口

（4）在窗口中，系统已经自动生成了有提示的 CREATE TRIGGER 语句。用户只需根据提示补充相应语句即可。

（5）单击“SQL 编辑器”工具栏中的“分析”按钮，检查输入的 T-SQL 语句是否有语法错误。如果有语法错误，则进行修改，直到没有语法错误为止。

（6）确保无语法错误后，单击“SQL 编辑器”工具栏中的“执行”按钮，完成触发器的创建。

在“查询编辑器”窗口中直接输入完整的 CREATE TRIGGER 语句，创建触发器。

（1）创建 DML 触发器的语法格式如下。

```
CREATE  TRIGGER  触发器名
ON {表|视图}
[WITH ENCRYPTION]
{FOR|AFTER|INSTEAD OF}{[INSERT][,][UPDATE][,][DELETE]}
[NOT FOR REPLICATION]
AS
[IF UPDATE(列名)[{AND|OR}UPDATE(列名)]
      [,… n]
| IF(COLUMNS_UPDATED(){位操作符}更新位标志)
   {比较运算符}列的位标志
      [,… n]]
T-SQL 语句
```

其中，各参数的说明如下。

① WITH ENCRYPTION：像存储过程一样，也可以使用 WITH ENCRYPTION 选项对触发器的文本进行加密。

② FOR|AFTER：指定触发器只有在触发事件包含的所有操作都已成功执行后才被激活。所有的引用级联操作和约束检查也必须在激活此触发器之前成功完成。可以指定 FOR，也可以指定 AFTER。注意，不能在视图上定义 AFTER 触发器。

③ INSTEAD OF：用该选项来创建触发器时，将用触发器中的 SQL 语句代替触发事件包含的 SQL 语句。

④ INSERT、UPDATE、DELETE：指定在表或视图上用于激活触发器的操作类型，必须至少指定一个选项。在触发器定义中允许使用这些选项的任意组合。如果指定的选项多于一个，则需用逗号分隔这些选项。

⑤ NOT FOR REPLICATION：表示当复制代理修改涉及触发器的表时，不会激活触发器。

⑥ UPDATE（列名）：该函数检测在指定的列上是否进行了 INSERT 或 UPDATE 操作，但不能检测 DELETE 操作。根据指定列是否被更新，UPDATE()将返回 TRUE 或 FALSE。

⑦ COLUMNS_UPDATED()：其功能同 UPDATE()类似，不同之处在于它一次性对多个列进行检测。COLUMNS_UPDATED() 返回一个 varbinary 类型的二进制值。该值以位模式表明哪些列进行了插入或更新操作，其中最低位（最右边一位）代表第一列，最高位（最左边一位）代表最后一列。相应位的值为 1 即表示该列进行了插入或更新操作。

⑧ 位操作符：用于对 COLUMNS_UPDATED()返回的值进行位运算。位操作符包括按位与（&）、按位或（|）、按位非（~）和按位异或（^）。

⑨ 更新位标志：整型位掩码，用于和 COLUMNS_UPDATED()返回的值进行位运算，以求得相应列的插入或更新情况。

⑩ 列的位标志：要检查的列的整型位掩码，通过与前面的位运算比较来检查是否已插入或更新了指定列。

在创建 DML 触发器的语句中可以使用两个特殊的表：Inserted 表和 Deleted 表。这两个表都是逻辑（概念）表，它们在结构上类似于定义触发器的表，其中 Inserted 表用于存储 INSERT 和 UPDATE 语句所影响的行的副本；Deleted 表用于存储 DELETE 和 UPDATE 语句所影响的行的副本。

当执行 INSERT 操作时，新行被同时添加到触发器表和 Inserted 表中；当执行 DELETE 操作时，行从触发器表中删除，并被保存到 Deleted 表中；当执行 UPDATE 操作时，旧行被保存到 Deleted 表中，然后新行被复制到触发器表和 Inserted 表中。

（2）创建 DDL 触发器的语法格式如下。

```
CREATE  TRIGGER  触发器名
ON {ALL SERVER|DATABASE}
[WITH ENCRYPTION]
{FOR|AFTER}{event_type|event_group}[,… n]
AS
T-SQL 语句
```

创建 DDL 触发器的语法同创建 DML 触发器的语法非常相似，其中相同参数的含义不再赘述，不同参数的说明如下。

① ALL SERVER：表示将 DDL 触发器的作用域应用于当前服务器。

② DATABASE：表示将 DDL 触发器的作用域应用于当前数据库。

③ event_type：执行之后将激活 DDL 触发器的 T-SQL 语句事件的名称，如 CREATE_TABLE、ALTER_TABLE、DROP_TABLE 等。

④ event_group：预定义的 T-SQL 语句事件分组的名称。执行任何属于 event_group 的 T-SQL 语句事件后，都将激活 DDL 触发器。如 DDL_TABLE_ENENTS 语句事件分组涵盖 CREATE TABLE、ALTER TABLE、DROP TABLE T-SQL 语句。

触发器最常见的应用是为表的修改设置复杂的规则。当表的修改不符合触发器设置的规则时，触发器就应该撤销对表的修改操作。此时，我们可以使用 ROLLBACK TRANSACTION 语句。ROLLBACK TRANSACTION 语句不生成显示给用户的信息，如果在触发器中需要发出警告，可使用 RAISERROR 或 PRINT 语句。

【案例 6.11】为 XSQK 表创建一个 INSERT 触发器。当插入的新行中“所在系”的值不是“计算机”时，就撤销该插入操作，并使用 RAISERROR 语句返回一个错误信息。

分析：为了获得新插入行的“所在系”值，我们查询了 Inserted 表。

```
CREATE  TRIGGER  tri_INSERT_XSQK  ON  XSQK
 -- 在 XSQK 表上创建触发器
FOR  INSERT
 -- 创建 INSERT 后触发器
AS
DECLARE@所在 char (10)
-- 声明变量
SELECT@所在系 = 所在系  FROM  Inserted
-- 获取新插入行的“所在系”值
-- 如果新插入行“所在系”值不是“计算机”，则撤销插入，并给出错误信息
IF @所在系 != ' 计算机 '
BEGIN ROLL BACK TRANSACTION
 -- 撤销插入操作，返回一个错误信息
RAISERROR(' 不能插入非计算机系的学生信息！ ' ,16 ,10)
END
```

【案例 6.12】为 XSQK 表创建一个 UPDATE 触发器。当更新了某位学生的学号信息时，就激活触发器级联更新 XS_KC 表中相关的学号信息，并使用 PRINT 语句返回一个提示信息。

```
CREATE  TRIGGER  tri_UPDATE_XSQK  ON  XSQK
FOR  UPDATE
AS
DECLARE @原学号 char(6),@新学号 char (6)                    -- 声明变量
SELECT @原学号= Deleted.学号,@新学号= Inserted.学号
```

```
-- 获取更新前后的学号值
FROM  Deleted ,Inserted
WHERE  Deleted.姓名 = Inserted.姓名
PRINT  '准备级联更新XS_KC表中的学号信息…'
-- 返回一个提示信息
UPDATE  XS_KC
  -- 级联更新XS_KC表中相关成绩记录的学号信息
SET  学号 =@新学号
WHERE  学号 =@原学号
-- 返回一个提示信息
PRINT  '已经级联更新XS_KC表中原学号为'+@原学号 +'的信息!'
```

【案例 6.13】为 XS_KC 表创建一个 UPDATE 触发器，并利用 UPDATE 函数检测成绩列是否被更新。当发生更新时显示学号、课程号、原成绩和新成绩信息。

```
CREATE  TRIGGER  tri_UPDATE_XS_KC  ON  XS_KC
FOR  UPDATE
AS
IF UPDATE(成绩)     -- 检测成绩列是否被更新
BEGIN-- 显示学号、课程号、原成绩和新成绩信息
SELECT  Inserted.学号,Inserted.课程号,Deleted.成绩 AS 原成绩,
Inserted.成绩 AS 新成绩
FROM  Deleted,Inserted
WHERE  Deleted.学号 = Inserted.学号
END
```

【案例 6.14】为 XS_KC 表创建一个 UPDATE 触发器，并利用 COLUMNS_UPDATED 函数检测成绩列是否被更新。

分析：本例用 COLUMNS_UPDATED 函数代替 UPDATE 函数来实现【例 6-13】中创建的触发器的功能。由于 XS_KC 表中共有四列，依次为学号、课程号、成绩和学分，因此 COLUMNS_UPDATED 函数将返回 4 位的二进制值，且该值的最低位（最右边一位）代表学号列，最高位（最左边一位）代表学分列。为了获得成绩列的更新情况，需要把返回值与更新位标志 0100 进行按位与操作，以保留成绩列的更新情况而屏蔽其他列的更新情况。当成绩列被更新时，运算结果为 0100，十进制值为 4；没有被更新时，运算结果为 0000，十进制值为 0。因此，再将运算结果与 4（具体的）进行比较，最后列出所做的更新。

```
CREATE  TRIGGER  tri_UPDATE_XS_KC2  ON  XS_KC
FOR  UPDATE
AS
IF  COLUMNS_UPDATED() & 0100 = 4
 -- 检测成绩列是否被更新
BEGIN
-- 显示学号、课程号、原成绩和新成绩信息
SELECT  Inserted.学号,Inserted.课程号,Deleted.成绩 AS 原成绩,
Inserted.成绩 AS 新成绩
FROM  Deleted,Inserted
WHERE  Deleted.学号 = Inserted.学号
END
```

【案例 6.15】为 XSCJ 数据库创建一个 DDL 触发器。每当修改或删除数据库中的表时，就撤销该操作，并使用 PRINT 语句返回一个提示信息。

```
USE XSCJ
GO
CREATE  TRIGGER  tri_ALTERDROP_TABLE_XSCJ
ON  DATABASE
FOR  ALTER_TABLE,DROP_TABLE
AS
ROLLBACK  TRANSACTION
PRINT  ‘无法修改或删除本数据库的表！‘
```

子任务 2　查看、修改触发器

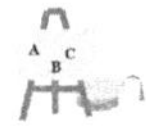

任务描述

了解触发器的修改、删除、重命名，以及查看触发器。

任务所用知识点

- 使用图形化工具方式操作；
- 使用命令方式操作。

知识点分解

1. 查看和修改触发器

1）使用图形化工具查看触发器

【操作步骤】

(1) 打开 SQL Server Management Studio 窗口。

(2) 在“对象资源管理器”中选择目标表或视图中的“触发器”节点，如图 6-12 所示。

(3) 在对象窗口中右击目标触发器，在打开的快捷菜单中选择“查看依赖关系”命令，打开“对象依赖关系”对话框，如图 6-13 所示。

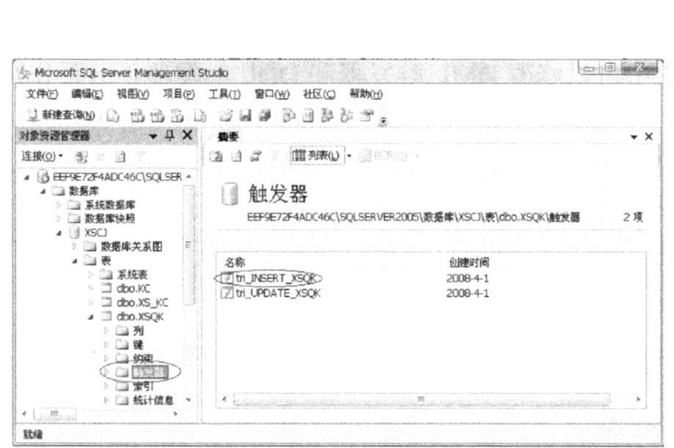

图 6-12　查看 DML 触发器的 SSMS 窗口

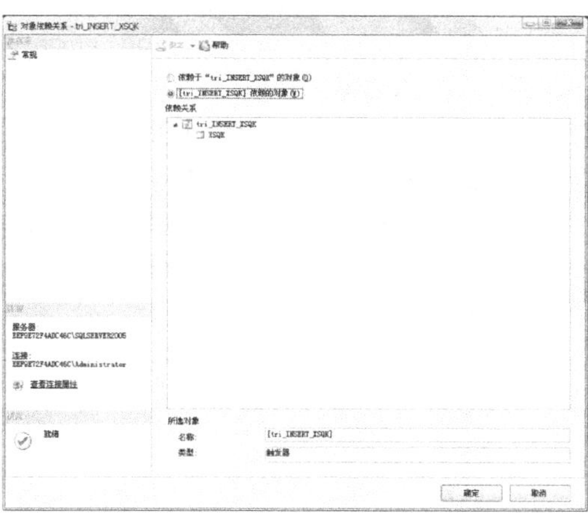

图 6-13　“对象依赖关系”对话框

2）使用命令方式查看触发器

也可以用命令的方式来查看有关触发器的信息。

(1)查看触发器的定义,即查看用于创建触发器的 T-SQL 语句。这对于没有创建触发器的 T-SQL 脚本文件的用户是很有用的。

语法格式：

```
EXEC[UTE] sp_helptext 触发器名
```

(2）获得有关触发器的信息，如触发器的所有者、创建时间等。

语法格式：

```
EXEC[UTE] sp_help 触发器名
```

(3）查看触发器的依赖关系，即列出触发器所引用的对象和引用该触发器的其他触发器。

语法格式：

```
EXEC[UTE] sp_depends 触发器名
```

(4）查看在该表或视图上创建的所有触发器对象。

语法格式：

```
EXEC[UTE] sp_helptrigger 表名|视图名
```

【案例 6.16】 查看 XSQK 表上创建的所有触发器对象，执行结果如图 6-14 所示。

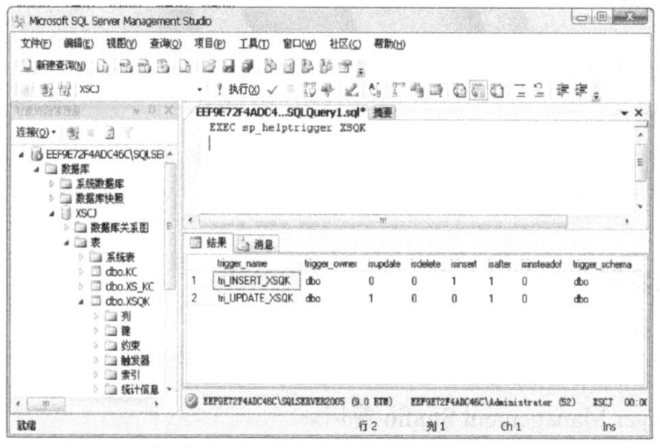

图 6-14 查看 XSQK 表上触发器的执行结果

【操作命令】

```
EXEC sp_helptrigger XSQK
DROP TRIGGER triupdgood ,tri_update_delete 修改触发器
```

当一个触发器必须修改时,用户可以先删除此触发器,然后重建新的触发器,也可以使用 ALTER TRIGGER 语句对它进行修改。SQL Server 2012 中可以修改 DML 触发器和 DDL 触发器，下面分别介绍创建这两种触发器的语法结构。

(1）修改 DML 触发器的语法格式如下。

```
ALTER TRIGGER 触发器名
ON {表|视图}
[WITH ENCRYPTION]
{FOR|AFTER|INSTEAD OF}{[INSERT][,][UPDATE][,][DELETE]}
[NOT FOR REPLICATION]
AS
[IF UPDATE(列名)[{AND|OR}UPDATE(列名)]
[,… n]
| IF(COLUMNS_UPDATED(){位操作符}更新位标志)
```

```
{比较运算符}列的位标志
[,… n]]
T-SQL 语句
```

（2）修改 DDL 触发器的语法格式如下。

```
ALTER  TRIGGER  触发器名
ON {ALL SERVER|DATABASE}
[WITH ENCRYPTION]
{FOR|AFTER}{event_type|event_group}[,… n]
AS
T-SQL 语句
```

显然，修改触发器与创建触发器的语法基本相同，只是将创建触发器的 CREATE 关键字换成了 ALTER 关键字而已。其中，各参数的含义与创建触发器时对应参数的含义相同，此处不再赘述。

【案例 6.17】修改案例 6.12 中创建的触发器 tri_INSERT_XSQK，使插入的新行中“所在系”的值既不是“计算机”又不是“通信”时，撤销该插入操作，并使用 RAISERROR 语句返回一个错误信息。

【操作命令】

```
ALTER  TRIGGER  tri_INSERT_XSQK                        -- 修改触发器
ON  XSQK
FOR  INSERT
AS
DECLARE @所在系  char (10)                             -- 声明变量
SELECT @所在系 = XSQK.所在系
-- 获取新插入行的“所在系”值
FROM  XSQK,Inserted
WHERE  XSQK.学号 = Inserted.学号
-- 如果新插入行“所在系”值不是“计算机”和“通信”，则撤销并报错
IF @所在系 != ' 计算机 ' AND@所在系 != ' 通信 '
BEGIN
ROLLBACK  TRANSACTION                                  -- 撤销插入操作
RAISERROR(' 不能插入非计算机系和通信系的学生信息 ！' ,16 ,10)
END
```

子任务 3　删除触发器

任务描述

练习删除触发器操作。

任务所用知识点

- 使用图形化工具删除触发器；
- 使用语句删除触发器。

任务知识点分解

如果确定触发器已经不再需要，则可以将其删除。删除触发器既可以使用 DROP TRIGGER 语句以命令方式实现，又可以在 SQL Server Management Studio 中用图形化工具来实现。

使用图形化工具删除触发器的步骤如下。

【操作步骤】

（1）打开 SQL Server Management Studio 窗口。

（2）在“对象资源管理器”中选择目标对象中的“触发器”节点。如图 6-15 所示，①为 DML 触发器所在节点，②为数据库范围的 DDL 触发器所在节点，③为服务器范围的 DDL 触发器所在节点。

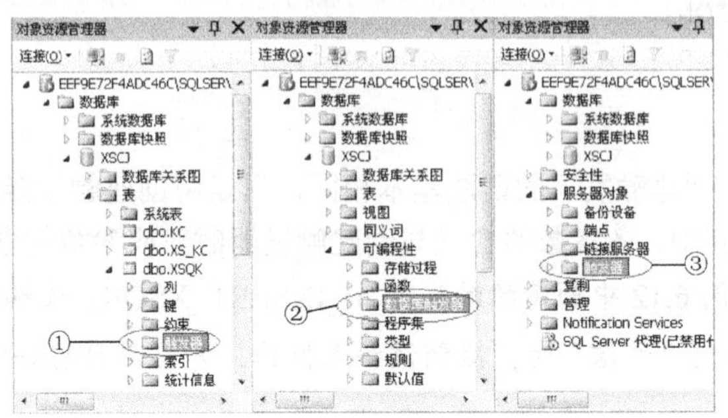

图 6-15　各种触发器所在的节点

（3）在对象窗口中右击目标触发器，在打开的快捷菜单中选择“删除”命令，打开“删除对象”对话框，如图 6-16 所示。

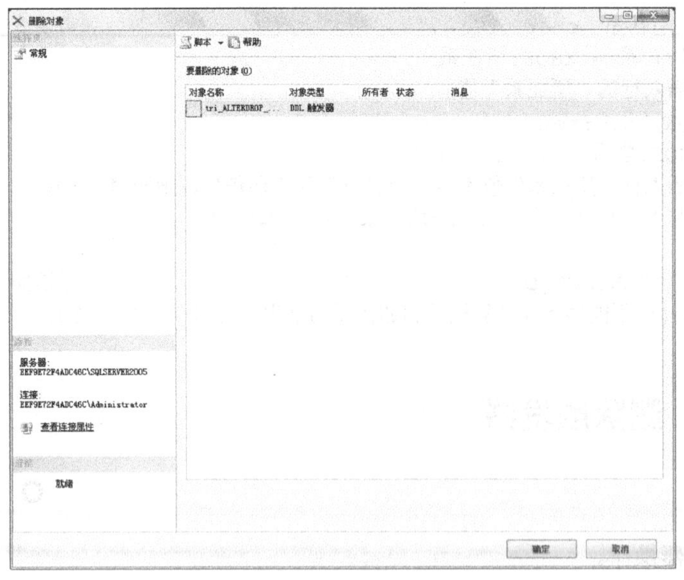

图 6-16　“删除对象”对话框

（4）单击“确定”按钮，完成触发器的删除。

任务 3　触发器与约束的比较

 任务描述

在 SQL Server 数据库中提供了两种主要机制来强制使用业务规则和数据完整性，它们是 SQL Server 的约束和触发器。

任务分析

触发器其实就是一个特殊类型的存储过程，可以在执行某个操作时自动触发。触发器与约束都可以实现数据的一致性。那么它们在使用的过程中有哪些差异呢？

约束和触发器在特殊情况下各有优势。

约束主要被用于强制数据的完整性，约束也能提供比触发器更好的性能。然而其所能完成的操作，以及完成工作时所能使用的约束是有限制的。触发器则常被用于验证业务规则，或用于更复杂的数据验证，但可以对其他地方的数据完成更深入的更新，约束只能对其所在表中的数据，或者在设计时输入的特定数据进行验证。这同触发器形成了对比，触发器可以跨越数据库甚至服务器，可以对任何在设计时设置的数据，或对任何表上的其他行为所收集的数据进行检查。如果所需的访问权限被给予所有包含的对象，则可以使用触发器的这些功能。

简单来说，触发器可以实现约束的一切功能。但是在考虑数据一致性问题的时候，首先要考虑通过约束来实现。如果约束无法完成，再通过触发器来解决。从功能上来说，它们的关系如图 6-17 所示。

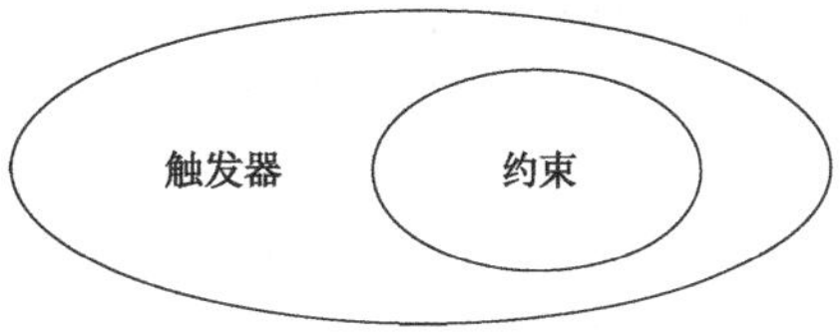

触发器　约束

图 6-17　触发器和约束的关系

触发器可以包含使用 SQL 代码的复杂处理逻辑。单从功能上来说，触发器可以实现约束的所有功能。但是由于其自身的种种缺陷，其往往不是实现数据一致性等特定功能的首选解决方案。总之，只有在约束无法实现特定功能的情况下，才考虑通过触发器来完成。这只是处理约束与触发器操作过程中的一个基本原则。

如果约束能够实现特定的功能，则数据库最好能够采用约束而不是触发器。因为约束能够提供比较高的执行性能，而且数据库管理员维护的工作量也会小得多。当然，使用约束的前提是假设这些约束的功能能够满足应用程序的功能需求。如果系统中现成的约束无法满足企业用户的需求，如功能无法满足或者提供的错误信息不够等，则数据库管理员就需要通过触发器来完成。但数据库管理员在编写触发器的时候，仍然可以借鉴相关约束的实现方式。而不用从零开始重新设计触发器。另外，触发器可以防止一些恶意或错误的记录插入、删除及更新操作，并强制执行比 CHECK 约束定义的限制更为复杂的其他限制。其还可以提供比 CHECK 约束更复杂的功能，如触发器可以引用其他表中的列。可见触发器与约束各有各的特点，应从执行性能、维护工作量、实现的功能、用户友好性等多个方面出发，选择合适的处理方式。

知识串联

本项目研究了存储过程、触发器和用户定义函数的内容。首先，分析了存储过程的概念、类型和特点，讲述了存储过程的创建和执行方式。其次，研究了触发器的作用和特点，详细讨论了触发器的创建过程和工作原理。最后，对用户定义函数的特点和类型进行了阐述，对用户定义函数的创建方式进行了研究。

基础练习

一、填空题

1．存储过程通过________来与调用它的程序通信。在程序调用存储过程时，一般通过

________参数将数据传递给存储过程，通过________参数将数据返回给调用它的程序。

2．使用________语句来执行存储过程。

3．CREATE PRCEDURE 语句________（能否）与其他 T-SQL 语句位于同一个批中。

4．SQL Server 2012 提供了两种类型的触发器，它们分别是________和________。

5．DML 触发器按触发时机不同，可分为________触发器和________触发器。

6．在 DML 触发器被激活时，可以使用两个由系统创建的临时表，它们分别是_______表和________表。

7．激活 DML 触发器的操作有三类，分别是________、________和________。

二、简答题

1．存储过程的作用和特点是什么？

2．存储过程第一次执行时的主要阶段的特点是什么？

3．如何使用 CREATE PROCEDURE 语句创建存储过程？

4．如何使用 sp_procoption 存储过程设置指定的存储过程为自动执行方式？

5．DML 触发器的工作原理是什么？

6．如何使用 CREATE TRIGGER 语句创建触发器？

7．DML 触发器和 DDL 触发器之间的区别和联系是什么？

8．如果希望保护数据库中的索引不被删除或修改，则应该如何创建触发器？

技能实训

掌握要点：

（1）掌握用户存储过程的创建、修改、执行和删除操作。

（2）掌握触发器的创建、查看、修改和删除操作。

（3）掌握触发器的触发执行。

任务内容：

（1）创建存储过程对科目信息表（subject）进行插入记录和删除记录操作，并执行该存储过程。

（2）创建一个带有输入参数和输出参数的过程，要求当输入考生的姓名时，如果存在则返回考生的考试姓名、考试科目、所属部门、考试分数；否则给出相应的提示信息。

（3）删除步骤（1）创建的存储过程。

（4）分别使用界面方式和命令方式查看步骤（2）创建的存储过程信息。

（5）为在线考试系统中的考试成绩信息表（score）创建一个基于 update 和 delete 操作的复合型触发器，当修改了该表中的成绩信息或者删除了分数记录时，触发器被激活生效，显示相关的操作信息。

（6）创建一个 UPDATE 触发器，当更新用户信息表（user_info）中的“用户编号”时激活触发器以级联更新考生信息表（testuser）和考试成绩信息表(score)中的“用户编号”字段信息，并提示考生信息表（testuser）和考试成绩信息表(score)中的“用户编号”字段信息被更新。

（7）修改步骤（6）创建的 UPDATE 触发器，当更新用户信息表（user_info）中的“用户编号”时激活触发器以级联更新考生信息表（testuser）和考试成绩信息表(score)中的“用户编号”字段信息。

（8）查看步骤（7）创建的触发器的所有者和信息。

（9）删除步骤（5）创建的触发器。

实现思路：

（1）启动 SQL Server 2012 查询分析器。

（2）使用 CREATE PROCEDURE 命令创建存储过程。

（3）使用 DROP PROCEDURE 命令删除存储过程。

（4）使用系统存储过程查看用户存储过程信息。

（5）使用 CREATE TRIGGER 命令创建触发器。

（6）执行触发器。

（7）验证约束与触发器的不同作用期。

（8）使用系统存储过程查看创建的触发器信息。

（9）使用 DROP TRIGGER 命令删除触发器。

项目 7

程序设计

教学聚集

使用 T-SQL 进行程序设计是 SQL Server 的主要应用形式之一。T-SQL 语言是 Microsoft 公司在关系型数据库管理系统 SQL Server 中实现的一种计算机高级语言，是 Microsoft 公司对 SQL 的扩展。T-SQL 语言具有 SQL 的主要特点，同时增加了变量、运算符、函数、流程控制和注释等语言元素，使得其功能更加强大。T-SQL 语言对 SQL Server 十分重要，SQL Server 中使用图形界面能够完成的所有功能，都可以利用 T-SQL 语言来实现。使用 T-SQL 语言操作时，与 SQL Server 通信的所有应用程序都通过向服务器发送 Transact-SQ 语句来进行，而与应用程序的界面无关。本项目依次介绍 T-SQL 的变量与常量、运算符、函数等基本要素，在此基础上介绍 T-SQL 的流程控制语句和游标的使用。

知识目标

- 了解 T-SQL 程序设计的变量与常量；
- 了解 T-SQL 程序设计的常用运算符；
- 了解 T-SQL 程序设计的常用函数；
- 掌握 T-SQL 程序设计的常见流程控制语句的使用；
- 掌握 T-SQL 程序设计的游标的使用。

技能目标

- T-SQL 流程控制语句的使用；
- 熟悉系统内置函数的使用；
- 熟悉用户自定义函数的使用。

课时建议

6 课时。

课前预习

- T-SQL 程序设计的变量与常量是如何定义的？
- T-SQL 程序设计常用运算符和常用函数有哪些？
- 如何使用 T-SQL 程序设计常用流程控制语句进行编程？

项目描述

企业订单管理系统是企业常用的系统，能够实现订单情况统计、分类、查询等功能，现要求使用 SQL Server 2012 创建 ddm 数据库，并要求使用 T-SQL 语句实现相应的功能。

项目分析

根据要实现的企业订单管理系统的具体功能，可以将该项目分为五个任务：使用 T-SQL 程序设计的变量与常量对企业订单管理系统数据进行相关数据的定义、使用 T-SQL 程序设计的运算符和函数对企业订单管理系统数据的相关操作、使用 T-SQL 程序设计的常用流程控制语句实现企业订单管理系统的相关功能。

任务 1 常量与变量

子任务 1 常量

常量是指在程序运行中值不变的量。根据常量的类型不同分为字符串常量、整型常量、日期时间型常量、实型常量、货币常量、全局唯一标识符。

1. 字符串常量

字符串常量分为 ASCII 字符串常量、Unicode 字符串常量。

ASCII 常量：用单引号括起来，由 ASCII 构成的字符串，如'abcde'。

UNICODE 常量：前面有一个 N，如 N'abcde'。（N 在 SQL92 规范中表示国际语言，必须大写。）

字符串常量必须放在单引号或双引号中，由字母、数字、下画线、特殊字符（!、@、#）组成。

当单引号括起来的字符串常量中包含单引号时，用 2 个单引号表示字符串中的单引号。例如，I'm ZYT 写作'I''m ZYT'。

T-SQL 中需要设置 SET QUOTED_IDENTIFIER{ON|OFF}。当 SET QUOTED_IDENTIFIER 为 ON 时，标识符可以由双引号分隔，而文字必须由单引号分隔。不允许用双括号括住字符串常量，因为双括号括起来的是标识符。

SET QUOTED_IDENTIFIER 为 OFF 时，标识符不可加引号，且必须遵守所有 T-SQL 标识符规则，允许用双括号括住字符串常量。Microsoft SQL 客户端和 ODBC 驱动程序自动使用 ON。

说明：Unicode（统一码、万国码、单一码）是一种在计算机上使用的字符编码。它为每种语言中的每个字符设定了统一并且唯一的二进制编码，以满足跨语言、跨平台进行文本转换、处理的要求。

强烈建议：用单括号括住字符串常量，不要弄错被双引号括起来的到底是标识符还是字符串。

2. 整型常量

二进制整型常量由 0、1 组成，如 111001。

十进制整型常量，如 1982。

十六进制整型常量，用 0x 开头，如 0x3e、0x，只有 0x 表示十六进制数。

3. 日期时间型常量

这种常量要用单引号将日期时间字符串括起来，如'july 22,2007'、'22-july-2007'、'06-24-1983'、'06/24/1983'、'1981-05-23'、'19820624'、'1982 年 10 月 1 日'。

4. 实型常量

实型常量有定点和浮点两种，如 165.234、10E23。

5. 货币常量

货币常量用货币符号开头，如￥542324432.25。SQL Server 不强制分组，即不强制每隔三个数字插一个逗号等。

6. 全局唯一标识符

全局唯一标识符（Globally Unique Identification Numbers，GUID）是 16 字节长的二进制数据类型，是 SQL Server 根据计算机网络适配器地址和主机时钟产生的唯一号码生成的全局唯一标识符。

例如，6F9619FF-8B86-D011-B42D-00C04FC964FF 即为有效的 GUID 值。

世界上的任何两台计算机都不会生成重复的 GUID 值。GUID 主要用于在拥有多个节点、多台计算机的网络或系统中，分配必须具有唯一性的标识符。在 Windows 平台上，GUID 应用非常广泛：注册表、类及接口标识、数据库，甚至自动生成的机器名、目录名等。

变量对于一种语言来说是必不可少的组成部分。变量用于临时存放数据，其中的数据随着程序的运行而变化，变量有名称及数据类型两个属性。变量名用于标识该变量，数据类型确定了该变量存放值的格式以及允许的运算。

变量名必须是一个合法的标识符。在 SQL Server 中标识符分为以下两类。

（1）常规标识符。以 ASCII 字母、Unicode 字母、下画线、@或#开头，后继可跟一个或若干个 ASCII 字符、Unicode 字符、下画线、美元符号、@或#，但不能全为下画线、@或#。常规标识符不能是 T-SQL 保留字。常规标识符中不允许嵌入空格或其他特殊字符。

（2）分隔标识符。其中包括在双引号（“ ”）或方括号（[]）内的常规标识符或不符合常规标识符规则的标识符。

标识符允许的最大长度为 128 个字符。符合常规标识符规则的标识符可以分隔，也可以不分隔。不符合标识符规则的标识符必须进行分隔。T-SQL 允许使用两种变量：一种是系统提供的全局变量(Global Variable)，另一种是用户自己定义的局部变量(Local Variable)。

子任务 2　全局变量

全局变量是 SQL Server 2012 系统内部使用的变量，作用范围并不局限于某一程序，而是任何程序均可随时调用。全局变量通常存储一些 SQL Server 2012 的设置值和效能统计数据。用户可在程序中用全局变量来测试系统的设定值或者 Transact-SQL 命令执行后的状态值。引用全局变量时，全局变量的名称前面要有两个标记符“@@”。不能定义与全局变量同名的局部变量。从 SQL Server 7.0 开始，全局变量以系统函数的形式使用。全局变量的符号及其功能见表 7-1。

表 7-1　全局变量及其功能

全局变量	功　能
@@CONNECTIONS	自 SQL Server 2000 最近一次启动以来登录或试图登录的次数
@@CPU_BUSY	自 SQL Server 2000 最近一次启动以来 CPU Server 的工作时间
@@CURRSOR_ROWS	返回在本次连接中最新打开的游标中的行数
@@DATEFIRST	返回 SET DATEFIRST 参数的当前值
@@DBTS	数据库的唯一时间标记值
@@ERROR	系统生成的最后一个错误，若为 0 则成功
@@FETCH_STATUS	最近一条 FETCH 语句的标志
@@IDENTITY	保存最近一次的插入身份值
@@IDLE	自 CPU 服务器最近一次启动以来的累计空闲时间
@@IO_BUSY	服务器输入输出操作的累计时间
@@LANGID	当前使用的语言的 ID
@@LANGUAGE	当前使用语言的名称
@@LOCK_TIMEOUT	返回当前锁的超时设置
@@MAX_CONNECTIONS	同时与 SQL Server 2000 相连的最大连接数量
@@MAX_PRECISION	十进制与数据类型的精度级别
@@NESTLEVEL	当前调用存储过程的嵌套级，值为 0～16
@@OPTIONS	返回当前 SET 选项的信息
@@PACK_RECEIVED	所读的输入包数量
@@PACKET_SENT	所写的输出包数量
@@PACKET_ERRORS	读与写数据包的错误数
@@RPOCID	当前存储过程的 ID
@@REMSERVER	返回远程数据库的名称
@@ROWCOUNT	最近一次查询涉及的行数
@@SERVERNAME	本地服务器名称
@@SERVICENAME	当前运行的服务器名称
@@SPID	当前进程的 ID
@@TEXTSIZE	当前最大的文本或图像数据大小
@@TIMETICKS	每一个独立的计算机报时信号的间隔(ms)数，报时信号为 31.25ms 或 1/32s
@@TOTAL_ERRORS	读写过程中的错误数量
@@TOTAL_READ	读磁盘次数(不是高速缓存)
@@TOTAL_WRITE	写磁盘次数
@@TRANCOUNT	当前用户的活动事务处理总数
@@VERSION	当前 SQL Server 的版本号

例如：

```
delete from student where sScore is null
select@@ROWCOUNT
```

又如：

```
select@@IDENTITY
```

子任务 3　局部变量

局部变量是用户自己定义的变量，它的作用范围在程序内部。其通常只能在一个批处理中或存储过程中使用，用来存储从表中查询到的数据，或当作程序执行过程中暂存变量使用。局部变量使用 DECLARE 语句定义，并且指定变量的数据类型，然后可以使用 SET 或 SELECT 语句为变量初始化；局部变量必须以“@”开头，而且必须先声明后使用。其声明格式如下。

```
DECLARE @变量名 变量类型[,@变量名 变量类型…]
```

其中，“变量类型”可以是 SQL Server 支持的所有数据类型，也可以是用户自定义的数据类型：

注意：

第一次声明变量时，其值设置为 NULL。

局部变量不能使用“变量=变量值”的格式进行初始化，必须使用 SELECT 或 SET 语句来设置其初始值。初始化格式如下。

```
SELECT @局部变量=变量值
SET @局部变量=变量值
```

如果声明字符型的局部变量，一定要在变量类型中指明其最大长度，否则系统认为其长度为 1。

例如：

```
declare@find nvarchar(10)
set@find='李%'
select * from student where sName like@find
```

若要声明多个局部变量，请在定义的第一个局部变量后使用一个逗号，然后指定下一个局部变量名称和数据类型。

例如：

```
DECLARE@LastName nvarchar(30),@FirstName nvarchar(20),@StateProvince nchar
(2);
```

变量的作用域就是可以引用该变量的 T-SQL 语句的范围。变量的作用域从声明变量的地方开始到声明变量的批处理或存储过程的结尾为止。例如，下面的脚本存在语法错误，因为在一个批处理中引用了另一个批处理中声明的变量。

```
USE AdventureWorks;
GO
DECLARE@MyVariable int;
SET@MyVariable = 1;
-- Terminate the batch by using the GO keyword.
GO
--@MyVariable has gone out of scope and no longer exists.
-- This SELECT statement generates a syntax error because it is
-- no longer legal to reference@MyVariable.
SELECT EmployeeID,NationalIDNumber,Title
FROM HumanResources.Employee
WHERE EmployeeID =@MyVariable;
```

变量具有局部作用域，只在定义它们的批处理或过程中可见。在下面的示例中，为执行 sp_executesql 创建的嵌套作用域不能访问在更高作用域中声明的变量，从而返回错误。

```
DECLARE@MyVariable int;
SET@MyVariable = 1;
EXECUTE sp_executesql N'SELECT@MyVariable'; -- this produces an error
```

变量也可以通过 SELECT 列表中当前所引用的值赋值。

例如：

```
USE AdventureWorks;
GO
```

```
DECLARE@EmpIDVariable int;
SELECT@EmpIDVariable = MAX(EmployeeID)
FROM HumanResources.Employee;
SELECT@EmpIDVariable
GO
```

如果 SELECT 语句返回多行而且变量引用一个非标量表达式，则变量被设置为结果集最后一行中表达式的返回值。例如，在此批处理中将@EmpIDVariable 设置为返回的最后一行的 EmployeeID 值，此值为 1 的代码如下。

```
USE AdventureWorks;
GO
DECLARE@EmpIDVariable int;
SELECT@EmpIDVariable = EmployeeID
FROM HumanResources.Employee
ORDER BY EmployeeID DESC;
SELECT@EmpIDVariable;
GO
```

任务 2　运算符

运算符是一种符号，用来指定要在一个或多个表达式中执行的操作。

1. 算术运算符

算术运算符包括+（加）、-（减）、*（乘）、/（除）、%（求余）。

2. 赋值运算符

等号 (=) 是唯一的 T-SQL 赋值运算符。

例如：

```
DECLARE@MyCounter INT;
SET@MyCounter = 1;
```

3. 位运算符

位运算符包括&（位与）、|（位或）、^（位异或）。

4. 比较运算符

比较运算符用于测试两个表达式是否相同。除了 text、ntext 或 image 数据类型的表达式外，比较运算符可以用于所有的表达式。表 7-2 列出了 T-SQL 比较运算符及其含义。

表 7-2　T-SQL 比较运算符及其含义

运 算 符	含 义
=（等于）	等于
>（大于）	大于
<（小于）	小于
>=（大于等于）	大于等于
<=（小于等于）	小于等于
<>（不等于）	不等于
!=（不等于）	不等于（非 ISO 标准）
!<（不小于）	不小于（非 ISO 标准）
!>（不大于）	不大于（非 ISO 标准）

5．逻辑运算符

逻辑运算符对某些条件进行测试，以获得其真实情况。逻辑运算符和比较运算符一样，返回带有 TRUE、FALSE 或 UNKNOWN 值的 Boolean 类型数据。

与其他 SQL Server 数据类型不同，Boolean 数据类型不能被指定为表列或变量的数据类型，也不能在结果集中返回。

6．字符串串联运算符

加号(+)是字符串串联运算符，可以用它将字符串串联起来。其他字符串操作都使用字符串函数（如 SUBSTRING）进行处理。

7．运算符的优先顺序

如果一个表达式中使用了多种运算符，则运算符的优先顺序决定了计算的先后次序。计算时，从左向右计算，先计算优先级高的运算，再计算优先级低的运算。

下面列出了常见运算符的优先级由高到低的顺序。

括号→算术运算符→比较运算符→按位运算符→逻辑运算符→赋值运算符

任务 3　函数

子任务 1　常用函数

1．数学函数

（1）ABS(numeric_expression)：返回数值表达式的绝对值。

（2）ASCII(character_expression)：返回字符表达式中最左侧的字符的 ASCII 码值。

（3）CEILING(numeric_expression)：返回大于或等于指定数值表达式的最小整数。

（4）FLOOR(numeric_expression)：返回小于或等于指定数值表达式的最大整数。

（5）POWER(numeric_expression,power)：返回对数值表达式进行幂运算的结果。Power 参数的计算结果必须为整数。

（6）PI()：返回 π 的常量值。

（7）SQRT(float_expression)：返回指定浮点值的平方根。

（8）SQUARE(float_expression)：返回指定浮点值的平方。

（9）RAND([seed])：返回从 0 到 1 之间的随机 float 值。

（10）ROUND(numeric_expression ,length[,function])：返回一个数值，舍入到指定的长度或精度。

2．转换函数

（1）CAST()：将一种数据类型的表达式转换为另一种数据类型的表达式。

语法格式：

```
CAST(expression AS data_type[(length)])
```

例如：

```
select sName+'('+cast(sScore as varchar(10))+')' from Student
```

下列代码将成绩为 NULL 值的数据项显示为 0 分。

```
select sName+'('+(
case
    when sScore IS NULL then '0'
    else cast(sScore as varchar(10))
```

```
    end)
    +')' from Student
```

（2）CONVERT()：将一种数据类型的表达式转换为另一种数据类型的表达式。

语法格式：

```
CONVERT(data_type[( length)] ,expression[,style])
```

例如：

```
select sName +'(' + convert(nvarchar(10),sBirthDate,20) + ')' from Student
```

有关参数 style 的具体情况请参见 SQL Server 帮助文档。

3. 字符串函数

（1）LEN(character_expression)：返回字符表达式中的字符数。如果字符串中包含前导空格和尾随空格，则函数会将它们包含在计数内。LEN 对相同的单字节和双字节字符串返回相同的值。

例如：

```
select max(LEN(sName)) from Student
```

（2）DATALENGTH(expression)：返回用于表示任何表达式的字节数。

例如：

```
declare@a nvarchar(10)
set@a='abc'
select DATALENGTH(@a)   --显示为
```

（3）LEFT(character_expression ,integer_expression)：返回字符串中从左边开始指定个数的字符。

（4）RIGHT(character_expression,integer_expression)：返回字符表达式中从起始位置（从右端开始）到指定字符位置（从右端开始计数）的部分。

（5）SUBSTRING(value_expression ,start_expression ,length_expression)：返回字符表达式、二进制表达式、文本表达式或图像表达式的一部分。

例如：

```
SELECT x = SUBSTRING('abcdef',2,3);  --显示 bcd
```

（6）UPPER(character_expression)：返回将小写字符转换为大写字符后得到的字符表达式。

例如：

```
select UPPER('hello')
```

（7）LOWER(character_expression)：返回将大写字符转换为小写字符后得到的字符表达式。

（8）SPACE(integer_expression)：返回由重复的空格组成的字符串。

例如：

```
select sName+SPACE (3) +sSex from Student
```

（9）REPLICATE(character_expression,times)：返回多次复制后的字符表达式。times 参数的计算结果必须为整数。

例如：

```
declare@a int
set@a=3
print replicate('*',@a)
```

又如，以“*”方式输出菱形的代码如下。

```
declare@i int
set@i=1
while@i<=4
begin
    print space(4-@i)+replicate('*',2*@i-1)
    set@i=@i+1
```

```
    end
    set@i=1
    while@i<=3
    begin
        print space(@i)+replicate('*',7-2*@i)
        set@i=@i+1
    end
```

（10）STUFF(character_expression ,start ,length ,character_expression)：将字符串插入另一字符串中。它在第一个字符串中从开始位置删除指定长度的字符；然后将第二个字符串插入第一个字符串的开始位置。

例如：

```
SELECT STUFF('axyzfg',2,3,'bcde')  --结果为'abcdefg'
```

（11）REVERSE(character_expression)：按相反顺序返回字符表达式。

例如：

```
print REVERSE('Mountain Bike') --输出 ekiB niatnuoM
```

（12）LTRIM(character expression)：返回删除了前导空格的字符表达式。

（13）RTRIM(character expression)：返回删除了尾随空格的字符表达式。

（14）TRIM(character_expression)：返回删除了前导空格和尾随空格的字符表达式。

（15）CHARINDEX(expression1 ,expression2[,start_location])：在 expression2 中搜索 expression1 并返回其起始位置（如果找到）。搜索的起始位置为 start_location。

注意：如果 expression1 或 expression2 之一是 Unicode 数据类型（nvarchar 或 nchar）而另一个不是，则将另一个转换为 Unicode 数据类型。CHARINDEX 不能与 text、ntext 和 image 数据类型一起使用。

如果 expression1 或 expression2 之一为 NULL，则 CHARINDEX 将返回 NULL。

如果在 expression2 内找不到 expression1，则 CHARINDEX 返回 0。

例如：

```
DECLARE@document varchar(64)
SELECT@document = 'Reflectors are vital safety' +
                  'components of your bicycle.'
SELECT CHARINDEX('vital',@document,5)  --返回 16
GO
```

（16）PATINDEX('%pattern%' ,expression)：返回指定表达式中某模式第一次出现的起始位置；如果在全部有效的文本和字符数据类型中没有找到该模式，则返回零。

例如：

```
select PATINDEX('%李%',sName) from Student
```

（17）STR(float_expression[,length[,decimal]])：返回由数字数据转换来的字符数据。其中，float_expression 表示带小数点的近似数字(float)数据类型的表达式；length 表示总长度，包括小数点、符号、数字及空格，默认值为 10；decimal 表示小数点后的位数。

例如：

```
SELECT STR(123.45,6,1)  --输出 123.5
```

（18）CHAR(integer_expression)：将 int ASCII 代码转换为字符。其中，integer_expression 是 0～255 的整数。如果该整数表达式不在此范围内，则将返回 NULL 值。

（19）REPLACE(character_expression,searchstring,replacementstring)：将表达式中的一个字符串替换为另一个字符串或空字符串后，返回一个字符表达式。

例如：

```
print REPLACE('Mountain Bike','Mountain','All Terrain')
--返回 All Terrain Bike
```

4．日期函数

（1）GETDATE()：返回系统的当前日期。GETDATE 函数不使用参数。

（2）DATEPART(datepart,date)：返回一个表示日期的日期部分的整数。其中，datepart 参数指定需要对日期中的哪一部分返回新值，它可取下列值：Year、Quarter、Month、Dayofyear、Day、Week、Weekday、Hour、Minute、Second、Millisecond 等。

例如：

```
SELECT DATEPART(year,GETDATE())  --显示
```

（3）DATENAME(datepart ,date)：返回表示指定 date 的指定 datepart 的字符串。

例如：

```
SELECT sName,datepart(MONTH,sBirthDate) from Student
```

（4）DATEADD (datepart ,number,date)：将指定 number 时间间隔（有符号整数）与指定 date 的指定 datepart 相加后，返回该 date。

例如：

```
SELECT DATEADD(month,1,'2006-08-30')  --显示-09-30 00:00:00.000
```

（5）DATEDIFF(datepart ,startdate ,enddate)：返回指定的 startdate 和 enddate 之间所跨的指定 datepart 边界的计数（带符号的整数）。

例如：

```
DECLARE@startdate datetime = '2007-05-08 12:10:09';
DECLARE@enddate datetime = '2007-05-07 12:10:09';
SELECT DATEDIFF(day,@startdate,@enddate);  --显示-1
```

（6）DAY（date）、MONTH（date）、YEAR（date）：返回一个整数，该整数表示指定 date 的天、月、年。

例如：

```
print year(getdate())  --显示
```

5．其他常用函数

（1）ISDATE(expression)：如果 expression 是 datetime 或 smalldatetime 数据类型的有效日期或时间值，则返回 1；否则，返回 0。

例如：

```
select ISDATE('2009/2/29')  --2009 年月无日
```

（2）ISNULL(check_expression ,replacement_value)：使用指定的替换值替换 NULL。

例如：

```
select sName,isnull(sScore,0) from Student
```

（3）NULLIF(expression ,expression)：如果两个指定的表达式相等，则返回空值。

（4）ISNUMERIC(expression)：确定表达式是否为有效的数值类型。

（5）COALESCE(expression[,...n])：返回其参数中第一个非空表达式。

以上介绍了 SQL Server 支持的常用函数。除了上述函数外，还有加密函数、系统函数等，请自行参阅 SQL Server 帮助文档（“函数”关键字）。

子任务 2　用户自定义函数

与编程语言中的函数类似，Microsoft SQL Server 用户定义函数是接收参数、执行操作（如复杂计算）并将操作结果以值的形式返回的例程。返回值可以是单个标量值或结果集。

在 SQL Server 中使用用户定义函数有以下优点：允许模块化程序设计、执行速度更快、减少网络流量。

1．标量函数

用户定义标量函数返回在 RETURNS 子句中定义的类型的单个数据值。对于内联标量函数，没有函数体；标量值是单个语句的结果。对于多语句标量函数，定义在 BEGIN...END 块中的函数体包含一系列返回单个值的 T-SQL 语句。返回类型可以是除 text、ntext、image、cursor 和 timestamp 以外的任何数据类型。

1）创建标量函数

例如：

```
IF OBJECT_ID (N'f1',N'IF') IS NOT NULL
     DROP FUNCTION f1
GO
create function f1()
returns float
as
begin
     return 10*pi()
end
```

又如：

```
IF OBJECT_ID (N'f1',N'IF') IS NOT NULL
     DROP FUNCTION f1
GO
create function f1(@a int,@b int)
returns int
as
begin
     declare@c int
     if@a>@b
          set@c=@a
     else
          set@c=@b
     return@c
end
```

注意：

函数的最后一条语句必须为 return 语句。

2）调用标量函数

可以在 T-SQL 语句中使用标量表达式的任何位置调用返回标量值（与标量表达式的数据类型相同）的用户定义函数。必须使用至少由两部分组成名称的函数来调用标量值函数，即架构名.

对象名。

例如：

```
select dbo.f1(23,28)
```

2. 表值函数

表值函数就是返回 table 数据类型的用户自定义函数。它分为内联表值函数和多语句表值函数。对于内联表值函数，没有函数主体；表是单个 SELECT 语句的结果集。

（1）创建内联表值函数，例如：

```
IF OBJECT_ID (N'f1',N'IF') IS NOT NULL
   DROP FUNCTION f1
GO
CREATE FUNCTION f1 (@a nvarchar (1) )
RETURNS TABLE
AS
RETURN
(
   select * from student where sSex=@a
)
```

（2）调用内联表值函数，例如：

```
select * from f1('男')
```

注意：

调用时不需要指定架构名。

3. 多语句表值函数

（1）创建多语句表值函数，例如：

```
IF OBJECT_ID (N'f1',N'IF') IS NOT NULL
      DROP FUNCTION f1
GO
CREATE FUNCTION f1 (@a int)
RETURNS@t TABLE
(
      sID char (4) primary key not null,
      sName nvarchar (4) null,
      sContent nvarchar(20) null
)
AS
begin
      if@a=0
         insert into@t select sID,sName,sSex from student
      else
         insert into@t select SID,sName,sScore from student
      return
end
```

（2）调用多语句表值函数，例如：

```
select * from f1 (1)
```

任务 4　流程控制语句

流程控制语句是指那些用来控制程序执行和流程分支的语句，在 SQL Server 2012 中，流程控制语句主要用来控制 SQL 语句、语句块或者存储过程的执行流程。T-SQL 使用的流程控制命令与常见的程序设计语言类似，主要有以下几种控制语句命令。

1．语句块——BEGIN…END

BEGIN…END 包括一系列的 T-SQL 语句，从而可以执行一组 T-SQL 语句。BEGIN 和 END 是控制流语句的关键字。

例如：

```
USE AdventureWorks;
GO
BEGIN TRANSACTION;
GO
IF@@TRANCOUNT = 0
BEGIN
SELECT * from Person.Contact WHERE LastName = 'ADAMS';
ROLLBACK TRANSACTION
PRINT N'Rolling back the transaction two times would cause an error.'
END
ROLLBACK TRANSACTION
PRINT N'Rolled back the transaction.'
GO
```

2．多条件语句——IF…ELSE

IF…ELSE 用于指定 T-SQL 语句的执行条件。

语法格式：

```
IF Boolean_expression
   {sql_statement|statement_block}
[ELSE
   {sql_statement|statement_block}]
```

各参数说明如下。

Boolean_expression：返回 TRUE 或 FALSE 的表达式。如果布尔表达式中含有 SELECT 语句，则必须用括号将 SELECT 语句括起来。

{sql_statement|statement_block}：任何 T-SQL 语句或用语句块定义的语句分组。除非使用语句块，否则 IF 或 ELSE 条件只能执行其后的一条 T-SQL 语句。

若要定义语句块，则必须使用控制流关键字 BEGIN 和 END。

例如：

```
declare@a int
set@a=10
if@a>0
   print 'a 为正数'
else
print 'a 为负数'
```

人们经常利用 if 语句和 exists 或 not exists 关键字来判断 Select 查询结果是否有记录。

例如：判断 002 号课程是否有人选修的命令如下。

```
if exists(select * from SelectRecord where rcID='002')
    print '002 号课程已有人选'
else
print '002 号课程还没有人选'
```

3. 多重分支语句——CASE

CASE 用于计算条件列表并返回多个可能结果表达式之一。

其语法格式有以下几种。

格式一：

```
CASE input_expression
    WHEN when_expression THEN result_expression
   [...n]
   [
     ELSE else_result_expression
   ]
END
```

格式二:

```
CASE
     WHEN Boolean_expression THEN result_expression
   [...n]
    [
   ELSE else_result_expression
    ]
END
```

例如：

```
USE AdventureWorks;
GO
SELECT   ProductNumber,Category =
     CASE ProductLine
       WHEN 'R' THEN 'Road'
       WHEN 'M' THEN 'Mountain'
       WHEN 'T' THEN 'Touring'
       WHEN 'S' THEN 'Other sale items'
       ELSE 'Not for sale'
     END,
   Name
FROM Production.Product
ORDER BY ProductNumber;
GO
```

又如：

```
USE AdventureWorks;
GO
SELECT   ProductNumber,Name,'Price Range' =
     CASE
       WHEN ListPrice =  0 THEN 'Mfg item - not for resale'
       WHEN ListPrice < 50 THEN 'Under $50'
       WHEN ListPrice >= 50 and ListPrice < 250 THEN 'Under $250'
       WHEN ListPrice >= 250 and ListPrice < 1000 THEN 'Under $1000'
       ELSE 'Over $1000'
     END
FROM Production.Product
```

```
ORDER BY ProductNumber ;
GO
```

4．循环语句——While

While 用于设置重复执行 SQL 语句或语句块的条件。只要指定的条件为真，则重复执行语句。可以使用 BREAK 和 CONTINUE 关键字在循环内部控制 WHILE 循环中语句的执行。

语法格式：

```
WHILE Boolean_expression
    {sql_statement|statement_block}
    [BREAK]
    {sql_statement|statement_block}
    [CONTINUE]
    {sql_statement|statement_block}
```

各参数说明如下。

Boolean_expression：返回 TRUE 或 FALSE 的表达式。如果布尔表达式中含有 SELECT 语句，则必须用括号将 SELECT 语句括起来。

{sql_statement|statement_block}：T-SQL 语句或用语句块定义的语句分组。若要定义语句块，则应使用控制流关键字 BEGIN 和 END。

BREAK：导致从最内层的 WHILE 循环中退出。将执行出现在 END 关键字（循环结束的标记）后面的任何语句。

CONTINUE：使 WHILE 循环重新开始执行，忽略 CONTINUE 关键字后面的任何语句。

例如，0000000000 在以下示例中，如果产品的平均标价小于$300，则 WHILE 循环将价格乘以 2，然后选择最高价格。如果最高价格小于或等于$500，则 WHILE 循环重新开始，并再次将价格乘以 2。该循环不断地将价格乘以 2，直到最高价格超过$500，然后退出 WHILE 循环，并打印一条消息。

```
USE AdventureWorks;
GO
WHILE (SELECT AVG(ListPrice) FROM Production.Product) < $300
BEGIN
   UPDATE Production.Product
      SET ListPrice = ListPrice * 2
   SELECT MAX(ListPrice) FROM Production.Product
   IF (SELECT MAX(ListPrice) FROM Production.Product) > $500
      BREAK
   ELSE
      CONTINUE
END
PRINT 'Too much for the market to bear';
```

例如：

```
-- Create the table.
CREATE TABLE TestTable (cola int,colb char (3) );
GO
SET NOCOUNT ON;
GO
-- Declare the variable to be used.
DECLARE@MyCounter int;

-- Initialize the variable.
```

```
SET@MyCounter = 0;

-- Test the variable to see if the loop is finished.
WHILE (@MyCounter < 26)
BEGIN;
   -- Insert a row into the table.
   INSERT INTO TestTable VALUES
       -- Use the variable to provide the integer value
       -- for cola.Also use it to generate a unique letter
       -- for each row.Use the ASCII function to get the
       -- integer value of 'a'.Add@MyCounter.Use CHAR to
       -- convert the sum back to the character@MyCounter
       -- characters after 'a'.
       (@MyCounter,
          CHAR((@MyCounter + ASCII('a')))
       );
   -- Increment the variable to count this iteration
   -- of the loop.
   SET@MyCounter =@MyCounter + 1;
END;
GO
SET NOCOUNT OFF;
GO
-- View the data.
SELECT cola,colb
FROM TestTable;
GO
DROP TABLE TestTable;
GO
```

5. 复合语句——WHILE…CONTINUE…BREAK

语法格式：

```
WHILE <条件表达式>
   [BEGIN]
     <程序块>
     [BREAK]
   [CONTINUE]
    [程序块]
 [END]
```

WHILE 命令在设定的条件成立时，会重复执行命令行或程序块。

CONTINUE 命令可以使程序跳过 CONTINUE 命令之后的语句，回到 WHILE 循环的第一行，继续进行下一次循环。

BREAK 命令则使程序完全跳出循环，结束 WHILE 命令的执行。

WHILE 语句也可以嵌套。

【案例 7.1】 编程求 1 到 100 的整数和。

```
declare@i int
declare@sum int
set@i=1
set@sum=0
```

```
while@i<=100
begin
   set@sum=@sum+@i
   set@i=@i+1
end
select@sum as 合计 ,@i as 循环数
```

【案例 7.2】以下程序计算 1～100 中所有能被 3 整除的数的个数及总和。

```
DECLARE@S SMALLINT,@I SMALLINT,@NUMS SMALLINT
SET@S=0
SET@I=1
SET@NUMS=0
WHILE (@I<=100)
    BEGIN
       IF (@I%3=0)
          BEGIN
             SET@S=@S+@I
             SET@NUMS=@NUMS+1
          END
       SET@I=@I+1
    END
PRINT@S
PRINT@NUMS
```

【案例 7.3】如果平均价格少于 \$30，WHILE 循环就将价格加倍，然后选择最高价。如果最高价少于或等于 \$50，WHILE 循环重新启动并再次将价格加倍。该循环不断地将价格加倍直到最高价格超过 \$50，然后退出 WHILE 循环并打印一条消息。

```
WHILE (SELECT AVG(price) FROM titles) < $30
BEGIN
        UPDATE titles
        SET price = price * 2
        SELECT MAX(price) FROM titles
        IF (SELECT MAX(price) FROM titles) > $50
                BREAK
        ELSE
                CONTINUE
END
       PRINT 'Too much for the market to bear'
```

6. 异常捕捉与处理结构

在程序中，有时候完成一些 T-SQL 语句会出现错误、异常信息。如果想自己处理这些异常信息，则需要手动捕捉这些信息。此时可以利用 try catch 完成。

try…catch 构造包括两部分：一个 try 块和一个 catch 块。如果在 try 块中所包含的 T-SQL 语句检测到错误条件，控制将被传递到 catch 块（可在此块中处理该错误）。

catch 块处理该异常错误后，控制将被传递到 end catch 语句后面的第一个 T-SQL 语句。如果 end catch 语句是存储过程或触发器中的最后一条语句，则控制将返回到调用该存储过程或触发器的代码上，并且不执行 try 块中生成错误的语句后面的 T-SQL 语句。

如果 try 块中没有错误，则控制将传递到关联的 end catch 语句后紧跟的语句中。如果 end catch 语句是存储过程或触发器中的最后一条语句，则控制将传递到调用该存储过程或触发器的语句。

try 块以 begin try 语句开头，以 end try 语句结尾。在 begin try 和 end try 语句之间可以指定一个或多个 T-SQL 语句。catch 块必须紧跟 try 块。catch 块以 begin catch 语句开头，以 end catch 语句结尾。在 T-SQL 中，每个 try 块仅与一个 catch 块相关联。

7. 无条件返回语句

rcturn 语句用于无条件退出执行的批处理命令、存储过程或触发器。

语法格式：

```
return[整数表达式]
```

提示：

return 语句可以返回一个整数给调用它的过程或应用程序。0 表示返回成功，-1～+99 代表不同的出错原因。

8. 无条件转移语句

goto 语句是无条件转移语句。

语法格式：

```
goto label
```

其中，label 为 goto 语句处理的起点。label 必须符合标识符规则。

功能：用于改变程序的执行流程，使程序直接跳到标有标号的位置处继续执行，而位于 goto 语句和标号之间的语句将不会被执行。

【案例 7.4】利用 goto 语句求 1+2+3+…+50 的值。

```
DECLARE@sum int,@count int
SET@sum=0
SET@count=1
label_1:
SET@sum=@sum+@count
SET@count=@count+1
IF@count<=50
GOTO label_1
PRINT str(@count)+str(@sum)
```

9. 延迟执行语句

可以使用 waitfor 语句延迟或暂停程序的执行。

语法格式：

```
waitfor{DELAY 'time'|TIME 'time'}
```

其中，DELAY 是指等待指定的时间间隔，最长可达 24 小时；TIME 值指等待的时间。

例如：

```
Waitfor delay '00:00:10'
Select * from 客户信息
Waitfor time '20:00:00'
Select * from 客户信息
```

任务 5　游标

子任务 1　游标的概念和优点

1. 游标概念

游标使用户可逐行访问由 SQL Server 返回的结果集。使用游标的一个主要的原因就是把集合操作转换成单个记录并进行处理。用 SQL 从数据库中检索数据后，结果放在内存的一块区域中，且结果往往是一个含有多个记录的集合。游标机制允许用户在 SQL Server 内逐行地访问这些记录，按照用户自己的意愿来显示和处理这些记录。

游标是由 declare cursor 语句定义的，主要用在服务器上，由客户端发送给服务器的 T-SQL 语句或批处理、存储过程、触发器中的 T-SQL 语句进行管理。T-SQL 游标不支持提取数据库或者多行数据。

2. 游标的优点

从游标定义可以得到游标的如下优点，这些优点使游标在实际应用中发挥了重要作用。

（1）允许程序对由查询语句返回的行集合中的每一行执行相同或不同的操作，而不是对整个行集合执行同一个操作。

（2）提供对基于游标位置的表中的行进行删除和更新的能力。

（3）游标实际上是面向集合的数据库管理系统和面向行的程序设计之间的桥梁，这两种处理方式通过游标建立沟通。

提示：

游标包含三方面的功能：可以定位在结果集的特定行上；从结果集的当前位置检索一行或多行；支持对结果集中当前位置的行进行数据修改。

在数据库中，游标提供了一种对从表中检索出的数据进行操作的灵活手段。就本质而言，游标实际上是一种能从包括多条数据记录的结果集中每次提取指定记录的机制。

子任务 2　创建游标

1. 声明游标

语法格式：

```
declare 游标名称[insensitive][scroll] cursor
for select 语句
[for{readonly|update[of 列名[,...n]]}]
```

【案例 7.5】 声明一个只读游标，结果集为学生表中所有 20 岁的学生。

```
declare student_cur1scroll cursor
for select * from 学生
where 年龄=20
for readonly
```

2. 打开游标

游标声明之后，必须打开才能使用。

语法格式：

```
open[global] 游标名称
```

例如，打开案例 7.5 中声明的游标的命令如下。

```
Open student_cur1scroll
```

3. 读取游标

一旦游标被成功打开，就可以从游标中逐行读取数据，以进行相关处理。从游标中读取数据主要使用 fetch 命令。

fetch 语句的功能是从 T-SQL 服务器游标中检索特定的一行。

语法格式：

```
fetch[[next|prior|first|last|absolute{n|@nvar}|relative{n|@nvar}]
from[global]游标名称
[into@变量名[,…n]]
```

【案例 7.6】 通过使用@@fetch_status 函数输出游标中的所有记录。

```
declare student_cur2 scroll cursor
for select * from 学生
where 性别=‘男’
open student_cur2
fetch next from student_cur2
while@@fetch_status = 0
fetch next from student_cur2
```

4. 关闭游标

close 语句的功能是关闭一个开放的游标。关闭游标将完成以下工作。

（1）释放当前结果集。

（2）解除定位游标行上的游标锁定。

语法格式：

```
close 游标名称
```

5. 释放游标

释放游标由 deallocate 语句实现。

当释放游标后，分配给游标的所有资源随之释放，不能用 open 语句重新打开。如果想继续使用，则只能用 declare cursor 重新声明。

语法格式：

```
DEALLOCATE 游标名称
```

提示：

游标只对当前的连接有效，打开两个窗口实际上是两次连接，不能使用同一个游标。所以必须把声明、打开、读取、关闭、释放游标的命令写在一起运行。

知识串联

（1）变量分为局部变量和全局变量两种，T-SQL 的运算符分为赋值运算符、算术运算符、位运算符、比较运算符、逻辑运算符、连接运算符。

（2）函数是一组编译好的 T-SQL 语句。

（3）流程控制语句包括 begin…end 、if...else、case 表达式、while 语句、goto 语句、return 语句、waitfor 语句。

基础练习

一、填空题

1．SQL Server 中定义局部变量使用__________命令，为局部变量赋值可用______和______命令。

2．比较运算符的结果是布尔数据类型，它有三种值：_______、_______和________。

3．SQL Server 支持两种函数类型：_______和_______。

二、简答题

1．试写出创建用户定义函数和执行用户定义函数的语法格式。

2．简述游标使用的步骤。

技 能 实 训

第一部分　上机任务

本实训主要练习：T-SQL 程序设计，将数据库中的数据的相应处理描述成 T-SQL 语句，并通过向服务器端发送 T-SQL 语句实现与 SQL Server 的通信。

训练技能点：

（1）T-SQL 流程控制语句的使用。

（2）系统内置函数的使用。

（3）用户自定义函数的使用。

第二部分　任务实现

任务 1　T-SQL 实训

任务说明：

在实际学生信息管理系统中，经常会对一些数据进行处理，以能够实现查找学生信息、插入学生信息、打印特定同学的平均成绩、百分制转为五级计分制等，现要求使用 T-SQL 语句实现相应的功能，要求如下。

（1）数据库名称为 school；数据库存储在 D:\ school 文件夹下；查找特定学号“0701110134”的学生并显示学生信息，若没有则插入该学生信息；查找学号“0701110112”的学生，若其“数据库”成绩低于该课程的平均成绩，则删除该学生相关记录。

（2）使用流程控制语句打印“李三”同学所有课程平均成绩，并查看属于优秀（>85）、中等（60～85）、不及格（<60）中的哪一个。

（3）定义一个将成绩从百分制转化为五级计分制的函数。

实现思路：

（1）建立 school 数据库。

（2）选用合适的 T-SQL 语句来实现功能。

（3）按照上述要求逐一配置数据库文件类型。

任务 2　用户自定义函数实训

掌握要点：

（1）掌握用户自定义函数创建的步骤。

（2）掌握用户自定义函数的实现。

任务说明：

（1）输入一个学生的学号，返回该学生全部课程的平均成绩。

（2）输入教师编号，返回字符串，若无该教师则打印错误信息，若有则显示该教师的姓名和工资信息。

（3）输入学生学号和某课程号，返回字符串。若无该学生，则显示“没有该学生”错误信息；若无该课程，则显示“没有该课程”错误信息。若有该学生又有该课程，则求该学生该门课程的成绩、该学生所有课程的平均成绩以及该门课程的平均成绩，并以字符串形式打印出来。

项目 8

SQL Server 2012 的安全管理与维护

教学聚集

- 数据库的安全性是指保护数据库，以防止不合法的使用造成的数据泄密、更改或破坏。数据库管理系统安全性保护，就是通过种种防范措施以防止用户越权使用数据库。安全保护措施是否有效是衡量数据库系统的主要性能指标之一。能否提供全面、完整、有效、灵活的安全机制，往往是衡量一个数据库管理系统是否成熟的重要标志，也是用户选择合适的数据库产品的一个重要判断指标。
- 随着计算机网络技术的发展，安全性也变得日益重要。公司的资产必须受到保护，尤其是数据库，它们存储着公司的宝贵信息。安全是数据引擎的关键特性之一，保护企业免受各种威胁。Microsoft SQL Server 2012 系统提供了一整套保护数据安全的机制，包括角色、架构、用户、权限等手段，可以有效地实现对系统访问和数据访问的控制。本项目就围绕数据库的安全性概述、数据库的架构设计以及对数据的备份与恢复操作等内容，全面讲述 Microsoft SQL Server 2012 系统的安全管理。

知识目标

- 了解数据库安全性；
- 了解 SQL Server 2012 登录验证模式；
- 掌握管理两类 SQL Server 2012 登录账户的方法；
- 掌握管理角色与权限的方法。

技能目标

- 掌握设置 SQL Server 2012 登录验证模式和设置登录账户的方法；
- 掌握管理角色与权限的方法。

课时建议

4 课时。

课前预习

- 什么是数据库的安全性？
- 数据库常见安全保护机制有哪些？
- 数据库的身份验证有哪些模式？

项目描述

小李承担的学院系统数据库已经基本建成了，他应该如何进行数据库系统的安全机制设置，以提高本数据库管理系统的安全性呢？

项目分析

根据本项目的需求，可以将该项目分为 6 个任务：SQL Server 2012 安全性概述、SQL Server 2012 的验证模式、管理 SQL Server 2012 登录、角色与权限、数据的导入与导出、数据库的备份和还原。

任务 1　SQL Server 2012 安全性概述

在进行数据库的安全机制设置之前，先来了解一下 SQL Server 2012 系统的安全性。

任务描述

掌握 SQL Server 数据库安全性管理的基本知识。

任务所用知识点

- SQL Server 2012 安全管理新特性；
- SQL Server 2012 安全性机制；
- 安全管理的五个层次。

任务知识点分解

1. SQL Server 2012 安全管理新特性

数据库是电子商务、金融以及 ERP 系统的基础，通常保存着重要的商业数据和客户信息，如交易记录、工程数据、个人资料等。数据完整性和合法存取会受到很多方面的安全威胁，包括密码策略、系统后门、数据库操作以及本身的安全方案。另外，数据库系统中存在的安全漏洞和不当的配置通常会造成严重的后果，而且难以发现。

SQL Server 2012 可以对整个数据库、数据文件和日志文件进行加密，而不需要改动应用程序。加密使公司可以满足遵守规范及其关注数据隐私的要求。它为加密和密钥管理提供了一个全面的解决方案，以满足不断发展的对数据中心信息的更强安全性的需求，公司投资给供应商来管理公司内的安全密钥。SQL Server 2012 使用户可以审查数据的操作，从而提高了遵从性和安全性。审查不只包括审查数据修改的所有信息，还包括审查什么时候对数据进行读取的信息。

SQL Server 2012 提供了丰富的安全特性，用于保护数据和网络资源。它的安装更轻松、更安全，除了最基本的特性之外，其他特性都不是默认安装的，即便安装了也处于未启用的状态。SQL Server 提供了丰富的服务器配置工具，特别值得关注的是 SQL Server Surface Area Configuration Tool，它的身份验证特性得到了增强，SQL Server 更加紧密地与 Windows 身份验证相集成，并保护弱口令或陈旧的口令。有了细粒度授权、SQL Server Agent 和执行上下文，在经过验证之后，授权和控制用户可以采取的操作将更加灵活。元数据也更加安全，因为系统元数据视图仅返回关于用户有权以某种形式使用的对象的信息。在数据库级别，加密提供了最后一道安全防线，而用户与架构的分离使得用户的管理更加轻松。

2. SQL Server 的安全机制

SQL Server 的安全机制一般包括以下三个等级。

1）服务器级别的安全机制

这个级别的安全性主要通过登录账户进行控制，要想访问一个数据库服务器，必须拥有一个登录账户。登录账户可以是 Windows 账户或组，也可以是 SQL Server 的登录账户。登录账户可以属于相应的服务器角色。角色可以理解为权限的组合。

2）数据库级别的安全机制

这个级别的安全性主要通过用户账户进行控制，要想访问一个数据库，必须拥有该数据库的一个用户账户身份。用户账户是通过登录账户进行映射的，可以属于固定的数据库角色或自定义数据库角色。

3）数据对象级别的安全机制

这个级别的安全性通过设置数据对象的访问权限进行控制。如果使用图形化管理工具，可以在表上右击，选择【属性】|【权限】命令，然后选中相应的权限复选框即可。

提示：

通常情况下，客户操作系统安全的管理是操作系统管理员的任务。SQL Server 不允许用户建立服务器级的角色。另外，为了减少管理的开销，在对象级安全管理上应该在大多数场合下赋予数据库用户广泛的权限，再针对实际情况在某些敏感的数据上实施具体的访问权限限制。

3. 安全管理的五个层次

SQL Server 2012 整个安全体系结构从顺序上可以分为认证和授权两个部分，其安全机制可以分为五个层级。这些层级由高到低，所有的层级相互联系，用户只有通过了高一层的安全验证，才能继续访问数据库中低一层的内容。

（1）客户机安全机制——数据库管理系统需要运行在某一特定的操作系统平台下，客户机操作系统的安全性直接影响到 SQL Server 2012 的安全性。在用户用客户机通过网络访问 SQL Server 2012 服务器时，用户首先要获得客户机操作系统的使用权限。保护操作系统的安全性是操作系统管理员或网络管理员的任务。

（2）网络传输的安全机制——SQL Server 2012 对关键数据进行了加密，即使攻击者通过了防洪墙和服务器上的操作系统到达了数据库，也要对数据进行破解。SQL Server 2012 有两种对数据加密

的方式：数据加密和备份加密。

① 数据加密：数据加密执行所有数据库级别的加密操作，消除了应用程序开发人员创建定制的代码来加密和解密数据的过程，数据在写到磁盘时进行加密，从磁盘读的时候进行解密。使用 SQL Server 来管理加密和解密，可以保护数据库中的业务数据而不必对现有的应用程序做任何更改。

② 备份加密：对备份进行加密可以防止数据泄露和被篡改。

（3）实例级别安全机制——SQL Server 2012 采用了标准 SQL Server 登录和集成 Windows 登录两种。无论使用哪种登录方式，用户在登录时必须提供密码和账号，管理和设计合理的登录方式是 SQL Server 数据库管理员的重要任务，也是 SQL Server 安全体系中的重要组成部分。SQL Server 2012 服务器中预设了很多固定服务器的角色，用来为具有服务器管理员资格的用户分配使用权限，固定服务器角色的成员可以用于服务器级的管理权限。

（4）数据库级别安全机制——在建立用户的登录账号信息时，SQL Server 提示用户选择默认的数据库，并分给用户权限，以后每次用户登录服务器后，会自动转到默认数据库上。SQL Server 2012 允许用户在数据库上建立新的角色，然后为该用户授予多个权限，最后通过角色将权限赋予 SQL Server 2012 的用户，使其他用户获取具体数据的操作权限。

（5）对象级别安全机制——对象安全性检查是数据库管理系统的最后一个安全等级。创建数据库对象时，SQL Server 2012 将自动把该数据库对象的用户权限赋予该对象的所有者，对象的拥有者可以实现对该对象的安全控制。

任务 2　SQL Server 2012 的验证模式

要想保证数据库数据的安全，必须搭建一个相对安全的运行环境。因此，服务器安全性管理至关重要。在 SQL Server 2012 中，对服务器安全性管理主要通过更加健壮的验证模式、安全的登录服务器的账户管理以及对服务器角色的控制来实现。

任务描述

设置身份验证模式和混合验证模式。

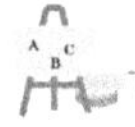

任务所用知识点

- Windows 身份验证模式；
- 混合身份验证模式。

【操作步骤】

（1）打开 SQL Server Management Studio 窗口，选择一种身份验证模式建立与服务器的连接。

（2）在【对象资源管理器】窗口中右击当前服务器名称，在打开的快捷菜单中选择【属性】命令，打开服务器属性对话框，如图 8-1 所示。

在默认的【常规】选项卡中，显示了 SQL Server 2012 服务器的常规信息，包括 SQL Server 2012 的版本、操作系统版本、运行平台、默认语言以及内存和 CPU 等。

（3）选择【安全性】选项卡，如图 8-2 所示，在此选项卡中即可设置身份验证模式。

（4）在【服务器身份验证】选项组中选中相应的单选按钮，可以确定 SQL Server 2012 的服务器身份验证模式。无论使用哪种模式，都可以通过审核来跟踪访问 SQL Server 2012 的用户，默认选中“仅限失败的登录”单选按钮。

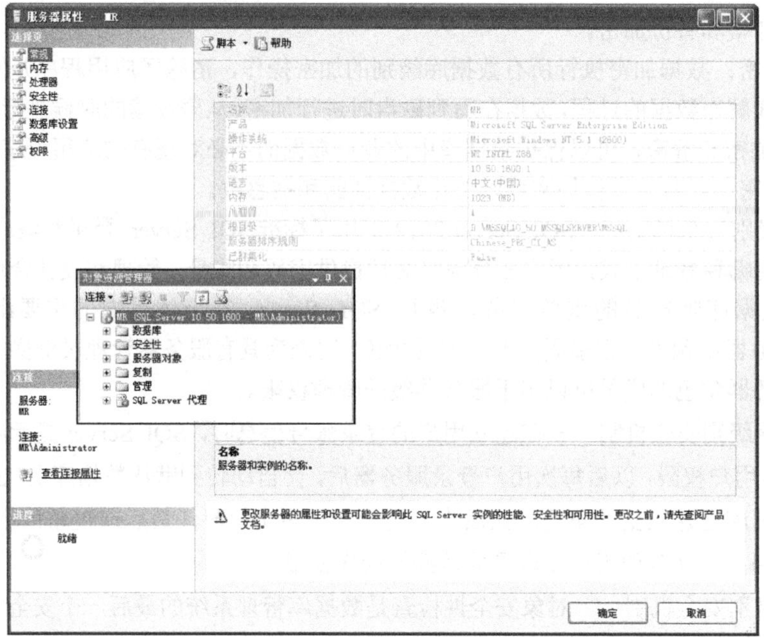

图 8-1　服务器属性对话框

图 8-2　【安全性】选项卡

当启用审核后，用户的登录被记录在 Windows 应用程序日志、SQL Server 2012 错误日志中，这取决于如何配置 SQL Server 2012 的日志。可用的审核选项如下。

（1）无：禁止跟踪审核。

（2）仅限失败的登录：默认设置，仅审核失败的登录尝试。

（3）仅限成功的登录：仅审核成功的登录尝试。

（4）失败和成功的登录：审核所有成功和失败的登录尝试。

任务知识点分解

SQL Server 2012 提供了 Windows 身份验证和混合身份两种验证模式，每一种身份验证都有一个不同类型的登录账户。无论哪种模式，SQL Server 2012 都需要对用户的访问进行两个阶段的检验：验证阶段和许可确认阶段。

（1）验证阶段：用户在 SQL Server 2012 获得对任何数据库的访问权限之前，必须登录到 SQL Server 上，并且被认为是合法的。SQL Server 或者 Windows 要求对用户进行验证。如果验证通过，用户就可以连接到 SQL Server 2012 上；否则，服务器将拒绝用户登录。

（2）许可确认阶段：用户验证通过后会登录到 SQL Server 2012 上，此时系统将检查用户是否有访问服务器中数据的权限。

提示：

如果在服务器级别配置安全模式，它们会应用到服务器上的所有数据库中。但是，由于每个数据服务器实例都有独立的安全体系结构，这就意味着不同的数据库服务器实例可以使用不同的安全模式。

1. Windows 身份验证

Windows 身份验证模式是默认的身份验证模式，它比混合身份验证模式要安全得多。当数据库仅在内部访问时使用 Windows 身份验证模式可以获得最佳工作效率。在使用 Windows 身份验证模式时，可以使用 Windows 域中有效的用户和组账户来进行身份验证。这种模式下，域用户不需要独立的 SQL Server 用户账户和密码就可以访问数据库。这对于普通用户来说是非常有益的，因为这意味着域用户不需记住多个密码。即便用户更新了自己的域密码，也不必更改 SQL Server 2012 的密码。但是，在该模式下用户仍然要遵从 Windows 安全模式的所有规则，并可以用这种模式去锁定账户、审核登录和迫使用户周期性地更改登录密码。

当用户通过 Windows 用户账户连接时，SQL Server 使用操作系统中的 Windows 主体标记验证账户名和密码。也就是说，用户身份由 Windows 进行确认。SQL Server 不要求提供密码，也不执行身份验证。

如图 8-3 所示，这是本地账户启用 SQL Server Management Studio 窗口，使用操作系统中的 Windows 主体标记进行的连接。

图 8-3　Windows 身份验证模式

其中，服务器名称中的 MR 代表当前计算机名称，Administrator 是指登录该计算机时使用的 Windows 账户名称。这也是 SQL Server 默认的身份验证模式，并且比 SQL Server 身份验证更为安全。Windows 身份验证使用 Kerberos 安全协议，提供了有关强密码复杂性验证的密码策略强制，还提供了账户锁定支持，并且支持密码过期。通过 Windows 身份验证完成的连接有时也称为可信连接，这是因为 SQL Server 信任由 Windows 提供的凭据。

Windows 身份验证模式有以下主要优点。

（1）数据库管理员的工作可以集中在管理数据库上面，而不是管理用户账户。对用户账户的管理可以交给 Windows 完成。

（2）Windows 有更强的用户账户管理工具，可以设置账户锁定、密码期限等。如果不通过定制来扩展 SQL Server，则 SQL Server 不具备这些功能。

（3）Windows 的组策略支持多个用户同时被授权访问 SQL Server。

2. 混合身份验证

使用混合身份验证模式，可以同时使用 Windows 身份验证和 SQL Server 登录。SQL Server 登录主要用于外部的用户，如那些可能从 Internet 访问数据库的用户。可以配置从 Internet 访问 SQL Server 2012 的应用程序以自动地使用指定的账户或提示用户输入有效的 SQL Server 用户账户和密码。

使用混合身份验证模式，SQL Server 2012 首先确定用户的连接是否使用有效的 SQL Server 用户账户登录。如果用户进行有效的登录并使用正确的密码，则接收用户的连接；如果用户进行有效的登录，但是使用了不正确的密码，则用户的连接被拒绝。仅当用户没有有效的登录时，SQL Server 2012 才检查 Windows 账户的信息。在这种情况下，SQL Server 2012 将会确定 Windows 账户是否有连接到服务器的权限。如果账户有权限，连接被接收；否则，连接被拒绝。

当使用混合模式身份验证时，在 SQL Server 中创建的登录名并不基于 Windows 用户账户。用户名和密码均通过使用 SQL Server 创建并存储在 SQL Server 中。通过混合模式身份验证进行连接的用户每次连接时必须提供其凭据（登录名和密码）。当使用混合模式身份验证时，必须为所有 SQL Server 账户设置强密码。图 8-4 为选择混合模式身份验证时的登录界面。

图 8-4 使用混合模式身份验证

如果用户是具有 Windows 登录名和密码的 Windows 域用户，则必须提供另一个用于连接的（SQL Server）登录名和密码。记住多个登录名和密码对于许多用户而言都较为困难，每次连接到数据库时都必须提供 SQL Server 凭据也十分烦琐。混合模式身份验证的缺点如下。

（1）SQL Server 身份验证无法使用 Kerberos 安全协议。

（2）SQL Server 登录名不能使用 Windows 提供的其他密码策略。

混合模式身份验证的优点如下。

（1）允许 SQL Server 支持那些需要进行 SQL Server 身份验证的旧版应用程序和由第三方提供的应用程序。

（2）允许 SQL Server 支持具有混合操作系统的环境，这种环境中并不是所有用户均由 Windows 域进行验证的。

（3）允许用户从未知的或不可信的域进行连接。例如，既定客户使用指定的 SQL Server 登录名进行连接以接收其订单状态的应用程序。

（4）允许 SQL Server 支持基于 Web 的应用程序，在这些应用程序中用户可创建自己的标识。

（5）允许软件开发人员通过使用基于已知的预设 SQL Server 登录名的复杂权限层次结构来分发应用程序。

提示：

使用 SQL Server 身份验证不会限制安装 SQL Server 的计算机上的本地管理员权限。

任务 3　管理 SQL Server 2012 登录账户

与两种验证模式一样，服务器登录也有两种情况：可以使用域账号登录，域账号可以是域或本地用户账号、本地组账户或通用的和全局的域组账户；可以通过指定唯一的登录 ID 和密码来创建 SQL Server 2012 登录，默认登录包括本地管理员组、本地管理员、sa、Network Service 和 SYSTEM。

子任务 1　创建登录账户

任务描述

创建 SQL Server 登录账户。

任务所用知识点

用 T-SQL 新建登录账户。

【操作步骤】

（1）打开 Microsoft SQL Server Management Studio 窗口，展开【服务器】|【安全性】节点。

（2）右击【登录名】节点，从打开的快捷菜单中选择【新建登录名】命令，将打开【登录名-新建】窗口，输入登录名为“shop_Manage”，同时，选中【SQL Server 身份验证】单选按钮，并设置密码，如图 8-5 所示。

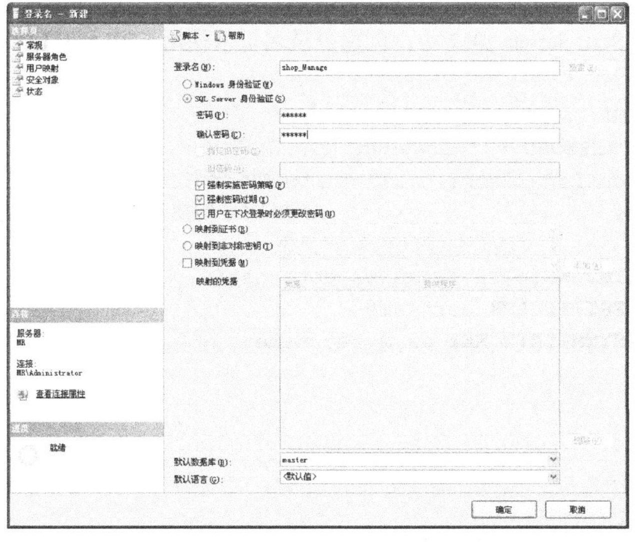

图 8-5　创建 SQL Server 登录账户

（3）单击【确定】按钮，完成 SQL Server 登录账户的创建。

为了测试创建的登录名是否成功，下面用新的登录名 shop_Manage 来进行测试。

（4）在 SQL Server Management Studio 窗口中，选中【连接】|【数据库引擎】命令，将打开【连接到服务器】对话框。

（5）在【身份验证】下拉列表中，选择【SQL Server 身份验证】选项，在【登录名】文本框中输入"shop_Manage"，【密码】文本框中输入相应的密码，如图 8-6 所示。

（6）单击【连接】按钮，登录服务器，如图 8-7 所示。

图 8-6　连接服务器

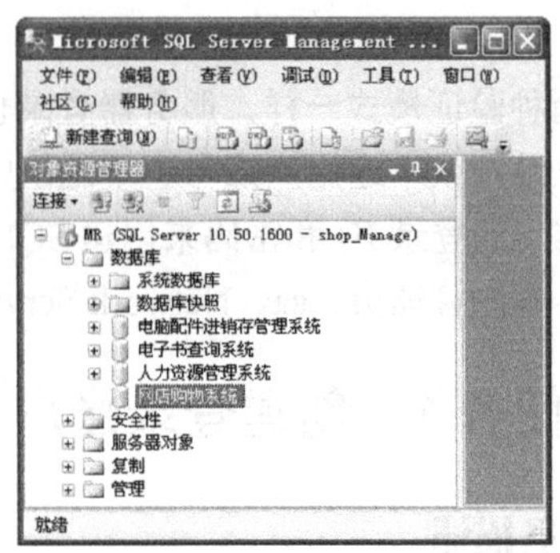

图 8-7　使用 shop_Manage 账户登录成功

（7）但是由于默认的数据库是 master 数据库，因此其他的数据库没有权限访问。这里访问"网店购物系统"数据库，就会提示错误信息，如图 8-8 所示。

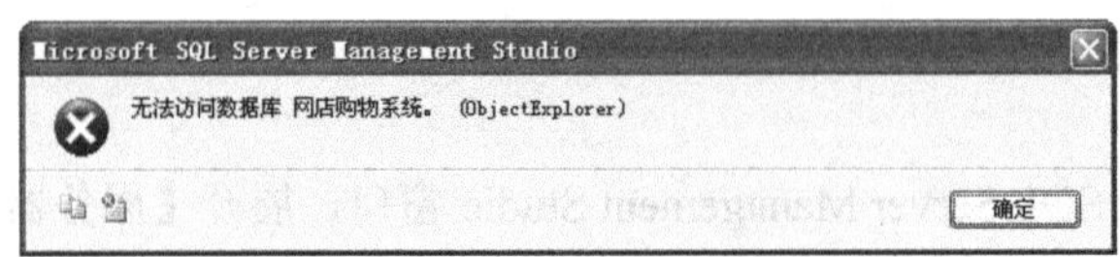

图 8-8　无法访问数据库

 任务知识点分解

创建登录名：在 SQL Server 2012 中，创建登录名可以使用 CREATE LOGIN 命令。

语法格式：

```
CREATE LOGIN login_name
{     WITH PASSWORD = 'password'[HASHED][MUST_CHANGE]
        [,<option_list>[,...]]     /*WITH 子句用于创建 SQL Server 登录名*/
      | FROM                       /*FROM 子句用于创建其他登录名*/
      {
        | WINDOWS[WITH <windows_options>[,...]]
        | CERTIFICATE certname
        | ASYMMETRIC KEY asym_key_name
      }
}
```

其中：

```
<option_list> ::=
      SID = sid
     |DEFAULT_DATABASE = database
     |DEFAULT_LANGUAGE = language
     |CHECK_EXPIRATION ={ON|OFF}
     |CHECK_POLICY ={ON|OFF}
```

```
        [CREDENTIAL = credential_name]
    <windows_options> ::=
         DEFAULT_DATABASE = database
        |DEFAULT_LANGUAGE = language
```

子任务 2　管理用户账户

在前一个任务中创建了登录账户。而创建的登录账户将不为该登录账户映射相应的数据库用户，所以该登录账户无法访问数据库。一般情况下，用户登录 SQL Server 实例后，还不具备访问数据库的条件。在用户可以访问数据库之前，管理员必须为该用户在数据库中建立一个数据库账号作为访问该数据库的 ID。这个过程就是将 SQL Server 登录账号映射到需要访问的每个数据库中，这样才能够访问数据库。如果数据库中没有用户账户，则即使用户能够连接到 SQL Server 实例也无法访问到该数据库。

任务描述

登录账户管理。

任务知识点分解

- 用 T-SQL 创建数据库用户；
- 用 T-SQL 删除登录账户和数据库用户。

【操作步骤】

1. 设置 Windows 用户连接 SQL Server

（1）在 SQL Server Management Studio 窗口中，选择【连接】|【数据库引擎】命令，将打开【连接到服务器】对话框。

（2）展开“安全性”|“登录名”节点。

（3）右击详细信息窗格的空白处，打开快捷菜单，选择“新建登录名”命令。

（4）在打开的对话框中选择“常规”选项卡，如图 8-9 所示。

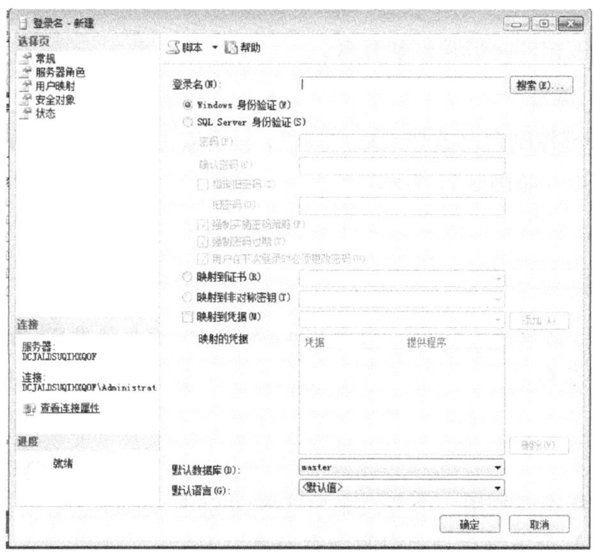

图 8-9　【常规】选项卡

（5）在【常规】选项卡中输入“登录名”和“密码”，然后双击相应的账户并单击“确定”按钮，成功创建登录账户。

2．设置 SQL Server 登录账户

（1）在 SQL Server Management Studio 窗口中，连接到服务器。

（2）展开“安全性”|“登录名”节点。

（3）右击详细信息窗格的空白处，打开快捷菜单，选择“新建登录名”命令。

（4）在打开的对话框中选择“常规”选项卡，在“登录名”右侧单击“搜索”按钮，进入选择用户和组界面，选择相应项目，双击相应的账户并单击“确定”按钮，如图 8-10 所示，成功设定 SQL Server 用户账户。

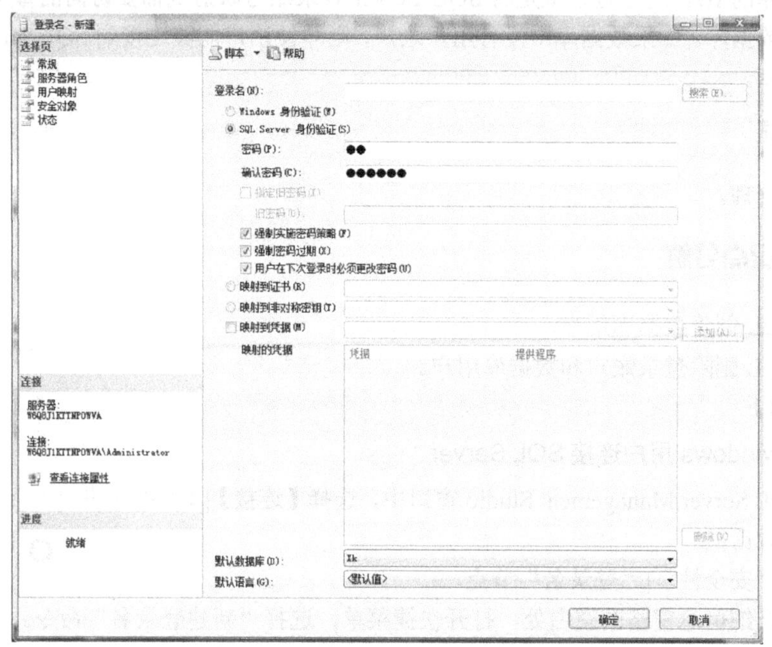

图 8-10　使用 SQL Server 身份验证登录

（5）单击“确定”按钮即可成功创建登录。

3．修改登录账户的属性

使用 SQL Server 管理控制台修改登录账户属性，只需双击要修改属性的登录账户，并在登录属性对话框中进行修改即可，如图 8-11 所示。

注意：

对于 SQL Server 账户，可以修改其密码。对于 Windows 账户，只能使用 Windows 的“计算机管理器”或“域用户管理器”修改账户密码。

4．禁止登录账户

有时可能需要暂时拒绝或禁用一个登录账户连接到 SQL Server 服务器，过一段时间后再恢复。使用 SQL Server 管理控制台拒绝登录账户的操作步骤如下。

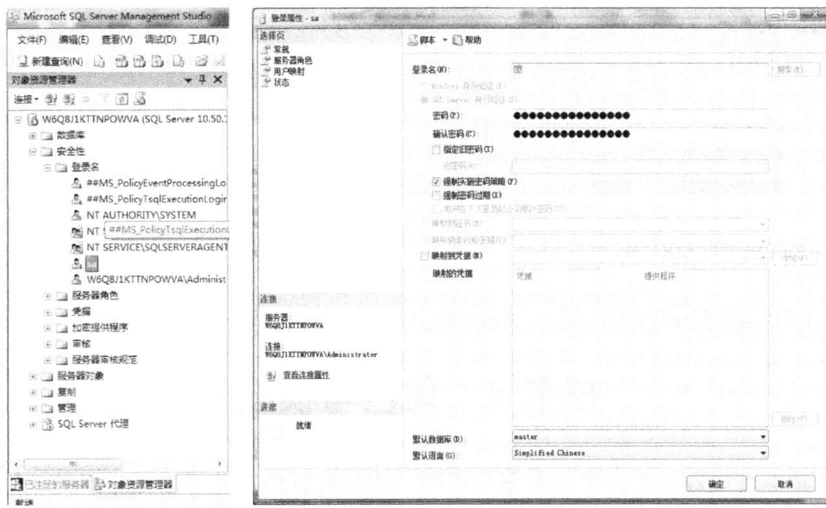

图 8-11　登录属性对话框

（1）在 SQL Server 管理控制台中，展开 SQL Server 服务器组中相应服务器。

（2）选择“安全性”|“登录名”节点，双击要拒绝访问的登录账户，打开登录属性对话框。

（3）选择“状态”选项卡，并选中“拒绝”或“禁用”单选按钮，如图 8-12 所示。

（4）单击“确定”按钮。

5. 删除登录账户

（1）在 SQL Server 管理控制台中，展开 SQL Server 服务器组中相应服务器。

（2）选择“安全性”|“登录名”节点，在右侧窗口的登录账户列表中右击要删除的账户，在打开的快捷菜单中选择“删除”命令，如图 8-13 所示。

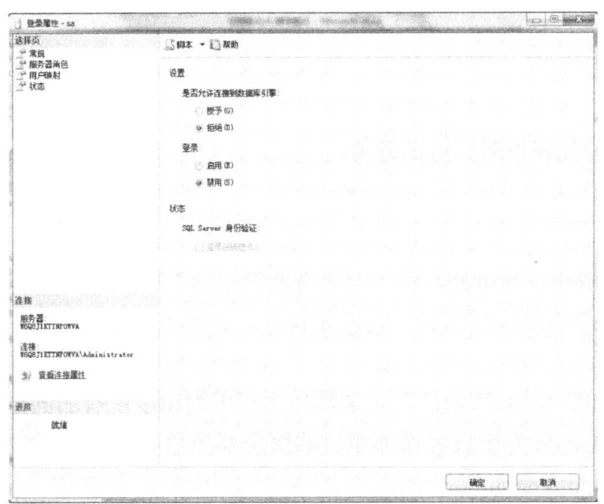

图 8-12　【状态】选项卡

图 8-13　删除账户

任务知识点分解

创建数据库用户使用 CREATE USER 命令。

语法格式：

```
CREATE USER user_name
[{FOR|FROM}
     {
        LOGIN login_name
       |CERTIFICATE cert_name
       |ASYMMETRIC KEY asym_key_name
     }
     |WITHOUT LOGIN
]
    [WITH DEFAULT_SCHEMA = schema_name]
```

任务 4　角色与权限

角色用来集中管理数据库或者服务器的权限。数据库管理员将操作数据库的权限赋予角色。数据库管理员再将角色赋给数据库用户或者登录账户，从而使数据库用户或者登录账户拥有相应的权限。

SQL Server 2012 给用户提供了预定义的服务器角色（固定服务器角色）、数据库角色（固定数据库角色）、自定义数据库角色、应用程序角色。其中，固定服务器角色和固定数据库角色都是 SQL Server 系统内置的，不能进行添加、修改和删除。

子任务 1　角色管理

 任务描述

设定服务器角色成员和数据库角色成员。

 任务知识点分解

- 固定服务器角色；
- 用系统存储过程创建服务器角色成员和数据库角色成员。

【操作步骤】

1. 添加服务器角色成员

（1）以系统管理员身份登录到 SQL Server 服务器，在“对象资源管理器”中展开“安全性”|“登录名”节点选择登录名，如“0BD7E57C949A420\liu”，双击或右击，选择“属性”命令，打开登录属性窗口。

（2）选择“服务器角色”选项卡，如图 8-14 所示，在登录属性窗口中列出了所有的固定服务器角色，用户可以根据需要选中服务器角色来为登录名添加相应的服务器角色，此处默认选择了“public”服务器角色。单击“确定”按钮完成添加。

2. 创建数据库角色成员

（1）创建数据库角色。以 Windows 系统管理员身份连接 SQL Server，在“对象资源管理器”中展开“数据库”节点，选择要创建角色的数据库 XSBOOK，右击“安全性”|“角色”节点，在打开的快捷菜单中选择“新建”|“新建数据库角色”命令，如图 8-15 所示，打开“数据库角色-新建”窗口。

图 8-14　“服务器角色”选项卡

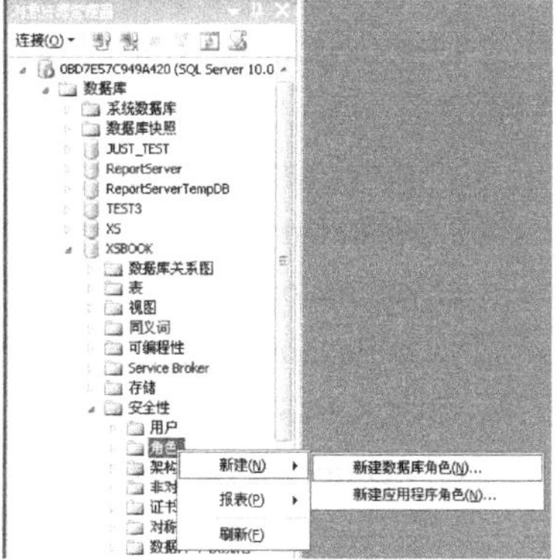

图 8-15　新建数据库角色

（2）将数据库用户加入数据库角色。当数据库用户成为某一数据库角色的成员之后，该数据库用户就获得该数据库角色所拥有的对数据库操作的权限。

将用户加入自定义数据库角色的方法与将用户加入固定数据库角色的方法类似，这里不再赘述。图 8-16 所示为将 XSBOOK 数据库的用户 david 加入角色 ROLE。

图 8-16　将数据库用户加入角色

任务知识点分解

1. 固定服务器角色

服务器角色独立于各个数据库。在 SQL Server 中创建一个登录名后，要赋予该登录者具有管理服务器的权限，此时可设置该登录名为服务器角色的成员。SQL Server 提供了以下固定服务器角色。

（1）sysadmin：系统管理员，角色成员可对 SQL Server 服务器进行所有的管理工作，为最高管理角色。这个角色一般适用于数据库管理员（DBA）。

（2）securityadmin：安全管理员，角色成员可以管理登录名及其属性。其可以授予、拒绝、撤销服务器级和数据库级的权限，还可以重置 SQL Server 登录名的密码。

（3）serveradmin：服务器管理员，角色成员具有对服务器进行设置及关闭服务器的权限。

（4）setupadmin：设置管理员，角色成员可以添加和删除连接服务器，并执行某些系统存储过程。

（5）processadmin：进程管理员，角色成员可以终止 SQL Server 实例中运行的进程。

（6）diskadmin：用于管理磁盘文件。

（7）dbcreator：数据库创建者，角色成员可以创建、更改、删除或还原任何数据库。

（8）bulkadmin：可执行 BULK INSERT 语句，但是这些成员对要插入数据的表必须有 INSERT 权限。BULK INSERT 语句的功能是以用户指定的格式复制一个数据文件至数据库表或视图。

（9）public：其角色成员可以查看任何数据库。

用户只能将一个用户登录名添加为上述某个固定服务器角色的成员，不能自定义服务器角色。例如，对于前面已建立的登录名“0BD7E57C949A420\liu”，如果要给其赋予系统管理员权限，则可通过“对象资源管理器”或“系统存储过程”将该登录名加入 sysadmin 角色。

2．利用系统存储过程添加服务器角色成员

利用系统存储过程 sp_addsrvrolemember 可将一个登录名添加到某一固定服务器角色中，使其成为固定服务器角色的成员。

语法格式：

```
sp_addsrvrolemember[@loginame =] 'login',[@rolename =] 'role'
```

各参数说明如下。

login 用于指定添加到固定服务器角色的登录名，login 可以是 SQL Server 登录名或 Windows 登录名；对于 Windows 登录名，如果还没有授予 SQL Server 访问权限，则将自动对其授予访问权限。固定服务器角色名 role 必须为 sysadmin、securityadmin、serveradmin、setupadmin、processadmin、diskadmin、dbcreator、bulkadmin 和 public 之一。

3．使用系统存储过程添加数据库角色成员

利用系统存储过程 sp_addrolemember 可以将一个数据库用户添加到某一固定数据库角色中，使其成为该固定数据库角色的成员。

语法格式：

```
sp_addrolemember[@rolename =] 'role',[@membername =] 'security_account'
```

'role'为当前数据库中的数据库角色的名称；'security_account'为添加到该角色的安全账户，可以是数据库用户或当前数据库角色。

说明：

（1）当使用 sp_addrolemember 将用户添加到角色时，新成员将继承所有应用到角色的权限。

（2）不能将固定数据库或固定服务器角色或者 dbo 添加到其他角色中。例如，不能将 db_owner 固定数据库角色添加成为用户定义的数据库角色的成员。

（3）在用户定义的事务中不能使用 sp_addrolemember。

（4）只有 sysadmin 固定服务器角色和 db_owner 固定数据库角色中的成员可以执行 sp_addrolemember，以将成员添加到数据库角色中。

（5）db_securityadmin 固定数据库角色的成员可以将用户添加到任意用户定义的角色中。

子任务 2　权限管理

数据库的权限指明了用户能够对哪些对象执行何种操作。用户的权限取决于用户账户的数据库权限和用户所属的数据库角色的类型。

在 SQL Server 2012 中，可以将权限分为三种类型：对象权限、语句权限和隐式权限。

任务描述

授予权限；

拒绝权限。

任务知识点分解

- 使用命令方式授予权限的语法格式；
- 拒绝权限的语法格式。

【操作步骤】

拒绝权限的语法格式。

1．授予权限

1）授予创建表的权限

以给数据库用户 david 授予 XSBOOK 数据库的 CREATE TABLE 语句的权限（即创建表的权限）为例，在 SQL Server Management Studio 中授予用户权限的步骤如下。

（1）以系统管理员身份登录 SQL Server 服务器，在“对象资源管理器”中展开“数据库”|“XSBOOK”节点并右击，选择“属性”命令，进入 XSBOOK 数据库的属性界面，选择“权限”选项卡。

（2）在“用户或角色”选项组中选择需要授予权限的用户或角色，在窗口下方列出的权限列表框中找到相应的权限（如“创建表”）并选中，如图 8-17 所示。单击“确定”按钮即可完成操作。

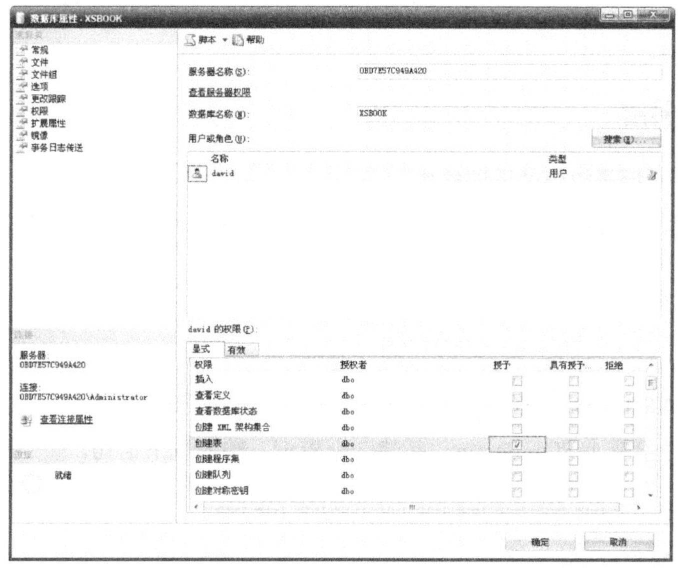

图 8-17　数据库属性设置

2）授予 SELECT、INSERT 表的权限

以给数据库用户 david 授予 BOOK 表上的 SELECT、INSERT 的权限为例，具体步骤如下。

（1）以系统管理员身份登录 SQL Server 服务器，在“对象资源管理器”中展开“数据库”|“XSBOOK”|“表”|“BOOK”节点并右击，选择“属性”命令，进入 BOOK 表的属性界面，选择“权限”选项卡。

（2）单击“搜索”按钮，在打开的“选择用户或角色”对话框中单击“浏览”按钮，选择需要授权的用户或角色（如 david)，单击“确定”按钮在窗口中选择用户，在权限列表框中选择需要授予的权限，如“插入”、“选择”，如图 8-18 所示，单击“确定”按钮完成授权。

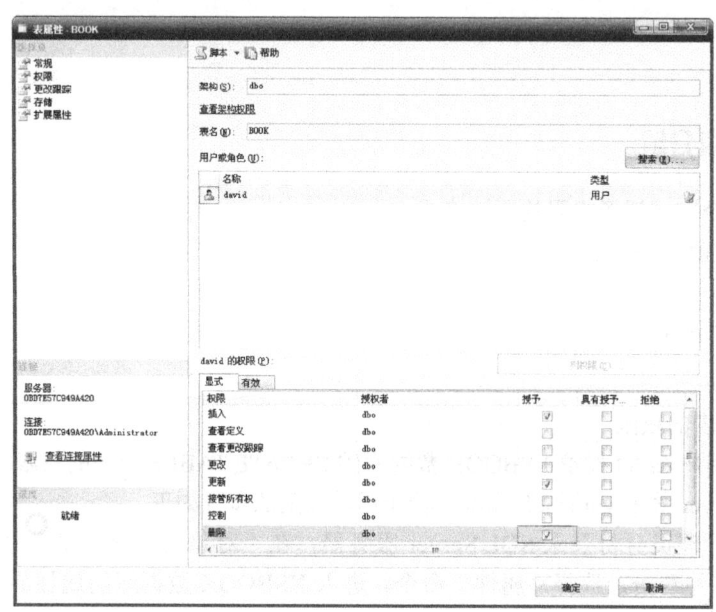

图 8-18　表属性的设置

2. 拒绝权限

拒绝权限时使用图形用户界面的操作方式与授予权限的方法相同，只需在表属性对话框中选择需要拒绝的权限即可。

 任务知识点分解

1. 使用命令方式授予权限的语法格式

利用 GRANT 语句可以给数据库用户或数据库角色授予数据库级别或对象级别的权限。

语法格式：

```
GRANT{ALL[PRIVILEGES]}|permission[( column[,...n])][,...n]
    [ON securable] TO principal[,...n]
    [WITH GRANT OPTION][AS principal]
```

【案例 8.1】给 XSBOOK 数据库上的用户 david 和 wang 授予创建表的权限。

以系统管理员身份登录 SQL Server，新建一个查询，输入以下语句。

【操作命令】

```
USE XSBOOK
GO
GRANT CREATE TABLE
```

```
    TO david,wang
GO
```

【案例 8.2】在当前数据库 XSBOOK 中给 public 角色授予对 XS 表的 SELECT 权限。将特定的权限授予用户 liu、zhang 和 dong，使这些用户对 XS 表有所有操作权限。

【操作命令】

```
GRANT SELECT ON XS TO public
GO
GRANT INSERT,UPDATE,DELETE
    ON XS TO liu,zhang,dong
GO
```

【案例 8.3】将 CREATE TABLE 权限授予数据库角色 ROLE 的所有成员。

【操作命令】

```
GRANT CREATE TABLE
    TO ROLE
```

2. 使用命令方式拒绝权限的语法格式

利用 REVOKE 命令也可撤销以前给当前数据库用户授予或拒绝的权限。

语法格式：

```
REVOKE[GRANT OPTION FOR]
    {[ALL[PRIVILEGES]]
      |permission[( column[,...n])][,...n]
    }
    [ON securable]
    {TO|FROM}principal[,...n]
    [CASCADE][AS principal]
```

【案例 8.4】取消已授予用户 wang 的 CREATE TABLE 权限。

【操作命令】

```
REVOKE CREATE TABLE
    FROM wang
```

取消授予多个用户的多个语句权限。

【操作命令】

```
REVOKE CREATE TABLE,CREATE VIEW
    FROM wang,li
GO
```

【案例 8.5】取消对 wang 授予或拒绝的在 XS 表上的 SELECT 权限。

【操作命令】

```
REVOKE SELECT
    ON XS
    FROM wang
```

任务 5　数据的导入与导出

为了对数据进行灵活的处理和提高数据的安全性，SQL Server 2012 提供了多种工具用于数据的导入与导出，对数据环境的转换。这种数据的导入与导出功能涉及的数据源包括 Excel 电子表格、文本文件和 ODBC 数据源等。本任务主要介绍导入 Excel 电子表格和导出数据至 Excel 电子表格。

子任务 1　数据的导入

任务描述

掌握数据库中数据的导入方法。

任务所用知识点

使用 SSMS 导入数据库。

【操作步骤】

（1）启动 SQL Server Management Studio。

（2）在“对象资源管理器”中展开【数据库】节点，出现系统和用户数据库，这里选择“xsxx”数据库，如图 8-19 所示。

图 8-19　选择数据库

（3）右击【xsxx】节点，在打开的快捷菜单中选择【任务】命令，在其下拉列表中选择【导入数据】选项，打开【SQL Server 导入和导出向导】对话框，单击【下一步】按钮，选择数据源，在【数据源】下拉列表中选择【Microsoft Excel】选项，然后单击【Excel 文件路径】右侧的【浏览】按钮，选择要导入的 Excel 表格文件，最后在【Excel 版本】下拉列表中选择【Microsoft Excel 97-2019】选项，如图 8-20 所示。

（4）单击【下一步】按钮，打开【选择目标】对话框，如图 8-21 所示。

该对话框主要用来选择数据所要导入的数据库。在【目标】下拉列表中选择【SQL Server Native Client 11.0】；在【服务器名称】下拉列表中选择数据库所在的服务器，在【数据库】下拉列表中选择“xsxx”数据库。

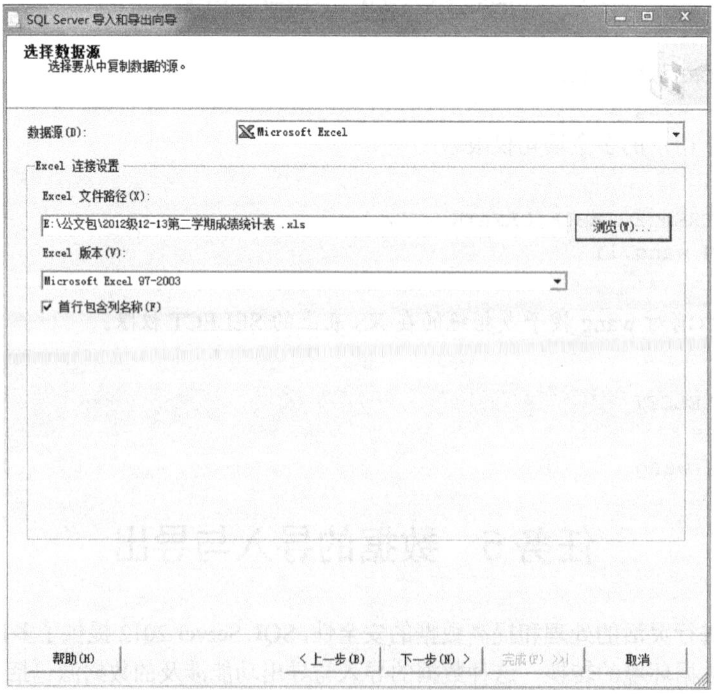

SQL Server 导入和导出向导
选择数据源
选择要从中复制数据的源。
数据源(D)：Microsoft Excel
Excel 连接设置
Excel 文件路径(X)：
E:\公文包\2012级12-13第二学期成绩统计表 .xls
浏览(W)...
Excel 版本(V)：
Microsoft Excel 97-2003
首行包含列名称(F)
帮助(H)　< 上一步(B)　下一步(N) >　完成(F) >>|　取消

图 8-20　【选择数据源】对话框

图 8-21　【选择目标】对话框

（5）单击【下一步】按钮，打开【指定表复制或查询】对话框，选中【复制一个或多个表或视图的数据】单选按钮，如图 8-22 所示。

（6）单击【下一步】按钮，打开【选择源表和源视图】对话框，如图 8-23 所示。

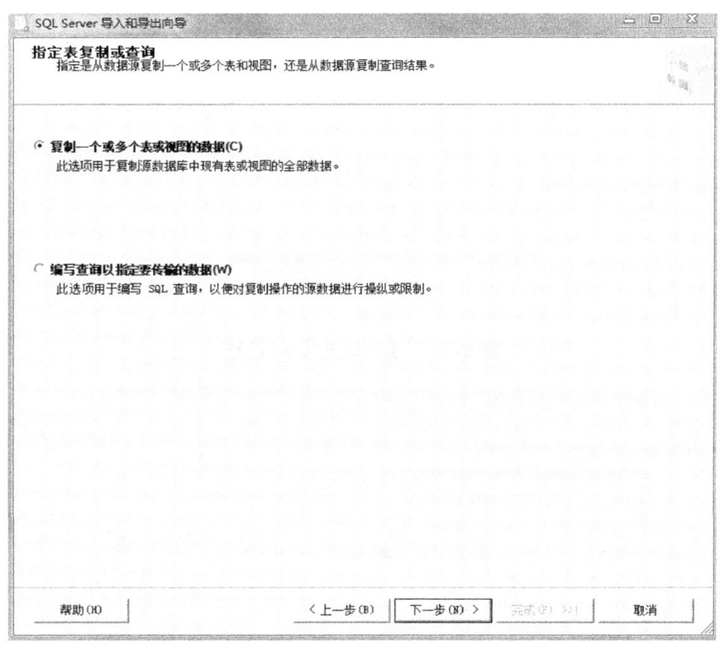

图 8-22　【指定表复制或查询】对话框

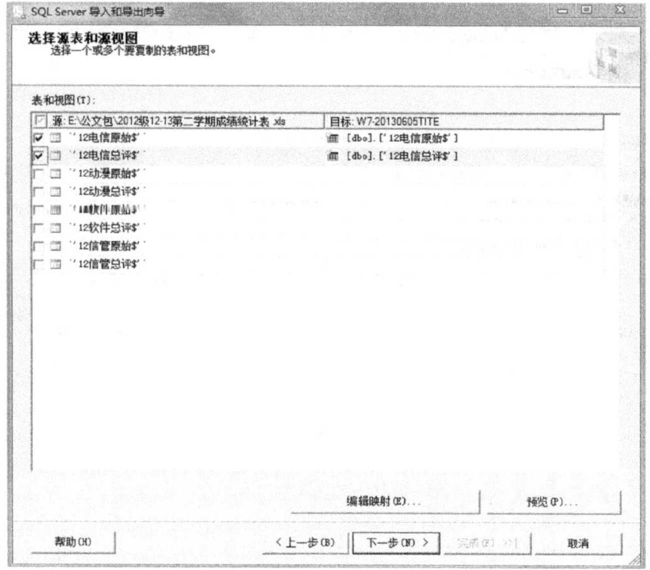

图 8-23 【选择源表和源视图】对话框

该对话框用来选择需要复制的表和视图。这里选择前两个工作簿，同时可以通过【列映射】对话框进行编辑，通过【预览数据】进行查看，如图 8-24 和图 8-25 所示。

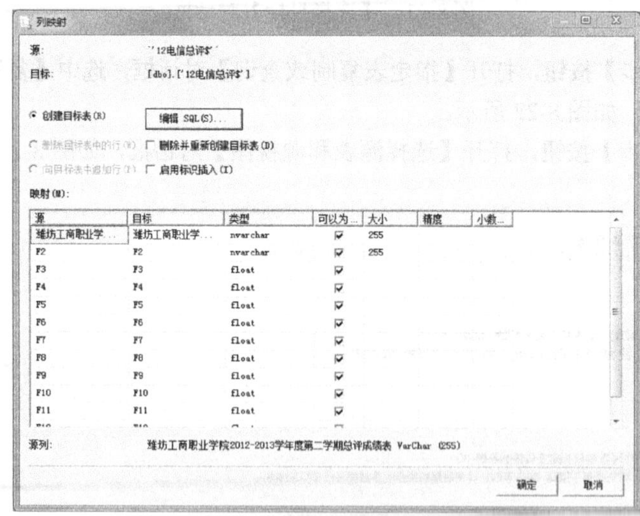

图 8-24 【列映射】对话框

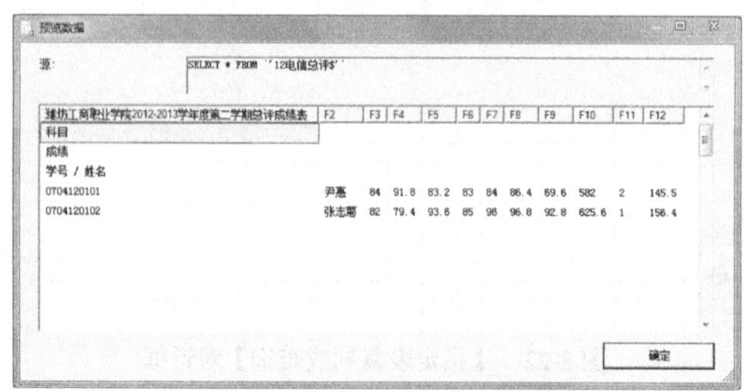

图 8-25 【预览数据】对话框

（7）单击【下一步】按钮，打开【保存并运行包】对话框，如图 8-26 所示。这里选中【立即运行】复选框。

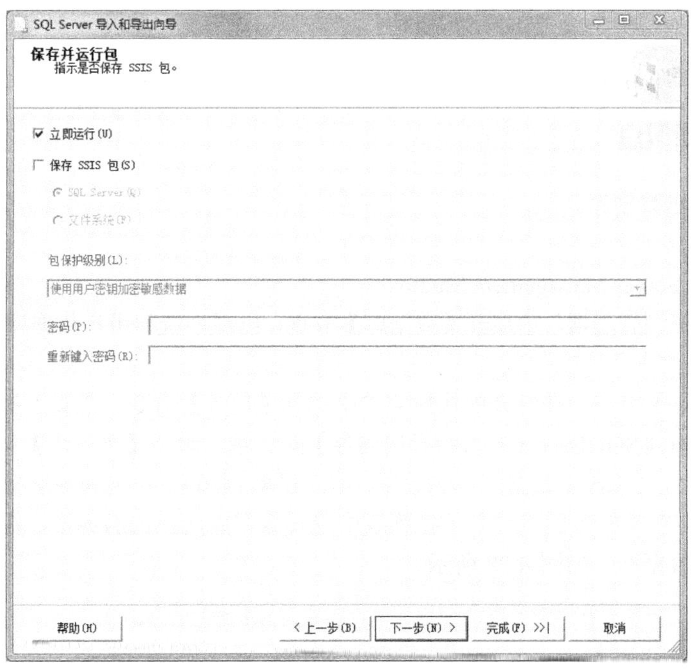

图 8-26　【保存并运行包】对话框

（8）单击【下一步】按钮，在打开的对话框中单击【完成】按钮，打开【执行成功】对话框，如图 8-27 所示。单击【关闭】按钮，即可完成将 Excel 电子表格导入数据库的操作。

图 8-27　【执行成功】对话框

子任务 2　数据的导出

任务描述

掌握数据导出的方法。

任务所用知识点

使用 SSMS 导出数据库。

【操作步骤】

（1）启动 SQL Server Management Studio。

（2）在“对象资源管理器”中展开【数据库】节点，出现系统和用户数据库，这里选择“xsxx”数据库。

（3）右击【xsxx】节点，在打开的快捷菜单中选择【任务】命令，在其下拉列表中在选择【导出数据】选项，打开【SQL Server 导入和导出向导】对话框，单击【下一步】按钮，选择数据源。这里需要导出的是 SQL Server 数据库中的数据，所以在【数据源】下拉列表中选择【SQL Server Native Client 11.0】选项，在【服务器名称】下拉列表中选择数据库所在的服务器，在【数据库】下拉列表中选择“xsxx”数据库，如图 8-28 所示。

图 8-28　【选择数据源】对话框

（4）单击【下一步】按钮，打开【选择目标】对话框，在【目标】下拉列表中选择【Microsoft Excel】选项，然后单击【Excel 文件路径】右侧的【浏览】按钮，选择一个 Excel 表格文件，最后在【Excel 版本】下拉列表中选择【Microsoft Excel 97-2003】选项，如图 8-29 所示。

（5）单击【下一步】按钮，打开【指定表复制或查询】对话框，选中【复制一个或多个表或视图的数据】单选按钮，如图 8-30 所示。

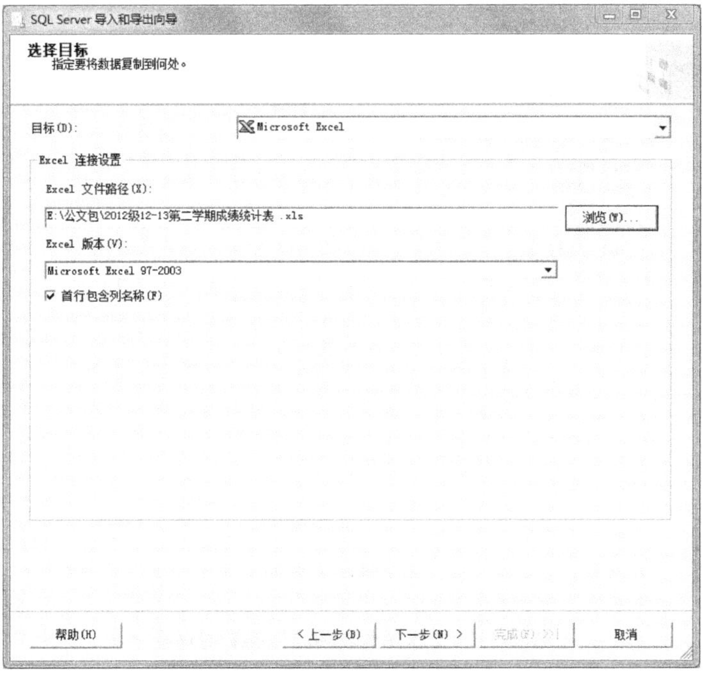

SQL Server 导入和导出向导

选择目标

指定要将数据复制到何处。

目标(D): Microsoft Excel

Excel 连接设置

Excel 文件路径(X):

E:\公文包\2012级12-13第二学期成绩统计表 .xls

浏览(W)...

Excel 版本(V):

Microsoft Excel 97-2003

首行包含列名称(F)

帮助(H)　< 上一步(B)　下一步(N) >　完成(F) >>|　取消

图 8-29　【选择目标】对话框

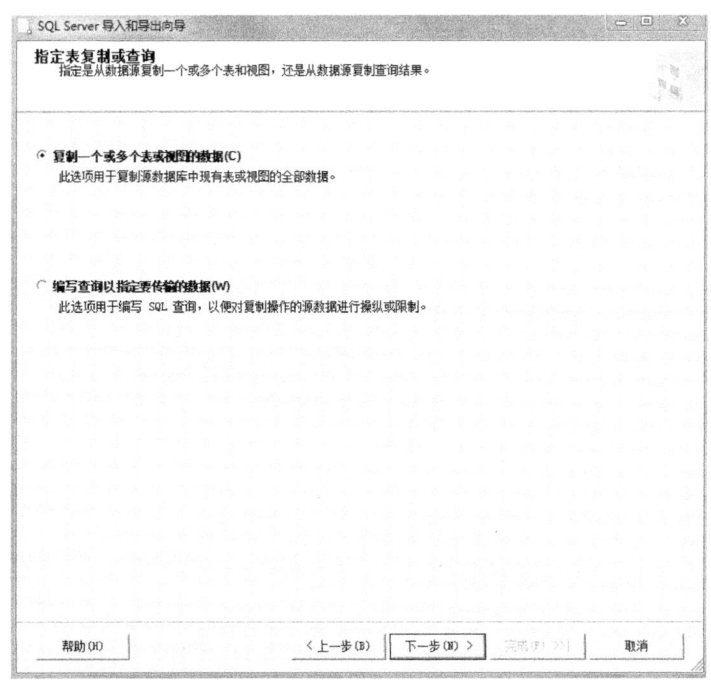

图 8-30　【指定表复制或查询】对话框

（6）单击【下一步】按钮，打开【选择源表和源视图】对话框，如图 8-31 所示。

该对话框用来选择需要复制的表和视图。这里仍然选择前两个工作簿，也可以通过【列映射】进行编辑，通过【预览数据】进行查看。

图 8-31 【选择源表和源视图】对话框

（7）单击【下一步】按钮，打开【保存并运行包】对话框，如图 8-32 所示。这里选中【立即运行】复选框。

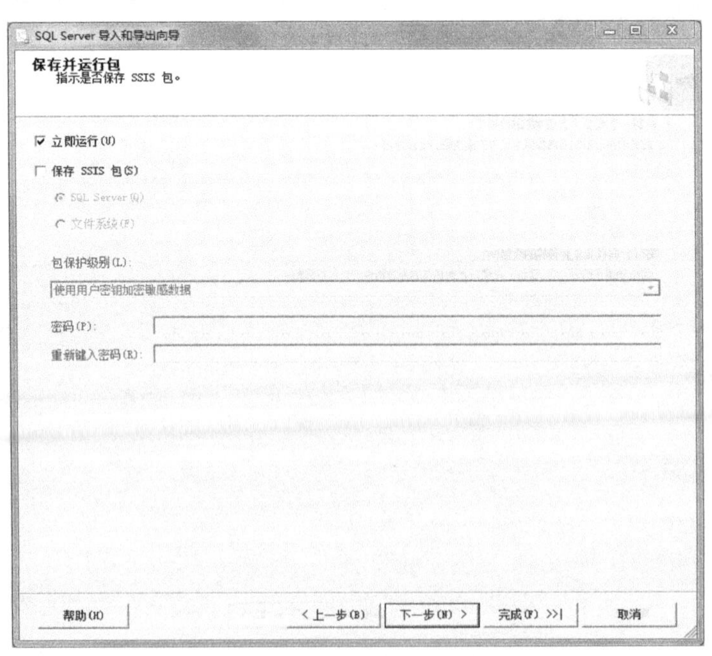

图 8-32 【保存并运行包】对话框

（8）单击【下一步】按钮，在打开的对话框中单击【完成】按钮，打开【执行成功】对话框，如图 8-33 所示。单击【关闭】按钮，即可完成将数据库中的数据导出至 Excel 电子表格中的操作。

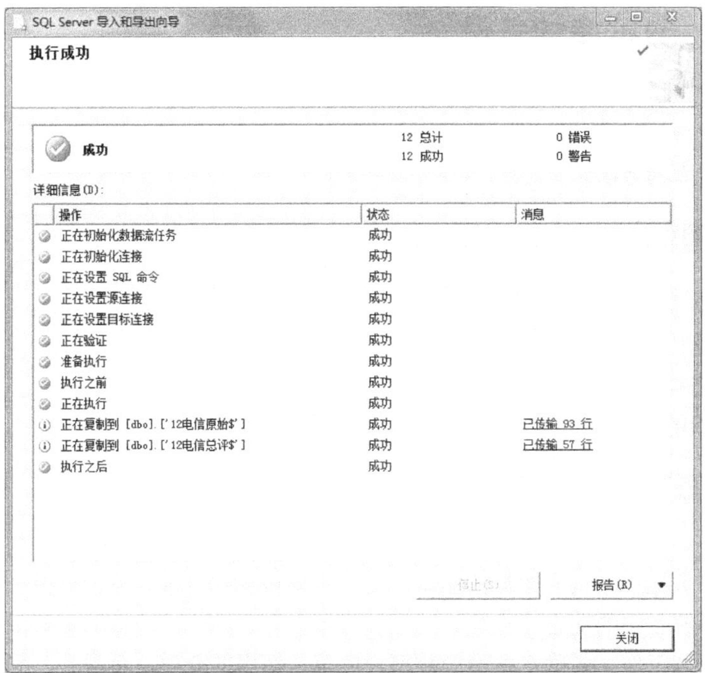

图 8-33　【执行成功】对话框

任务 6　数据库的备份和还原

任务描述

掌握数据库的备份和还原操作。

任务知识所用知识点。

数据库的备份和还原。

任务知识点分解

1．备份数据库文件

备份是指对 SQL Server 数据库部分或全部内容进行处理，生成一个副本的过程。数据库备份记录了在进行数据库备份操作时的所有数据状态。

2．还原数据库文件

还原就是把遭到破坏或丢失的数据或出现重大错误的数据还原到备份时的状态。还原是备份的逆过程，数据库备份后，一旦发生系统崩溃或者出现数据丢失情况，就可以将数据库的副本加载到系统中，使数据库还原到备份时的状态。

提示：

为了数据安全，需要定期备份数据。数据库备份和数据库还原是保护数据的重要手段之一。

子任务 1　数据库的备份

掌握备份数据库的方法。

- 备份的计划工作；
- 备份的对象；
- 备份的动态特点；
- 备份数据库的方法。

备份就是制作数据库结构和数据的副本。在执行备份操作之前，应该做好相应的计划工作、明确备份的对象和理解备份的动态特点等。

（1）备份的计划工作：要确定备份的频率、内容、使用的介质、负责人，确定使用在线备份还是脱机备份，是否使用备份服务器，确定备份存储的地方以及备份存储的期限。

（2）备份的对象：在备份的时候，应该确定备份的内容。备份的目的是当系统发生故障或瘫痪之后，能够将系统还原到发生故障之前的状态。因此，有必要将系统的全部信息都备份下来。大致上应该备份两方面的内容：一方面是备份记录系统信息的系统数据库，另一方面是备份记录用户数据的用户数据库。

（3）备份的动态特点：在 Microsoft SQL Server 系统中，备份可以是静态的，也可以是动态的。备份是静态的，表示备份数据库时不允许用户使用数据库。如果备份是动态的，那么在备份数据库时，允许用户继续在数据库中操作。

（4）备份数据库的方法：备份数据库的方法有三种，分别是创建备份设备、使用备份命令备份数据库和使用 SSMS 备份数据库。

1．使用对象资源管理器创建备份设备

在执行备份操作之前，应该创建数据库的备份文件，再把指定的数据库备份到备份文件上。

备份文件既可以是永久性的，也可能是临时性的。如果希望所创建的备份设备反复使用或执行系统的自动化操作，如备份数据库，则必须使用永久性的备份文件。如果不打算重新使用这些备份文件，则可以创建临时的备份文件。例如，如果正在执行一次性的数据库备份或正在测试准备自动进行的备份操作，则可以创建临时备份文件。

执行备份的第一步是创建将要包含备份内容的备份文件。为了执行备份操作，在使用之前所创建的备份文件称为永久性的备份文件，也称为备份设备。下面介绍如何使用对象资源管理器来创建备份设备。

【操作步骤】

（1）启动 SQL Server　Management　Studio。

（2）在“对象资源管理器”中展开【服务器对象】节点，找到并右击【备份设备】节点，在打开的快捷菜单中选择【新建备份设备】命令，打开【备份设备】对话框，如图 8-34 所示。

图 8-34 【备份设备】对话框

在【设备名称】文本框中输入备份设备的逻辑名“xsxx-back”，在【目标】选项组中选中【文件】单选按钮，设置完整的物埋路径名，单击【确定】按钮，完成备份设备的创建，如图 8-35 所示。

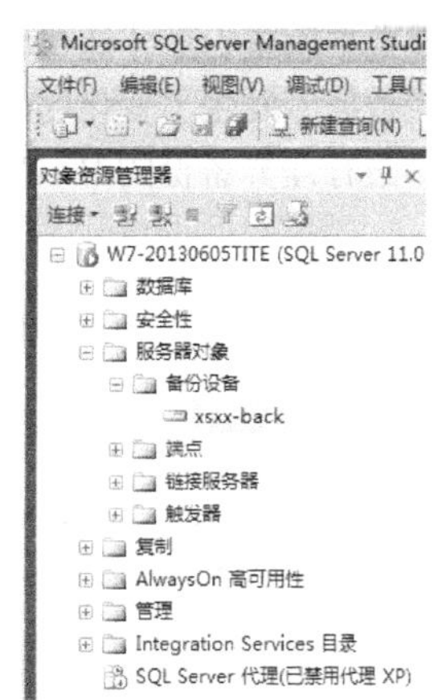

图 8-35 完成备份设备的创建

2. 使用备份命令备份数据库

SQL Server 2012 也可以使用 T-SQL 语句对指定的数据库进行完整备份、差异备份、事务日志备份、文件或文件组的备份。

1）完整备份

BACKUP 语句的功能如下：将名为 database_name 的数据库备份到指定的备份设备中。其中，参数 database_name 指定了一个数据库，表示从该数据库中对事务日志和完整的数据库进行备份。如果要备份的数据库以变量(@database_name_var)提供，则可将该名称指定为字符串常量(@database_name_var = database name)或字符串数据类型（ntext 或 text 数据类型除外）的变量。

backup_device 指定备份操作时要使用的逻辑或物理备份设备，最多可指定 64 个备份设备。backup_device 可以是下列一种或多种形式。

格式一：

```
{logical_backup_device_name}|{@logical_backup_device_name_var}
```

这是由系统存储过程 sp_addumpdevice 创建的备份设备的逻辑名称，数据库将备份到该设备中，其名称必须遵守标识符规则。如果将其作为变量 (@logical_backup_device_name_var) 提供，则可将该备份设备名称指定为字符串常量 (@logical_backup_device_name_var = logical backup device name) 或字符串数据类型（ntext 或 text 数据类型除外）的变量。

格式二：

```
{DISK|TAPE}='physical_backup_device_name'|@physical_backup_device_name_var
```

以下是使用 BACKUP 语句进行完整数据库备份的例子。

【案例 8.6】使用逻辑名“xsxx-back”创建一个命名的备份设备，并将数据库“xsxx”完整备份到该设备中。

【操作命令】

```
USE master
EXEC sp_addumpdevice 'disk' ,'xsxx-back','e:\SQL_TEMP\xsxx-back.bak'
BACKUP DATABASE xsxx TO xsxx-back
```

【案例 8.7】使用 T-SQL 语句将数据库“xsxx”完整备份到备份设备“xsxx-back”中，并覆盖该设备上原有的内容。

【操作命令】

```
USE master
EXEC sp_addumpdevice 'disk' ,'xsxx-back','e:\SQL_TEMP\xsxx-back.bak'
BACKUP DATABASE XSBOOK TO xsxx-back WITH INIT
```

【案例 8.8】使用 T-SQL 语句将数据库“xsxx”备份到备份设备“xsxx-back”上，执行追加的完整数据库备份，该设备上原有的备份内容都被保存起来。

【操作命令】

```
USE master
EXEC sp_addumpdevice 'disk' ,'xsxx-back','e:\SQL_TEMP\xsxx-back.bak'
BACKUP DATABASE XSBOOK TO xsxx-back WITH NOINIT
```

2）差异备份

对于需频繁修改的数据库，进行差异备份可以缩短备份和恢复的时间。注意，只有已经执行了完整数据库备份后才能执行差异备份。进行差异备份时，SQL Server 将备份从最近的完全数据库备份后数据库发生了变化的部分。

进行差异备份的 BACKUP 语句的语法格式如下。

```
BACKUP DATABASE{database_name|@database_name_var}
    READ_WRITE_FILEGROUPS
    [,FILEGROUP
={logical_filegroup_name|@logical_filegroup_name_var}[,...n]]
TO <backup_device>[,… n]
[WITH
    {[[,] DIFFERENTIAL]
    /*其余选项与数据库的完整备份相同*/
    }
]
```

提示：

SQL Server 执行差异备份时应注意下列几点。

若在上次完整数据库备份后，数据库的某行被修改了，则执行差异备份只保存最后依次改动的值；为使差异备份设备与完整数据库备份设备区分开来，应使用不同的设备名。

以下的 T-SQL 语句将创建临时备份设备并在所创建的临时备份设备上进行差异备份。

```
BACKUP DATABASE xsxx TO
    DISK ='e:\SQL_TEMP\xsxx.bak'  WITH DIFFERENTIAL
```

3）事务日志备份

事务日志备份用于记录前一次的数据库备份或事务日志备份后数据库所做出的改变。事务日志备份需在一次完整数据库备份后进行，这样才能将事务日志文件与数据库备份用于恢复。当进行事

务日志备份时，系统进行下列操作。

（1）对事务日志中从前一次成功备份结束位置开始到当前事务日志的结尾处的内容进行备份。

（2）标识事务日志中活动部分的开始，所谓事务日志的活动部分指从最近的检查点或最早的打开位置开始至事务日志的结尾为止。

进行事务日志备份应使用 BACKUP LOG 语句。

语法格式：

```
BACKUP LOG{database_name|@database_name_var}      /*指定被备份的数据库名*/
{
  TO <backup_device>[,...n]                        /*指定备份目标*/
[WITH
    {
     {NORECOVERY |STANDBY = undo_file_name}
    |NO_TRUNCATE ]
    |/*其余选项与数据库的完整备份相同*/
    }
}
```

【案例 8.9】创建一个命名的备份设备“XSXXLOGBK”，并备份“xsxx”数据库的事务日志。以下是完成该要求的 T-SQL 语句。

```
EXEC sp_addumpdevice 'disk','XSXXLOGBK','e:\SQL_TEMP\bookbackuplog.bak'
BACKUP LOG xsxx TO XSXXLOGBK
```

4）备份数据库文件或文件组

当数据库非常大时，可以用下述语句进行数据库文件或文件组的备份。

语法格式：

```
BACKUP DATABASE{database_name|@database_name_var}
      <file_or_filegroup>[,...f]         /*指定文件或文件组名*/
TO <backup_device>[,...n]
[[MIRROR TO <backup_device>[,...n]][...next-mirror]]
[WITH
{  [[,] DIFFERENTIAL]
   /*选项与数据库的完整备份相同*/
}]
```

该语句将参数<file_or_filegroup>指定的数据库文件或文件组备份到由参数 backup_device 指定的备份设备上。参数<file_or_filegroup>指定包含在数据库备份中的文件或文件组的逻辑名。可以指定多个文件或文件组。

语法格式：

```
FILE ={logical_file_name|@logical_file_name_var}
```

上面的格式用于给一个或多个包含在数据库备份中的文件命名。

```
FILEGROUP ={logical_filegroup_name|@logical_filegroup_name_var}
```

提示：

使用数据库文件或文件组备份时，要注意以下几点。

必须指定文件或文件组的逻辑名；必须执行事务日志备份，以确保恢复后的文件与数据库的其他部分一致；应轮流备份数据库中的文件或文件组，以使数据库中的所有文件或文件组定期得到备份；最多可以指定 16 个文件或文件组。

【案例 8.10】设“xsxx”数据库有 2 个数据文件 dbase1 和 dbase2，事务日志存储在文件 dbaselog 中。对文件 dbase1 进行备份，假设备份设备 dbase1backup 和 dbasebackuplog 已存在。以下是完成上述要求的 T-SQL 语句。

```
BACKUP DATABASE xsxx
     FILE = 'dbase1' TO dbase1backup
BACKUP LOG DBASE TO dbasebackuplog
```

3．使用 SSMS 备份数据库

【操作步骤】

（1）启动 SQL Server Management Studio。

（2）在“对象资源管理器”中展开【数据库】节点，找到并右击【xsxx】节点，在打开的快捷菜单中选择【任务】命令，在其下拉列表中选择【备份】选项，打开【备份数据库-xsxx】对话框，如图 8-36 所示。

（3）在【备份数据库-xsxx】对话框中选择要备份的数据库名 xsxx；在【备份类型】中选择备份的类型，有 3 种类型，即完整、差异、事务日志，这里选择【完整备份】；在【备份组件】中选择备份数据库还是备份文件或文件组。

（4）选择了数据库之后，对话框最下方的目标栏中会列出与“xsxx”数据库相关的备份设备。单击【添加】按钮，在【选择备份目标】对话框中选择其他的备份目标（即命名的备份介质的名称或临时备份介质的位置），有两个单选按钮：【文件名】和【备份设备】。选中【备份设备】单选按钮，在下拉列表中选择需要备份数据库到的目标备份设备，如“xsxx-back”，如图 8-37 所示，单击【确定】按钮。当然，也可以选中【文件名】单选按钮，再选择备份设备的物理文件以进行备份。

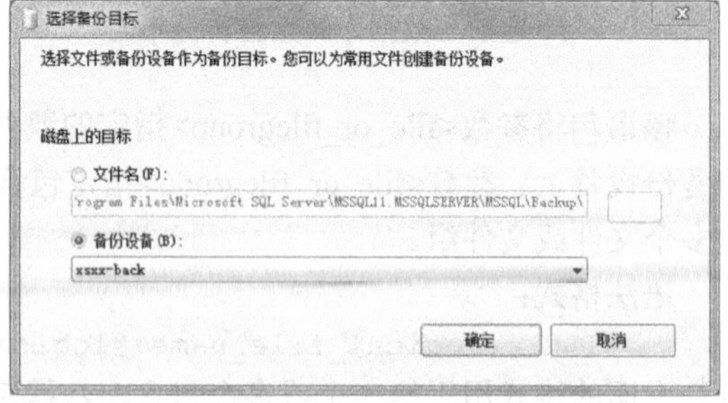

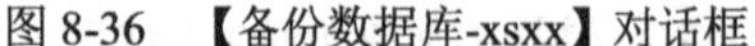

图 8-36 【备份数据库-xsxx】对话框　　图 8-37 【选择备份目标】对话框

（5）在【备份数据库-xsxx】对话框中，选中不需要的备份目标后单击【删除】按钮，备份目标选择为“xsxx-back”，单击【确定】按钮，执行备份操作，如图 8-38 所示。备份操作完成后，将打开提示对话框，单击【确定】按钮，完成所有操作。

在【对象资源管理器】中进行备份，也可以将数据库备份到多个备份介质中，需在选择备份介质时，多次使用【添加】按钮进行选择，指定多个备份介质。选择【选项】选项卡，选中【备份到新媒体集并清除所有现有备份集】，单击【确定】按钮即可。

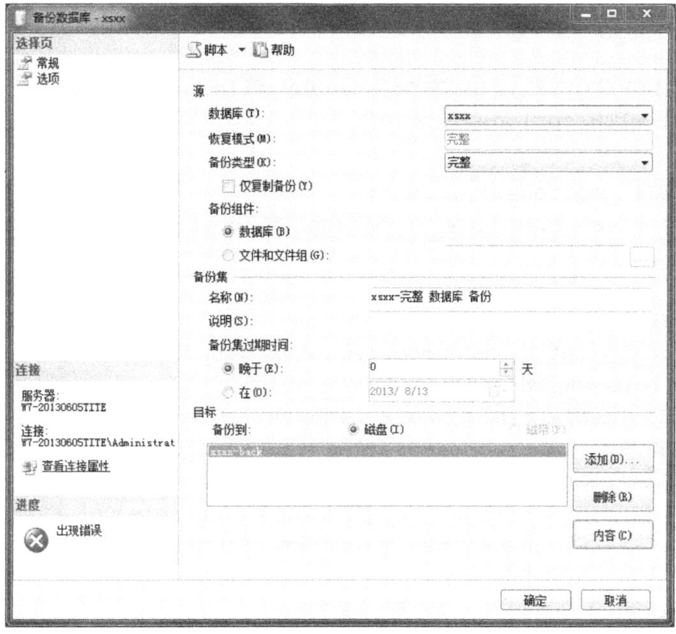

图 8-38　备份完成

子任务 2　数据库的还原

任务描述

掌握还原数据库的方法。

任务所用知识点

- 使用还原命令还原数据库；
- 使用界面方式还原数据库。

任务知识点分解

还原数据库的方法有两种，分别是使用还原命令和使用界面方式还原数据库。下面详细介绍这两种方法。

1. 使用还原命令还原数据库

在 SQL Server 2012 中，还原数据库的语句是 RESTORE。使用 RESTORE 语句可以还原用 BACKUP 命令所做的备份，包括还原整个数据库、还原数据库的部分内容、还原事务日志和还原特定的文件或文件组。

1）还原整个数据库

当存储数据库的物理介质被破坏，或整个数据库被误删除或被破坏时，就要还原整个数据库。还原整个数据库时，SQL Server 系统将重新创建数据库及与数据库相关的所有文件，并将文件存放在原来的位置。

语法格式：

```
RESTORE DATABASE{database_name|@database_name_var}/*指定被还原的目标数据库*/
[FROM <backup_device>[,...n]]              /*指定备份设备*/
```

```
[WITH
{
[RECOVERY|NORECOVERY|STANDBY={standby_file_name|@standby_file_name_var}]
|,<general_WITH_options>[,...n]
```

其中：

```
<general_WITH_options>[,...n]::=
    MOVE 'logical_file_name_in_backup' TO 'operating_system_file_name'[,...n]
|REPLACE
|RESTART
|RESTRICTED_USER
|FILE ={backup_set_file_number|@backup_set_file_number}
|PASSWORD ={password|@password_variable}
|MEDIANAME ={media_name|@media_name_variable}
|MEDIAPASSWORD ={mediapassword|@mediapassword_variable}
|BLOCKSIZE ={blocksize|@blocksize_variable}
|BUFFERCOUNT ={buffercount|@buffercount_variable}
|MAXTRANSFERSIZE ={maxtransfersize|@maxtransfersize_variable}
|{CHECKSUM|NO_CHECKSUM}
|{STOP_ON_ERROR|CONTINUE_AFTER_ERROR}
|STATS[= percentage]
|{REWIND|NOREWIND}
|{UNLOAD|NOUNLOAD}
```

【案例 8.11】使用 RESTORE 语句从一个已存在的命名备份介质“xsxx-back”中还原整个数据库“xsxx”。

（1）创建备份设备 xsxx-back。

```
USE master
GO
EXEC sp_addumpdevice 'disk','xsxx-back',
         'e:\SQL_TEMP\xsxx-back.bak'
```

（2）使用 BACKUP 命令对 xsxx 数据进行完整备份。

```
BACKUP DATABASE xsxx
    TO xsxx-back
```

（3）还原数据库的命令如下。

```
RESTORE DATABASE xsxx
    FROM xsxx-back
    WITH  FILE=1,REPLACE
```

2）还原数据库的部分内容

应用程序或用户的误操作（如无效更新或误删表格等）往往只影响数据库的某些相对独立的部分（如表）。在这些情况下，SQL Server 2012 提供了将数据库的部分内容还原到另一个位置的机制，以使损坏或丢失的数据复制回原始数据库。

语法格式：

```
RESTORE DATABASE{database_name|@database_name_var}
   <files_or_filegroup>[,...n]    /*指定需还原的逻辑文件或文件组的名称*/
 [FROM <backup_device>[,...n]]
   WITH
      PARTIAL,NORECOVERY
     [,<general_WITH_options>[,...n]]
 [;]
```

其中：

```
<files_or_filegroup>::=
{
  FILE ={logical_file_name_in_backup|@logical_file_name_in_backup_var}
|FILEGROUP ={logical_filegroup_name|@logical_filegroup_name_var}
|READ_WRITE_FILEGROUPS
}
```

3）还原事务日志

使用事务日志还原，可将数据库还原到指定的时间点。

语法格式：

```
RESTORE LOG{database_name|@database_name_var}
[<file_or_filegroup >[,...n]]
[FROM <backup_device>[,...n]]
[WITH
  {
    [RECOVERY|NORECOVERY|STANDBY ={standby_file_name|@standby_file_name
_var}]
   |,<general_WITH_options>[,...n]
  }[,...n]
]
```

4）还原特定的文件或文件组

若某个或某些文件被破坏或被误删除，则可以从文件或文件组备份中进行还原，而不必进行整个数据库的还原。

语法格式：

```
RESTORE DATABASE{database_name|@database_name_var}
  <file_or_filegroup>[,...n]
[FROM <backup_device>[,...n]]
  WITH
  {
    [RECOVERY|NORECOVERY]
    [,<general_WITH_options>[,...n]]
    }[,...n]
```

2. 使用 SSMS 还原数据库

【操作步骤】

（1）启动 SQL Server Management Studio。

（2）在“对象资源管理器”中展开【数据库】节点，找到并右击【xsxx】节点，在打开的快捷菜单中选择【任务】命令，在其下拉列表中选择【还原】选项，在【还原】下拉列表中选择【数据库】，选项，打开【还原数据库-xsxx】对话框，如图 8-39 所示。

（2）在【源】选项组中选中【设备】单选按钮，单击其右侧的 按钮，在打开的【选择备份设备】对话框中选择【备份介质类型】为【备份设备】，单击【添加】按钮。在打开的【选择备份设备】对话框中，在【备份设备】下拉列表中选择需要指定恢复的备份设备【xsxx-back】，如图 8-40 所示，分别单击两次【确定】按钮，返回【还原数据库-xsxx】对话框，如图 8-41 所示。

（3）选择完备份设备后，【还原数据库-xsxx】对话框的【还原计划】选项组中的【要还原的备份集】栏中会列出可以进行还原的备份集，选中备份集。

（4）在如图 8-41 所示【选项】选项卡中，选中【覆盖现有数据库（WITH REPLACE)】复选框，如图 8-42 所示，单击“确定”按钮，系统将进行恢复并显示恢复进度。

图 8-39 【还原数据库-xsxx】对话框

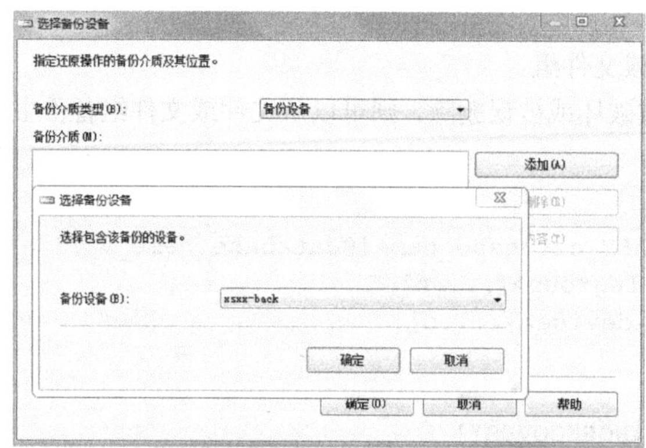

图 8-40 【选择备份设备】对话框

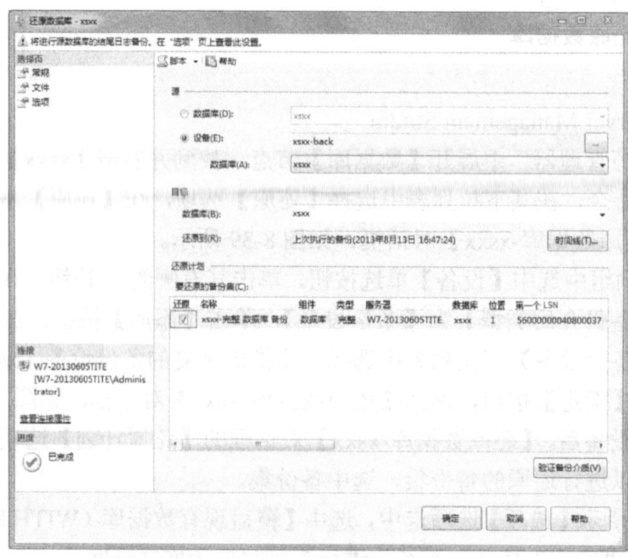

图 8-41 设置好参数

图 8-42　【还原数据库-xsxx】对话框

知识串联

（1）SQL Server 2012 整个安全体系结构从顺序上可以分为认证和授权两部分，其安全机制可以分为以下五个层级。

①客户机安全机制。

②网络传输的安全机制。

③实例级别安全机制。

④数据库级别安全机制。

⑤对象级别安全机制。

（2）SQL Server 2012 提供了 Windows 身份验证和混合身份验证两种验证模式，每一种身份验证都有一个不同类型的登录账户。

（3）SQL Server 2012 服务器可使用域账号登录或通过指定唯一的登录 ID 和密码登录。

（4）SQL Server 2012 数据的导入与导出功能涉及的数据源包括 Excel 电子表格、文本文件和 ODBC 数据源等。

（5）使用 SQL Server 2012 的 SSMS 导入 Excel 电子表格中的数据至 xsxx 数据库中。

（6）使用 SQL Server 2012 的 SSMS 导出 xsxx 数据库中的数据至 Excel 电子表格中。

（7）使用 SQL Server 2012 备份数据库有以下方法。

①创建备份设备备份数据库。

②使用 T-SQL 语句备份数据库。

③使用 SSMS 备份数据库。

（8）使用 SQL Server 2012 还原数据库有以下方法。

①使用 T-SQL 语句还原数据库。

②使用 SSMS 还原数据库。

基础练习

一、选择题

1．SQL Server 2012 数据库系统中一般采用（　　）以及密码存储等技术进行安全控制。

A．用户标识和鉴别 B．存取控制

C．视图　　D．触发器

2．SQL Server 2012 使用权限来加强系统的安全性，语句权限适用的语句有（　　）。

A．EXECUTE　　B．CREATE TABLE

C．UPDATE　　D．SELECT

3．有关登录账户、用户、角色三者的叙述中正确的是（　　）。

A．登录账户是服务器级的，用户是数据库级的

B．用户一定是登录账户，登录账户不一定是数据库用户

C．角色是具有一定权限的用户组

D．角色成员继承角色所拥有的访问权限

4．SQL Server 2012 的安全性管理包括（　　）。

A．数据库系统登录管理　　B．数据库用户管理

C．数据库系统角色管理　　D．数据库访问权限的管理

5．SQL Server 2012 使用权限来加强系统的安全性，通常将权限分为（　　）。

A．对象权限　　B．用户权限

C．语句权限　　D．隐式权限

6．SQL Server 2012 提供了 4 层安全防线，其中 SQL Server 2012 通过登录账号设置来创建附加安全层，用户只有登录成功，才能与 SQL Server 2012 建立一次连接，这属于（　　）。

A．操作系统的安全防线

B．SQL Server 2012 的运行安全防线

C．SQL Server 2012 数据库的安全防线

D．SQL Server 2012 数据库对象的安全防线

7．SQL Server 2012 中，为便于管理用户及权限，可以将一组具有相同权限的用户组织在一起，这一组具有相同权限的用户称为（　　）。

A．账户　　B．角色　　C．登录　　D．SQL Server 用户

8．“保护数据库，防止未经授权的或不合法的使用造成的数据泄露、更改破坏”这是指数据的（　　）。

A．安全性　　B．完整性　　C．并发控制　　D．恢复

9．数据库管理系统通常提供授权功能来控制不同用户访问数据的权限，这主要是为了实现数据库的（　　）。

A．可靠性　　B．一致性　　C．完整性　　D．安全性

10．在数据库的安全性控制中，为了保护用户只能存取其有权存取的数据。在授权的定义中，数据对象的（　　），授权子系统就越灵活。

A．范围越小　　B．范围越大　　C．约束越细致　　D．范围越适中

11．在数据库系统中，授权编译系统和合法性检查机制一起组成了（　　）子系统。

A．安全性　　B．完整性　　C．并发控制　　D．恢复

12．在数据库系统中，对存取权限的定义称为（　　）。

A．命令　　B．授权　　C．定义　　D．审计

13．在 SQL Server 2012 中使用数据库文件或文件组备份时，最多可以指定（　　）个文件或文件组。

A．16　　B．4　　C．20　　D．1

14．SQL Server 2012 使用 T-SQL 语句对指定的数据库进行的备份不包括（　　）。

A．完整备份　　B．差异备份　　C．事务日志备份　　D．系统备份

15．SQL Server 2012 中还原数据库的语句是（　　）。

A．Backup　　B．Transact　　C．Model　　D．Restore

二、简答题

1．SQL Server 2012 的安全模型分为哪三层结构？

2．说明固定的服务器角色、数据库角色与登录账户、数据库用户的对应关系及其特点。

3．如果一个 SQL Server 2012 服务器采用仅 Windows 方式进行身份验证，在 Windows 操作系统中没有 sa 用户，是否可以使用 sa 来登录该 SQL Server 服务器？

4．SQL Server 2012 有哪两种安全模式？有什么区别？

5．简述备份与还原。

6．SQL Server 2012 提供的备份方式有哪些？有什么区别？

技 能 实 训

第一部分　上机任务

本实训主要练习：SQL Server 2012 的安全管理及数据的导入与导出。了解 SQL Server 2012 的安全管理机制及登录名、用户、角色、权限的分类和作用。

训练技能点：

（1）熟练掌握登录名的创建方法。

（2）熟练掌握数据库用户的创建与管理方法。

（3）熟练掌握数据库角色与服务器角色的运用方法。

（4）熟练掌握权限授予、拒绝和撤销的方法。

第二部分　任务实现

任务 1　Windows 登录名

掌握要点：

创建 Windows 登录名。

实现思路：

使用图形用户界面和 T-SQL 语句创建 Windows 登录名 Book 和 Books。

任务说明：

（1）使用图形界面方式创建 Windows 登录名 Book。

以管理员身份登录 Windows 系统，新建一个用户 Book。打开【SQL Server Management Studio】窗口，在【对象资源管理器】窗口中依次展开【安全性】|【登录名】节点，右击【登录名】节点，

在打开的快捷菜单中选择【新建登录名】命令，在【新建登录名】对话框中选择 Windows 用户 Book，选择使用【Windows 身份验证】模式，单击【确定】按钮完成创建。

（2）运用 T-SQL 语句创建 Windows 登录名 Books。

可运用 CREATE LOGIN 语句将 Windows 系统用户设置为数据库系统 Windows 身份验证模式的登录名，代码如下。

```
GO
CREATE LOGIN[DELL-PC\Books]
FROM WINDOWS
WITH DEFAULT_DATABASE=图书管理系统
```

此处，DELL-PC 为计算机名。

任务 2　系统登录名

掌握要点：

创建 SQL Server 登录名。

实现思路：

使用图形用户界面和 T-SQL 语句创建 SQL Server 登录名 Book1 和 Books1。

任务说明：

（1）运用图形界面方式创建 SQL Server 登录名 Book1。

打开【SQL Server Management Studio】窗口，在【对象资源管理器】窗口中依次展开【安全性】|【登录名】节点，右击【登录名】节点，在打开的快捷菜单中选择【新建登录名】命令，在【登录名】文本框中输入“Book1”，选择使用【SQL Server 身份验证】模式，并输入密码及确认密码。取消选中【用户在下次登录时必须更改密码】复选框，单击【确定】按钮完成创建。

（2）运用 T-SQL 语句创建 SQL Server 登录名 Books1。

可运用 CREATE LOGIN 语句创建 SQL Server 登录名，代码如下。

```
USE  master
GO
CREATE LOGIN Books1
WITH PASSWORD='123456',
DEFAULT_DATABASE=图书管理系统
```

任务 3　数据库用户

掌握要点：

创建数据库用户。

实现思路：

（1）使用图形界面方式创建图书管理系统数据库用户 Book2。

（2）使用 T-SQL 语句创建图书管理系统数据库用户 Books2。

任务说明：

（1）运用图形界面方式创建图书管理系统数据库用户 Book2。

打开【SQL Server Management Studio】窗口，在【对象资源管理器】窗口中依次展开【数据库】|【图书管理系统】|【安全性】|【用户】节点，右击【用户】节点，在打开的快捷菜单中选择【新建用户】命令，在【用户名】文本框中输入用户名称“Book2”。单击【登录名】文本框右侧的按钮，打开【选择登录名】对话框，选择登录名 Book，返回【新建用户】对话框。按照同样的操作方式，选择【默认架构】为 dbo，单击【确定】按钮即可完成用户 Book2 的创建。

（2）运用 T-SQL 语句创建图书管理系统数据库用户 Books2。

可运用 CREATE USER 语句创建数据库用户，代码如下。

```
USE 图书管理系统
GO
CREATE USER Books2
FOR LOGIN Book
WITH DEFAULT_SCHEMA=dbo
```

任务 4　固定服务器角色

掌握要点：

添加固定服务器成员。

实现思路：

（1）运用图形界面方式添加固定服务器角色成员。

（2）使用系统存储过程添加固定服务器角色成员。

任务说明：

（1）运用图形界面方式添加固定服务器角色成员。

打开【SQL Server Management Studio】窗口，在【对象资源管理器】窗口中依次展开【安全性】|【登录名】节点，选择需要添加的登录名，如 Book，右击登录名，在打开的快捷菜单中选择【属性】命令，在打开的对话框中选择【服务器角色】选项卡，选择要添加的服务器角色，单击【确定】按钮即可。

（2）使用系统存储过程添加固定服务器角色成员。

可使用系统存储过程 SP_ADDSRVROLEMEMBER 将登录名添加到某个固定服务器角色中，代码如下。

```
SP_ADDSRVROLEMEMBER 'Book1','setupadmin'
```

任务 5　固定数据库角色

掌握要点：

添加固定数据库角色成员。

实现思路：

（1）运用图形界面方式添加固定数据库角色成员。

（2）使用系统存储过程添加固定数据库角色成员。

任务说明：

（1）使用图形界面方式添加固定数据库角色成员。

打开【SQL Server Management Studio】窗口，在【对象资源管理器】窗口中依次展开【数据库】|【图书管理系统】|【安全性】|【用户】节点，选择需要添加的用户，如 Book2，右击用户，在打开的快捷菜单中选择【属性】命令，在【常规】选项卡的【数据库角色成员身份】选项组中选中需要添加的数据库角色，单击【确定】按钮即可。

（2）使用系统存储过程添加固定数据库角色成员。

可使用系统存储过程 SP_ADDROLEMEMBER 将登录名添加到某个固定数据库角色中，代码如下。

```
SP_ADDROLEMEMBER 'db_accessadmin','Book2'
```

任务 6　自定义数据库角色

掌握要点：

创建数据库角色并添加成员。

实现思路：

（1）运用图形界面方式创建数据库角色 BookRole 并添加成员 Book2。

（2）运用 T-SQL 语句创建数据库角色 BookRole1 并添加成员 Book2。

任务说明：

（1）使用图形界面方式创建数据库角色 BookRole 并添加成员 Book2。

打开【SQL Server Management Studio】窗口，在【对象资源管理器】窗口中依次展开【数据库】|【图书管理系统】|【安全性】|【角色】|【数据库角色】节点，右击【数据库角色】节点，在打开的快捷菜单中选择【新建数据库角色】命令，在【角色名称】对话框中输入“BookRole”，【所有者】默认为 dbo。单击【添加】按钮，将用户 Book2 添加为该角色的成员，单击【确定】按钮完成创建。

（2）运用 T-SQL 语句创建数据库角色 BookRole1 并添加成员 Book2。

可使用 CREATE ROLE 语句来创建数据库角色，代码如下。

```
USE 学生成绩管理系统
GO
CREATE ROLE BookRole1  AUTHORIZATION dbo
EXEC sp_addrolemember  'BookRole1','Book2'
```

任务 7　数据库权限

掌握要点：

授予权限，拒绝权限。

实现思路：

（1）运用图形界面方式授予用户 Book2 在图书管理系统中的相关权限。

（2）运用 T-SQL 语句授予用户 Book2 在图书管理系统中的相关权限。

（3）运用 T-SQL 语句拒绝用户 Book2 在图书管理系统中的相关权限。

任务说明：

（1）使用图形界面方式授予用户 Book2 在图书管理系统中的 CREATE TABLE 权限。

打开【SQL Server Management Studio】窗口，在【对象资源管理器】窗口中依次展开【数据库】|【图书管理器】节点，右击【图书管理系统】节点，在打开的快捷菜单中选择【属性】命令，选择【权限】选项卡，选择用户 Book2，在下方的权限列表框中选择创建表的授予权限，单击【确定】按钮。

（2）使用图形界面方式授予用户 Book2 在学生表上的 SELECT 和 DELETE 权限。

打开【SQL Server Management Studio】窗口，在【对象资源管理器】窗口中依次展开【数据库】|【图书管理系统】|【学生表】节点，右击【学生表】节点，在打开的快捷菜单中选择【属性】命令，选择【权限】选项卡，选择用户 Book2，在下方的权限列表框中选中【选择】和【删除】选择权限，单击【确定】按钮。

（3）运用 T-SQL 语句授予用户 Book2 在图书管理系统中的 CREATE TABLE 权限。

可用 GRANT 语句实现权限的授予，代码如下。

```
USE 图书管理器
GO
GRANT CREATE TABLE
TO Book2
```

（4）运用 T-SQL 语句授予用户 Book2 在学生表上的 SELECT 和 DELETE 权限。

可用 GRANT 语句实现权限的授予，代码如下。

```
USE 图书管理器
GO
GRANT SELECT,DELETE
```

```
ON 学生表
TO Book2
```

（5）运用 T-SQL 语句拒绝用户 Book2 在学生表上的 INSERT 权限。

可用 DENY 语句实现权限的拒绝，代码如下。

```
USE 图书管理器
GO
DENY INSERT
ON 学生表
TO Book2
```

（6）运用 T-SQL 语句撤销用户 Book2 在学生表上的 SELECT 和 DELETE 权限。

可用 REVOKE 语句实现权限的撤销，代码如下。

```
USE 图书管理器
GO
REVOKE SELECT,DELETE
ON 学生表
FROM Book2
```

反侵权盗版声明